Adobe Illustrator 2022

经典教程 彩色版

［美］布莱恩·伍德（Brian Wood）◎ 著

张敏 ◎ 译

人民邮电出版社

北　京

图书在版编目（CIP）数据

Adobe Illustrator 2022经典教程：彩色版 /（美）
布莱恩·伍德（Brian Wood）著；张敏译. -- 北京：
人民邮电出版社，2023.8
ISBN 978-7-115-61433-9

Ⅰ. ①A… Ⅱ. ①布… ②张… Ⅲ. ①图形软件－教材
Ⅳ. ①TP391.412

中国国家版本馆CIP数据核字(2023)第054383号

版 权 声 明

◆ 著　　[美] 布莱恩·伍德（Brian Wood）
　　译　　　张　敏
　　责任编辑　王　冉
　　责任印制　王　郁　马振武
◆ 人民邮电出版社出版发行　　北京市丰台区成寿寺路 11 号
　　邮编　100164　电子邮件　315@ptpress.com.cn
　　网址　https://www.ptpress.com.cn
　　北京瑞禾彩色印刷有限公司印刷
◆ 开本：787×1092　1/16
　　印张：26.25　　　　　　　　2023 年 8 月第 1 版
　　字数：705 千字　　　　　　 2023 年 8 月北京第 1 次印刷
　　著作权合同登记号　图字：01-2022 -2645 号

定价：149.90 元
读者服务热线：(010)81055410　印装质量热线：(010)81055316
反盗版热线：(010)81055315
广告经营许可证：京东市监广登字 20170147 号

内容提要

本书由 Adobe 产品专家编写，是 Adobe Illustrator 2022 的经典学习用书。

本书分为 17 课，包含 Adobe Illustrator 的基础知识，提供大量的提示，以帮助读者高效地使用 Adobe Illustrator。读者可以按照顺序逐课阅读，也可以挑选感兴趣的课程学习。随书附赠本书示例的素材文件和实例文件，读者可根据资源与支持页的说明获取。

本书适合 Adobe Illustrator 初学者、插画设计师、网页设计师等有相关学习需求的人员参考，也适合相关培训机构的学员及广大爱好者学习。

前 言

Adobe Illustrator 是一款用于印刷、多媒体和在线图形设计的工业标准插图设计软件。无论您是制作出版物、印刷图稿的设计师，插图绘制技术人员，设计多媒体图形的艺术家，还是网页或在线内容的创作者，Adobe Illustrator 都能为您提供专业级的作品制作工具。

 ## 关于本书

本书是由 Adobe 产品专家编写的 Adobe 图形和出版软件官方系列培训教程之一。本书讲解的功能和练习均基于 Adobe Illustrator 2022（以下简称为 Adobe Illustrator）。

本书经过精心设计，方便读者按照自己的节奏学习。如果读者是 Adobe Illustrator 的初学者，将从本书中学到使用该软件所需的基础知识。如果读者具有一定的 Adobe Illustrator 使用经验，将从本书中学到许多高级技能，包括最新版本的 Adobe Illustrator 操作提示和使用技巧。

本书不仅在每课中提供了完成特定项目的具体步骤，还为读者预留了探索和试验的空间。读者可以从头到尾阅读本书，也可以只阅读感兴趣和需要的内容。此外，第 1 ~ 16 课的最后都有复习题，方便读者测验本课知识的掌握情况。

 ## 先决条件

在阅读本书之前，读者应对计算机及其操作系统有所了解。读者需要知道如何使用鼠标、标准菜单和命令，以及如何打开、存储和关闭文件。如果读者需要查阅这些技术知识，请参考 macOS 或 Windows 的帮助文档。

 ## 安装软件

在阅读本书之前，请确保系统设置正确，并且成功安装了所需的软件和硬件。读者必须单独购买 Adobe Illustrator。有关安装软件的完整说明，请访问 Adobe 官网。读者需要按照屏幕上的操作说明，通过 Adobe Creative Cloud 将 Illustrator 安装到硬盘上。

> ♡ **注意** 当命令因平台而异时，本书会先叙述 macOS 命令，再叙述 Windows 命令，同时用括号注明操作系统。例如，按住 Option 键（macOS）或 Alt 键（Windows），然后在图稿范围外单击。

还原默认首选项

每次打开 Adobe Illustrator 时，首选项文件控制着软件设置及界面显示方式；每次退出 Adobe Illustrator 时，面板位置和某些设置会记录在不同的首选项文件中。如果想将工具和设置还原为默认设置，可以删除当前的 Adobe Illustrator 首选项文件。如果该文件不存在，Adobe Illustrator 会创建一个新的首选项文件，并在下次启动软件时保存该文件。

每课开始之前，建议读者还原 Adobe Illustrator 的默认首选项设置。这可确保 Adobe Illustrator 的工具功能和设置完全如本书所述。完成本书课程之后，读者可以按自己的意愿还原之前保存的设置。

保存或删除当前的 Adobe Illustrator 首选项文件

在首次退出 Adobe Illustrator 时会创建首选项文件，并且首选项文件在每次使用软件时都会更新。读者若要保存或删除当前的 Adobe Illustrator 首选项文件，可在启动 Adobe Illustrator 后，按照下列步骤操作。

❶ 退出 Adobe Illustrator。

❷ 找到首选项文件。

• 在 macOS 中，名为 Adobe Illustrator Prefs 的首选项文件位置如下：<OSDisk>/Users/< 用户名 >/Library*/Preferences/Adobe Illustrator 26 Settings/en_US**/Adobe Illustrator Prefs。

> **提示** 在 macOS 中 ,Library 文件夹是隐藏的，若要访问此文件夹，需要先进入 Finder，然后按住 Option 键，选择 Go>Library。如果不按住 Option 键，Library 文件夹则不会显示在 Go 菜单中。
> 若读者安装的软件版本与本书使用的不同，则文件夹名称可能会有所不同。

• 在 Windows 中，名为 Adobe Illustrator Prefs 的首选项文件位置如下：<OSDisk>\Users\< 用户名 >\AppData\Roaming\Adobe\Adobe Illustrator 26 Settings\en_US**\x64\Adobe Illustrator Prefs。

> **注意** 在 Windows 中，AppData 文件夹默认是隐藏的。需要显示隐藏的文件和文件夹才能看到它。有关说明请参阅 Windows 帮助文档。

> **提示** 为了在每次开始新课时快速找到并删除 Adobe Illustrator 首选项文件，请为 Adobe Illustrator 26 Settings 文件夹设置快捷方式（Windows）或别名（macOS）。

详细信息请参阅"Illustrator 帮助"。如果找不到首选项文件，可能是因为尚未启动 Adobe Illustrator，或者已移动首选项文件。

❸ 复制首选项文件并将其保存到硬盘上的另一个文件夹中（以备后续还原这些首选项），或删除文件。

❹ 启动 Adobe Illustrator。

完成课程后还原已保存的首选项文件

① 退出 Adobe Illustrator。

② 删除当前首选项文件。找到之前保存的首选项文件，将其移动到 Adobe Illustrator 26（或其他版本号）Settings 文件夹中。

💡 **注意** 是移动首选项文件而不是重命名该文件。

资源与支持

本书由"数艺设"出品，"数艺设"社区平台（www.shuyishe.com）为您提供后续服务。

配套资源

书中示例的素材文件和实例文件

资源获取请扫码

（提示：微信扫描二维码关注公众号后，输入 51 页左下角的 5 位数字，获得资源获取帮助。）

"数艺设"社区平台，为艺术设计从业者提供专业的教育产品。

与我们联系

我们的联系邮箱是 szys@ptpress.com.cn。如果您对本书有任何疑问或建议，请您发邮件给我们，并请在邮件标题中注明本书书名及 ISBN，以便我们更高效地做出反馈。

如果您有兴趣出版图书、录制教学课程，或者参与技术审校等工作，可以发邮件给我们。如果学校、培训机构或企业想批量购买本书或"数艺设"出版的其他图书，也可以发邮件联系我们。

关于"数艺设"

人民邮电出版社有限公司旗下品牌"数艺设"，专注于专业艺术设计类图书出版，为艺术设计从业者提供专业的图书、视频电子书、课程等教育产品。出版领域涉及平面、三维、影视、摄影与后期等数字艺术门类，字体设计、品牌设计、色彩设计等设计理论与应用门类，UI 设计、电商设计、新媒体设计、游戏设计、交互设计、原型设计等互联网设计门类，环艺设计手绘、插画设计手绘、工业设计手绘等设计手绘门类。更多服务请访问"数艺设"社区平台 www.shuyishe.com。我们将提供及时、准确、专业的学习服务。

目　录

快速浏览 Adobe Illustrator 2022

本课概览

本课将以交互的方式演示 Adobe Illustrator 2022 的具体操作，帮助您快速了解它的主要功能。

学习本课大约需要 **45**分钟

您将在本课创建一张广告图稿，并开始熟悉 Adobe Illustrator 2022 的一些基本功能。

0.1　开始本课

在本课您将快速了解 Adobe Illustrator 中被广泛使用的工具和功能，为之后的操作奠定基础。同时，本课还将带您创建一张美术用品广告图稿。首先，请打开最终图稿，查看本课将要创建的内容。

> **注意**　如果您还没有将课程的资源文件下载到计算机，请立即下载，具体方法参见本书正文前的"资源与支持"部分。

❶ 为了确保工具的功能和默认设置完全如本课所述，请删除或停用（通过重命名）Adobe Illustrator 的首选项文件。

❷ 启动 Adobe Illustrator。

❸ 选择"文件">"打开"，或在显示的主屏幕中单击"打开"按钮。打开 Lessons>Lesson00 文件夹中的 L00_end.ai 文件。

❹ 选择"视图">"画板适合窗口大小"，查看您将在本课中创建的美术用品广告图稿示例，如图 0-1 所示。让此文件一直处于打开状态，以供参考。

图 0-1

0.2　创建新文件

在 Adobe Illustrator 中，可以根据需要使用一系列预设选项创建新文件。在本课中，您会将创建的广告图稿发布于社交媒体，因此需要选择 Web 预设来创建新文件。

❶ 选择"文件">"新建"。

❷ 在"新建文档"对话框顶部选择 Web 预设类别，如图 0-2 所示。

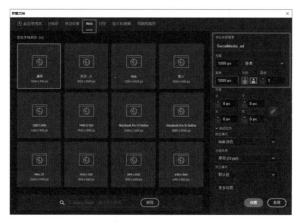

图 0-2

在本例中，您需要将广告图稿设为特定尺寸。在右侧的"预设详细信息"区域设置以下内容。

- 名称（在"预设详细信息"下方）：SocialMedia_ad。
- 宽度：1080 px。
- 高度：1080 px。

③ 单击"创建"按钮，创建一个新的空白文档。

④ 选择"文件">"存储为"。

⑤ 如果弹出云文档对话框，请单击"保存在您的计算机上"按钮，将文件保存在计算机上，如图 0-3 所示。

> 💡 **注意** 第 1 课将介绍有关云文档的更多内容。

⑥ 在"存储为"对话框中设置以下选项（见图 0-4）。

- 将名称保留为 SocialMedia_ad。
- 定位到 Lessons>Lesson00 文件夹。
- 将"格式"设置为 Adobe Illustrator（ ai ）（ macOS ）或者将"保存类型"设置为 Adobe Illustrator（ *.AI ）（ Windows ）。
- 单击"保存"按钮。

图 0-3

图 0-4

⑦ 在弹出的"Illustrator 选项"对话框中保持默认设置，单击"确定"按钮。

⑧ 选择"窗口">"工作区">"基本功能"，然后选择"窗口">"工作区">"重置基本功能"以重置工作区。

⑨ 选择"视图">"画板适合窗口大小"。

界面中的白色区域称为画板，如图 0-5 所示，它是您绘制图稿的区域。画板类似于 Adobe InDesign 中的"页"或真实的纸张。一个文件中可以有多个画板，每个画板的大小可以不同。

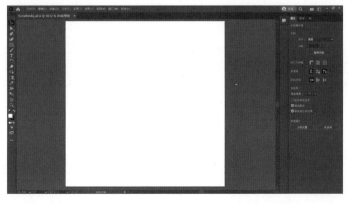

图 0-5

0.3 绘制形状

绘制形状是 Adobe Illustrator 中的基础操作，在本书中有较多绘制形状的操作。下面将创建几个形状，这些形状将成为广告图稿中的马克笔图形。

> 💡 **注意** 第 3 课将介绍有关创建和编辑形状的更多内容。

❶ 在左侧的工具栏中选择"矩形工具" ▭，如图 0-6 所示。

❷ 将鼠标指针移动到画板顶部的中心位置，按住鼠标左键拖动以绘制一个将成为马克笔笔尖图形的小矩形。拖动鼠标时，您会看到一个显示形状大小的灰色测量标签。这是智能参考线的一部分，它在默认情况下是开启的。当鼠标指针旁边的灰色测量标签中显示的宽度和高度大约为 80 px 和 110 px 时（见图 0-7），松开鼠标左键。

图 0-6

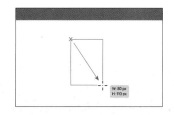

图 0-7

下面在其下方复制一个矩形，用于制作马克笔主体图形的顶部。

❸ 选择"编辑">"复制"，然后选择"编辑">"就地粘贴"，在原图形上层粘贴一个副本。

❹ 按住鼠标左键并拖动副本矩形中心的实心蓝点，将矩形向下移动到图 0-8 所示的位置。拖动时，您会看到一条垂直的洋红色对齐参考线，表示副本与原图形对齐。

❺ 在副本矩形下方，按住鼠标左键拖动以创建一个更大的矩形。

本例绘制的矩形宽约 280 px，高约 602 px，如图 0-9 所示。

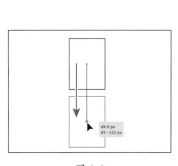

图 0-8

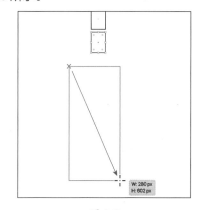

图 0-9

❻ 使用鼠标左键长按"矩形工具" ▭ 可查看工具菜单。在该菜单中选择"椭圆工具" ◯，如图 0-10 所示。

❼ 按住 Shift 键并按住鼠标左键拖动以创建一个适合最大矩形的圆形，如图 0-11 所示。创建完成后，松开鼠标左键和 Shift 键。

图 0-10

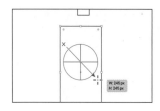

图 0-11

0.4 编辑形状

Adobe Illustrator 中创建的大多数形状都是实时形状，这意味着在使用绘制工具创建形状之后仍可以继续编辑它们。接下来将编辑圆形和最大的矩形。

💡 **注意** 第 3 课和第 4 课将介绍更多关于编辑形状的内容。

① 在圆形处于选中状态的情况下，按住鼠标左键并拖动圆形中心的实心蓝点，使圆形的左边缘对齐（贴合）到最大矩形的左边缘。

当圆形的左边缘与最大矩形的左边缘对齐时，会显示垂直的洋红色对齐参考线，如图 0-12 所示。

② 按住 Shift 键，并按住鼠标左键将圆形定界框的右侧中点向右拖动，如图 0-13 所示，使圆形与最大矩形等宽。当鼠标指针贴合到最大矩形的右边缘时，松开鼠标左键和 Shift 键。

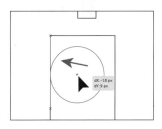

图 0-12

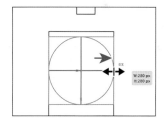

图 0-13

③ 在圆形仍处于选中状态的情况下，按住鼠标左键并向上拖动其中心的实心蓝点，使圆形中心与最大矩形的顶部对齐（贴合）。

当圆形中心与最大矩形的顶部对齐时，会显示洋红色参考线，如图 0-14 所示。

④ 选择左侧工具栏中的"选择工具" ▶。

⑤ 选中最大的矩形，按住鼠标左键向下拖动其定界框的底部中点，直到鼠标指针旁边的灰色测量标签中显示的高度大约为 670 px，如图 0-15 所示。

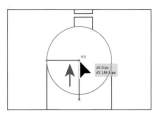

图 0-14

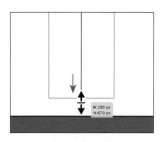

图 0-15

⑥ 选中其中一个小矩形，在按住 Shift 键的同时选中另一个小矩形。

⑦ 按住鼠标左键将这两个小矩形拖到圆形上，并确保它们与圆形垂直居中对齐。当对齐时，将显示一条垂直的洋红色参考线，如图 0-16 所示。

⑧ 选择"文件">"存储"，保存文件。

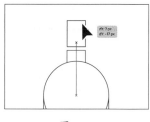

图 0-16

0.5 使用"形状生成器工具"组合形状

形状生成器是一种通过合并和擦除简单形状来创建复杂形状的工具。下面将合并圆形、较大的矩形和一个较小的矩形来制作马克笔主体图形。

💡 注意 第 4 课将介绍有关使用"形状生成器工具"🔧的更多内容。

① 在画板中框选 3 个形状，如图 0-17 所示。

② 在左侧的工具栏中选择"形状生成器工具"🔧。

③ 将鼠标指针移动到图 0-18（a）所示的位置，按住鼠标左键并按图 0-18（b）所示路径拖过选中的 3 个形状，松开鼠标左键，即可合并形状，效果如图 0-18（c）所示。

下面将对图 0-18（c）所示的瓶子形状进行圆角化处理。需要使用"直接选择工具"▷来选择特定锚点。

所选形状上的蓝色方块称为锚点，用于控制路径的形状。

图 0-17

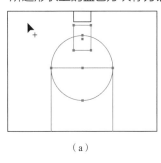

（a）

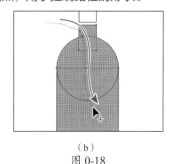

（b）

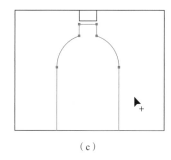

（c）

图 0-18

💡 注意 第 7 课将介绍更多关于路径和锚点的内容。

④ 选择工具栏中的"直接选择工具"▷。

您将看到一些称为"边角半径控件"的双圆，它们可用来控制边角的圆度。下面选择两个边角上的锚点来一次圆化这两个边角。

⑤ 按住鼠标左键，框选图 0-19 所示的两个锚点。

⑥ 选中任意一个双圆，如图 0-20 所示，按住鼠标左键朝外拖动对瓶子进行圆角化处理，如图 0-21 所示。

如果拖得太远，路径会变成红色，提示圆角已经达到最大限度。

⑦ 选择"文件">"存储"，保存文件。

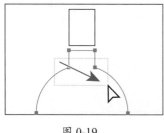

图 0-19

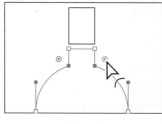

图 0-20

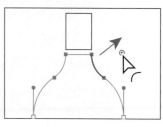

图 0-21

0.6　应用和编辑颜色

为图稿着色是创造性表达的好方法。创建好的图形有一个围绕边缘的描边，并且可以填充颜色。您可以通过色板为图形指定颜色。色板保存了您制作的颜色或文件默认提供的颜色。

💡 注意　第 8 课将介绍有关填充和描边的更多内容。

① 选择工具栏中的"选择工具"▶。

② 选中马克笔笔尖图形。

③ 单击"属性"面板中的"填色"框■。在弹出的"色板"面板中，确保选择了面板顶部的"色板"选项■。将鼠标指针移动到色板上，会弹出屏幕提示显示颜色值。选择值为"R=247 G=147 B=30"的橙色，如图 0-22 所示，更改笔尖图形的填充颜色，如图 0-23 所示。

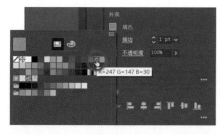

图 0-22

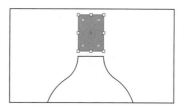

图 0-23

您可以使用默认色板，也可以自定义颜色并将它们保存为色板，以供日后重复使用。

💡 注意　在继续操作之前需要隐藏面板，如"色板"面板。您可以按 Esc 键来执行此操作。

④ 在"属性"面板中，单击"描边"右侧的第一个向下箭头按钮▣，如图 0-24 所示，直到描边消失，删除形状的描边。

⑤ 选择马克笔主体图形。

⑥ 单击"属性"面板中的"填色"框。在"色板"面板中，选择较浅的橙色，将其应用到马克笔主体图形，如图 0-25 和图 0-26 所示。

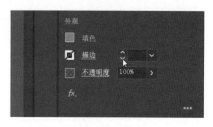

图 0-24

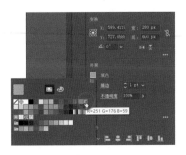

图 0-25　　　　　　　　　　　　　　　　图 0-26

⑦ 在"色板"面板中双击刚刚应用的色板（它周围有一个白色边框），如图 0-27 所示。

⑧ 在打开的"色板选项"对话框中，勾选"预览"复选框，查看对马克笔主体图形的更改。向右拖动 G（绿色）滑块，使颜色更黄、更亮，如图 0-28 所示。

⑨ 单击"确定"按钮，保存对色板所做的更改。

图 0-27　　　　　　　　　　　　　　　　图 0-28

⑩ 在"属性"面板中，单击"描边"右侧的向下箭头按钮 ，直到描边消失，删除形状的描边。

0.7　变换图稿

在 Adobe Illustrator 中，通过变换图稿，如旋转、缩放、移动、剪切和镜像等，能够创建独特的创意项目。

接下来改变马克笔笔尖的形状，然后制作几个整个马克笔图形的副本，更改图形的颜色并旋转。

① 选中马克笔笔尖图形。

② 选择工具栏中的"直接选择工具" ，单击小矩形左上角的锚点，如图 0-29 所示。按住鼠标左键向下拖动选中的锚点，使马克笔笔尖图形具有轮廓分明的外观，如图 0-30 所示。

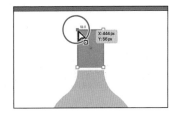

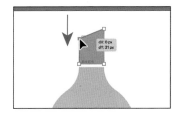

图 0-29　　　　　　　　　　　　　　　　图 0-30

③ 选择工具栏中的"选择工具" ▶。

④ 选择"选择">"取消选择"，取消所有内容的选择。

⑤ 选择"选择">"现用画板上的全部对象"，选择画板上的
两个图形。

⑥ 单击"属性"面板底部的"编组"按钮，如图 0-31 所示。

图 0-31

编组是指将所选对象视为一个整体。下次想同时选择马克笔笔
尖图形和主体图形时，只需单击其中一个即可将它们成组选中。

> 💡 **注意** 如果马克笔图形不在画板中间，您可以把它拖到画板中间。

⑦ 选择"编辑">"复制"，然后选择"编辑">"粘贴"，复制出一个马克笔图形副本。

⑧ 按住鼠标左键将马克笔图形副本向左拖动，如图 0-32 所示。

⑨ 将鼠标指针向外移出马克笔图形副本定界框的一角，当看到弯曲的双向箭头时，如图 0-33 所
示，按住鼠标左键并沿逆时针方向拖动，稍微旋转图形，如图 0-34 所示。

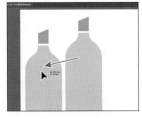
图 0-32

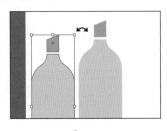
图 0-33

图 0-34

当前有了一个马克笔图形副本，下面将根据此副本制作另一个副本并将其翻转，使其位于原始马
克笔图形的另一侧。

⑩ 在马克笔图形副本处于选中状态的情况下，选择"编辑">"复制"对其进行复制。这一次选
择"编辑">"就地粘贴"，在马克笔图形副本上层制作新的副本。

⑪ 在"属性"面板中单击"水平翻转"按钮 ▷◁，翻转新的图形副本，如图 0-35 和图 0-36 所示。

⑫ 按住 Shift 键，按住鼠标左键将新的图形副本拖到原始马克笔图形的右侧，如图 0-37 所示。
完成拖动后，松开鼠标左键，然后松开 Shift 键。保持马克笔图形处于选中状态。

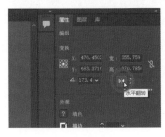
图 0-35

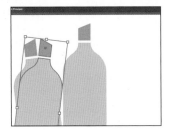
图 0-36

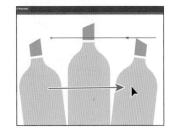
图 0-37

0.8 重新着色图稿

在 Adobe Illustrator 中，可以使用"重新着色图稿"对话框轻松地为图稿重新着色。接下来为两

个马克笔图形副本重新着色。

❶ 按住 Shift 键，单击最左侧的马克笔图形，以选择两个马克笔图形副本。

❷ 单击"属性"面板底部的"重新着色"按钮，如图 0-38 所示，打开"重新着色图稿"对话框，如图 0-39 所示。您可以看到马克笔图形中的两种颜色——橙色和浅橙色，对话框中间的色轮上显示有圆圈标记。在"重新着色图稿"对话框中更改所选图稿的颜色。

图 0-38

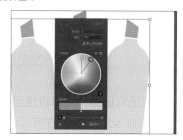

图 0-39

❸ 从"颜色库"下拉列表中选择"文档色板"选项，如图 0-40 所示。

此时，色轮中显示了您在"属性"面板中编辑图稿的填充颜色时看到的色板。您可以拖动色轮中的小色环（手柄）来更改所选图稿中的相应颜色。但是，默认情况下，所有色环会一起被拖动。

❹ 要单独编辑橙色和浅橙色，请单击色轮下方的链接图标 🔗，使其变为 ⛓️，即将链接解除，如图 0-41 红圈所示。

❺ 分别拖动大小色环到不同的红色中，以更改图稿颜色，如图 0-42 所示。

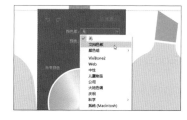

图 0-40

❻ 单击文档窗口的空白区域，关闭"重新着色图稿"对话框。

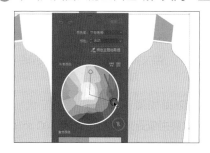

图 0-41

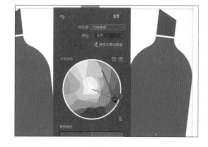

图 0-42

❼ 选择"选择">"现用画板上的全部对象"，选择所有马克笔图形。

❽ 选择"对象">"编组"，将所选图形全部编组在一起。

如果您需要编辑其中一个马克笔图形，您可以随时单击"属性"面板中的"取消编组"按钮将马克笔图形组解组。

❾ 选择"选择">"取消选择"。

❿ 选择"文件">"存储"。

0.9 创建和编辑渐变

渐变是从一种颜色逐渐混合变化到另一种颜色，可以用于图稿的填色或描边。接下来，您将开始"色彩游戏"并将渐变应用到横幅上。

> 💡 **注意** 第 11 课将介绍有关使用渐变的更多内容。

① 选择"视图">"缩小"，以便更容易看到画板的边缘。

② 在工具栏中选择"矩形工具" 🔲。

③ 从画板的左边缘开始，按住鼠标左键拖到画板的右边缘，绘制一个与画板等宽的矩形，其高度约为 375 px，如图 0-43 所示。

图 0-43

④ 在"属性"面板中，单击"填色"框，在"色板"面板中选择"白色，黑色"色板，如图 0-44 红圈所示。

⑤ 在"色板"面板的底部单击"渐变选项"按钮，如图 0-44 箭头所示，打开"渐变"面板，效果如图 0-45 所示。

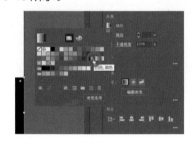

图 0-44

图 0-45

您可以通过拖动"渐变"面板顶部的标题栏来移动"渐变"面板。

⑥ 在"渐变"面板中，执行以下操作。

- 单击"填色"框，确保您正在编辑填充颜色，如图 0-46 上边红圈所示。
- 双击"渐变"面板中渐变块右侧的黑色色标 ⚫，如图 0-46 箭头所示。
- 在弹出的面板中选择"色板"选项 ▦，并选择深蓝色色板，如图 0-46 下边红圈所示。
- 双击"渐变"面板中渐变块左侧的白色色标 ⚪，如图 0-47 箭头所示。
- 在弹出的面板中选择较浅的蓝色色板，如图 0-47 红圈所示。

图 0-46

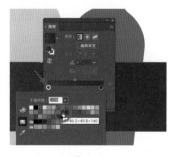

图 0-47

⑦ 单击"渐变"面板顶部的关闭按钮 ✕ 将其关闭。

0.10　编辑描边

描边是形状和路径等图形的轮廓。描边的很多外观属性都可以更改，如宽度、颜色和虚线样式等。本节将调整横幅矩形的描边。

💡 **注意** 第3课将介绍更多有关描边的内容。

❶ 在渐变矩形处于选中状态的情况下，单击"属性"面板中的"描边"文本。

在"属性"面板中单击带下画线的文本时，会弹出新的面板。

❷ 在"描边"面板中更改以下选项，如图0-48所示。

· 描边粗细：11 pt。

· 单击"使描边内侧对齐"按钮，将描边与矩形边缘的内侧对齐。

❸ 在"属性"面板中，单击"描边"框，选择"白色"色板，如图0-49所示，效果如图0-50所示。

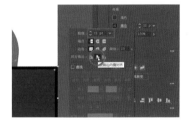
图 0-48

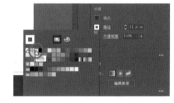
图 0-49

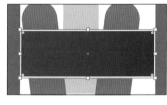
图 0-50

❹ 选择"选择">"取消选择"。

0.11　使用"曲率工具"

使用"曲率工具"可以绘制和编辑光滑、精细的路径和直线。在创建马克笔涂鸦笔迹时需要使用"曲率工具"。

💡 **注意** 第6课将介绍有关使用"曲率工具"的更多内容。

❶ 在工具栏中选择"曲率工具"。

在开始绘图之前，您将删除填色并更改描边颜色。

❷ 单击"属性"面板中的"填色"框。在"色板"面板中，选择"无"色板来删除填色，如图0-51所示。

❸ 在"属性"面板中单击"描边"框。在"色板"面板中，选择橙色色板，如图0-52所示。

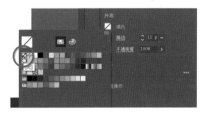
图 0-51

图 0-52

④ 将鼠标指针移动到中间马克笔笔尖图形的中间，如图 0-53（a）所示，单击并开始绘制形状。

💡 注意 如果鼠标指针的形状与图 0-53 所示不同，请确保 Caps Lock 键未激活。

⑤ 制作蛇形（如 s 形）路径。将鼠标指针向左移动，在左侧的马克笔笔尖图形上方单击，如图 0-53（b）所示。单击后将鼠标指针移开以查看弯曲的路径，如图 0-53（c）所示。

 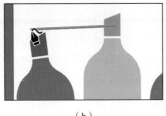 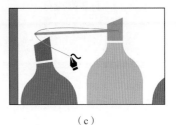

（a） （b） （c）

图 0-53

每次单击都会创建锚点。如前所述，锚点（路径上的圆圈）可用于控制路径的形状。

💡 提示 创建路径后，您可以移动路径上的任意锚点以编辑路径。

⑥ 通过向右、向左再向右单击继续进行涂鸦笔迹的绘制，如图 0-54 所示。

⑦ 按 Esc 键停止绘图。

保持路径处于选中状态，接下来将更改图稿内容的顺序，将该路径放在画板上其他内容的下层。

⑧ 单击"属性"面板"快速操作"选项组中的"排列"按钮，选择"置于底层"命令，将该路径放在其他所有内容下层，如图 0-55 所示。保持该路径处于选中状态。

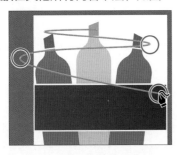 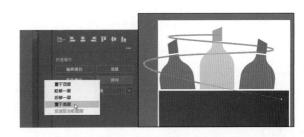

图 0-54 图 0-55

0.12 使用画笔

使用画笔可以用图案、图形、画笔描边、纹理或有角度的描边来装饰路径。您可以通过修改 Adobe Illustrator 提供的画笔来创建自己的画笔。接下来，您将对刚刚绘制的路径应用画笔，使其看起来更像马克笔涂鸦笔迹。

💡 注意 第 12 课将介绍有关画笔创意应用的更多内容。

❶ 选择工具栏中的"选择工具" ▶。

❷ 在 0.11 节绘制的路径处于选中状态的情况下，选择"窗口">"画笔库">"艺术效果">"艺术效果 _ 油墨"。

③ 在"艺术效果 _ 油墨"面板中单击名为"标记笔"的画笔以应用它，如图 0-56 所示。

在打开的面板中，您会看到 Adobe Illustrator 自带的一些画笔。

④ 单击"描边"右侧的向上箭头按钮，将描边粗细更改为 6 pt，如图 0-57 所示。

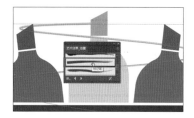  

图 0-56 图 0-57

⑤ 单击面板右上角的关闭按钮▣，关闭"画笔"面板。

⑥ 选择"文件">"存储"。

0.13　使用文本

本节将为项目添加文本并更改其格式。

> 💡 注意　第 9 课将介绍使用文本的更多内容。

① 选择左侧工具栏中的"文字工具"**T**，单击带有渐变填色的矩形，其中将显示已选中的占位文本"滚滚长江东逝水"。

② 输入大写字母 ART SUPPLIES，如图 0-58 所示。

此时文本很小，且很难在渐变中阅读。下面来解决这个问题。

③ 选择"选择工具"▶，选择文本对象。

④ 单击"属性"面板中的"填色"框■。在"色板"面板中，选择橙色色板，如图 0-59 所示。

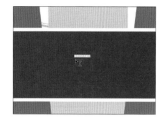 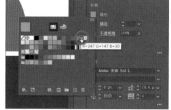 

图 0-58 图 0-59

⑤ 在"属性"面板的"字符"选项组中，设置字体大小为 73 pt，如图 0-60 所示。按 Enter 键确认字体大小的更改。

图 0-60

⑥ 在"属性"面板的同一部分，更改"字距"⚌值为30（见图0-60）。按 Enter 键确认字距的更改。设置字距是调整字符间距的方法。保持文本处于选中状态。

0.14 文本变形

使用封套可以将文本变形为不同的形状，从而创建一些出色的设计效果。您可以使用画板上的对象制作封套，也可以使用预设的变形形状或网格作为封套。

> 💡 **注意** 第 9 课将介绍有关文本变形的更多内容。

① 在文本处于选中状态的情况下，选择"选择工具" ▶，选择"编辑">"复制"，然后选择"编辑">"粘贴"，复制所选文本。

② 拖动两个文本框，使它们仍处在矩形的边界内，并且一个文本框位于另一个文本框的上方。

③ 选择"文字工具" **T**，将鼠标指针移到顶部的文本上，单击 3 次以将其选中。输入 CRAFTY，如图 0-61 所示。

④ 选择"选择工具" ▶，以便选择 CRAFTY 文本对象。

⑤ 在右侧的"属性"面板中将字体大小更改为 190 pt，如图 0-62 所示。

图 0-61

图 0-62

⑥ 选择"对象">"封套扭曲">"用变形建立"，弹出"变形选项"对话框。在该对话框中更改以下内容，如图 0-63 所示。

- 样式：拱形。
- 弯曲：20%。

图 0-63

⑦ 单击"确定"按钮。文本现在处于形状中，但仍可编辑。

⑧ 选择"选择工具" ▶后，将弯曲的 CRAFTY 文本和 ART SUPPLIES 文本拖动到合适的位置，如图 0-64 所示。

⑨ 选择"选择">"取消选择"。

图 0-64

💡 提示 单击"属性"面板"快速操作"选项组中的"变形选项"按钮，则可以在"变形选项"对话框中再次编辑变形选项。

▍0.15 使用效果

"效果"可以在不更改基础对象的情况下改变对象的外观。本节将对制作的横幅应用效果。

💡 注意 第 13 课将介绍更多有关效果的内容。

❶ 用鼠标左键长按"矩形工具" ▯，然后选择"椭圆工具" ○。在横幅矩形的顶部，按住 Shift 键并按住鼠标左键拖动，创建一个图 0-65 所示的圆形。绘制完成后松开鼠标左键和 Shift 键。

❷ 单击"属性"面板中的"填色"框，在"色板"面板中选择浅蓝色色板，如图 0-66 所示。

❸ 在"属性"面板中单击"选择效果"按钮 fx，选择"扭曲和变换">"波纹效果"，如图 0-67 所示。

图 0-65

❹ 在"波纹效果"对话框中勾选"预览"复选框以实时查看更改效果，然后设置以下选项，如图 0-68 所示。

- 大小: 9 px。
- 绝对值: 绝对。
- 每段的隆起数: 9。
- 点: 尖锐。

图 0-66

图 0-67

图 0-68

⑤ 单击"确定"按钮。

0.16 添加更多文本进行练习

下面进行一些练习，尝试在圆形左侧添加一些文字，并对其应用前面已经学过的格式和更多选项。

① 选择"文字工具"**T**，单击添加文本框。输入 30%，按 Enter 键换行，然后输入 OFF。

② 选择"选择工具"▶，选择文本对象。

③ 在"属性"面板中设置以下选项。

· 填色更改为白色。

· 字体大小更改为 60 pt。

· 行距更改为 50 pt，如图 0-69 红框所示。这将更改文本行之间的距离。

· 在"段落"选项组中，单击"居中对齐"按钮▤，如图 0-69 红圈所示，使文本居中对齐，效果如图 0-70 所示。

④ 拖动文本，使其大致位于圆形中心。

图 0-69   图 0-70

⑤ 按住 Shift 键，单击蓝色圆形以同时选中文本和蓝色圆形。

> 💡 **注意** 如果圆形太小，可以按住 Shift 键并拖动定界框的某个角锚点使其变大。完成之后先松开鼠标左键，再松开 Shift 键。

⑥ 单击"属性"面板"快速操作"选项组中的"编组"按钮，将它们组合在一起，如图 0-71 所示。

图 0-71

0.17 对齐对象

在 Adobe Illustrator 中，可以轻松地对齐（或分布）所选对象，对齐画板或对齐关键对象。本节将移动画板中的所有形状到指定位置，并将其中的部分形状与画板的中心对齐。

💡 **注意** 第2课将介绍有关对齐图稿的更多内容。

❶ 选择"选择工具" ▶，选择马克笔图形组。

❷ 按住 Shift 键，选择横幅矩形、CRAFTY 文本和 ART SUPPLIES 文本，如图 0-72 所示。

❸ 在"属性"面板中，单击"对齐"选项组中的"选择"按钮▦▾，从下拉列表中选择"对齐画板"选项，如图 0-73（a）所示，需要对齐的任何内容现在都将与画板的边缘对齐。

❹ 单击"水平居中对齐"按钮▣，如图 0-73（b）所示，将所选内容与画板水平居中对齐，效果如图 0-73（c）所示。

图 0-72

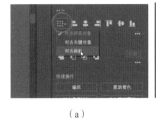  

（a） （b） （c）

图 0-73

❺ 如有必要，将马克笔涂鸦图形和横幅图形拖动到合适的位置，最终效果如图 0-74 所示。

图 0-74

❻ 选择"文件" > "存储"，然后选择"文件" > "关闭"。

认识工作区

本课概览

在本课中，您将浏览 Adobe Illustrator 工作区并学习以下内容。

- 打开 AI 文件。
- 了解云文档。
- 使用工具栏。
- 使用面板。
- 重置并保存工作区。
- 使用视图命令缩放图稿视图。
- 导航多个画板和文件。
- 旋转画布视图。
- 浏览文档组。

学习本课大约需要 45 分钟

为了充分利用 Adobe Illustrator 强大的描线、填色和编辑功能，您需要学习如何在工作区中轻松、有效地导航。工作区由应用程序栏、工具栏、面板、文档窗口和状态栏等组成。

1.1 矢量图和位图

Adobe Illustrator 主要用于创建和使用矢量图形（有时称为矢量形状或矢量对象）。矢量图形由称为矢量（Vector）的数学对象定义的直线和曲线组成。图 1-1（a）所示为矢量图形示例。在 Adobe Illustrator 中，您可以调整矢量图形的大小来覆盖建筑物侧面，或者将矢量图形用作社交媒体图标，而不会丢失细节或清晰度。图 1-1（b）所示为编辑中的矢量图形。

矢量图形在传输到 PostScript 打印机、保存在 PDF 文件中或导入基于矢量的图形应用程序中时，都会保持清晰的边缘。因此，矢量图形是绘制徽标等图稿的最佳选择，这些图稿可用于各种尺寸和各种输出媒介。

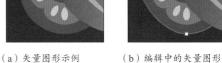

（a）矢量图形示例　　（b）编辑中的矢量图形
图 1-1

Adobe Illustrator 中也可以使用位图（技术上称为栅格图像），这些图像由图片元素（像素）的矩阵网格组成。图 1-2 所示为栅格图像和被选中区域的像素放大效果，每个像素都分配有一个特定的位置和颜色值。用手机摄像头拍摄的照片就是栅格图像，您可以在 Adobe Photoshop 等软件中创建和编辑栅格图像。

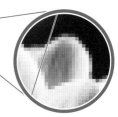

栅格图像和被选中区域的像素放大效果
图 1-2

> 💡 提示　若要了解有关位图的更多信息，请在"Illustrator 帮助"（选择"帮助">"Illustrator 帮助"）中搜索"导入位图"来获取相关内容。

1.2 打开 AI 文件

在本节，您将打开并浏览一个 AI 文件。在开始之前，您需要还原 Adobe Illustrator 的默认首选项。这是每课开始时都要做的事情，这样可以确保 Adobe Illustrator 中的工具和默认值的设置完全如本课所述。

❶ 要删除或停用（通过重命名）Adobe Illustrator 的首选项文件，请参阅本书"前言"中的"还原默认首选项"部分。

❷ 双击 Adobe Illustrator 图标，启动 Adobe Illustrator。

打开 Adobe Illustrator 后，您将看到"主页"界面，里面会显示 Adobe Illustrator 的资源等内容。

❸ 选择"文件">"打开"，或单击"主页"中的"打开"按钮。

在 Lessons>Lesson01 文件夹中选择 L1_start1.ai 文件，单击"打开"按钮，打开该文件。

接下来将使用 L1_start1.ai 文件来练习导航、缩放等操作，并了解 AI 文件和工作区。

❹ 选择"窗口">"工作区">"基本功能"，确保已勾选该复选框，选择"窗口">"工作区">"重置基本功能"来重置工作区。

"重置基本功能"命令可确保将包含所有工具和面板的工作区还原为默认设置。您将在 1.3.6 小节中了解更多有关重置工作区的内容。

❺ 选择"查看">"画板适合窗口大小"。

画板是包含可打印图稿的区域，类似于 Adobe InDesign 或 Microsoft Word 中的"页"。"画板适合窗口大小"命令可使整个画板（图中的紫色区域）适合文档窗口大小，以便查看整个设计，如图 1-3 所示。

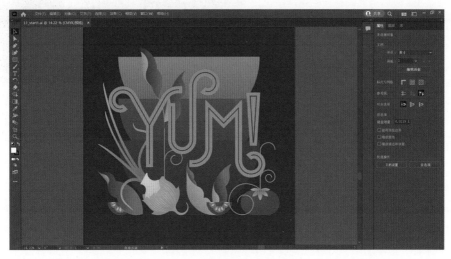

图 1-3

了解云文档

您可以将 AI 文档存储为云文档。云文档是存储在 Adobe Creative Cloud 中的 AI 文档，您可以在任何位置登录到 Adobe Creative Cloud 来访问云文档。

创建新文件或在硬盘中打开文件后，选择"文件">"存储为"，可以将文件保存到云端。首次执行此操作时，您将看到一个云文档对话框，其中包含"保存到 Creative Cloud"和"保存在您的计算机上"按钮，如图 1-4 所示。单击"保存到 Creative Cloud"按钮。

图 1-4

💡**注意** 如果您看到的是"存储为"对话框而不是云文档对话框，但您希望将其存储为云文档，则可以单击"存储云文档"按钮，如图 1-5 所示。

在弹出的对话框中，您可以更改文件名并单击"保存"按钮将文档保存到云端。如果您改变主意，希望将文件保存在本地，可以在该对话框中单击"在您的计算机上"按钮，如图 1-6 所示。

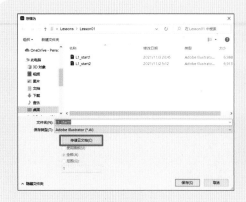
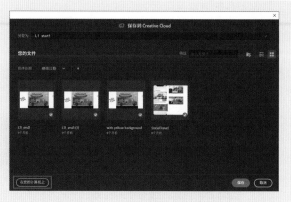

图 1-5   图 1-6

当您在云文档中操作时，任何更改都会自动被保存，因此文档始终是最新的。在"版本历史记录"面板（选择"文件">"版本历史记录"）中，您可以访问以前保存的文件版本，如图 1-7 所示。您可以为特定版本添加标记和名字，标记和名字将显示在面板的"已标记版本"栏中。单击某个版本，将在面板顶部的预览窗口中打开对应版本以便用户查看版本差异。未标记版本可保留 60 天，而标记版本可无限期使用。

如果要打开云文档，请选择"文件">"打开"。在弹出的对话框中，单击"打开云文档"按钮，如图 1-8 所示。然后在弹出的对话框中选择要打开的云文档。

图 1-7   图 1-8

当启动 Adobe Illustrator 时，您可以在"主页"界面中单击"云文档"以查看保存为云文档的文件，并打开和组织它们。

1.3   了解工作区

当 Adobe Illustrator 启动并打开了文件时，应用程序栏、面板、工具栏、文档窗口、状态栏会出现在屏幕上，这些元素一起组成工作区，如图 1-9 所示。首次启动 Adobe Illustrator 时，您将看到默认工作区。您可以根据需要自定义工作区，还可以创建和保存多个工作区（例如一个工作区用于编辑，另一个工作区用于查看），并在工作时在各个工作区之间切换。

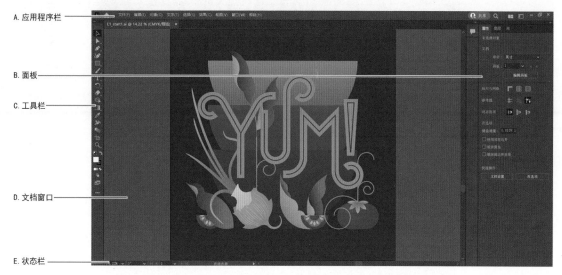

图 1-9

A. 默认情况下，顶部的应用程序栏包含应用程序控件、工作区切换器和搜索框。在 Windows 操作系统中，应用程序栏还会显示菜单栏和标题栏，如图 1-10 所示。

> 💡 **注意** 本课中的图片是使用 Windows 系统截取的，如果您使用的是 macOS，则可能与您看到的略有不同。

B. 面板可帮助您监控和修改您的操作。某些面板默认显示在工作区右侧的面板停靠栏中，您可以在"窗口"菜单中选择显示任何面板。

图 1-10

C. 工具栏包含用于创建和编辑图像、图稿、画板元素等的各种工具，相关工具被归置在同一工具组中。

D. 文档窗口显示您正在处理的文件。

E. 状态栏位于文档窗口的左下角，用于显示文档信息、缩放情况和导航控件。

1.3.1 使用工具栏

工作区左侧的工具栏包含用于选择、绘制、上色、编辑和查看的工具，也有"填色"框、"描边"框、绘图模式切换和屏幕模式切换等工具。在完成本书的学习之后，您将了解其中许多工具的具体功能。

❶ 将鼠标指针移动到工具栏中的"选择工具"▶上。请注意，工具提示中会显示工具名称（"选择工具"）和键盘快捷键（V），如图 1-11 所示。

> 💡 **提示** 您可以通过选择 Illustrator>"首选项">"一般"（macOS）或"编辑">"首选项">"常规"（Windows）来选择或取消选择显示工具提示。

❷ 将鼠标指针移动到"直接选择工具"▷上，按住鼠标左键，直到出现工具菜单。松开鼠标左键，选择"编组选择工具"▷，如图 1-12 所示。

工具图标右下角显示小三角形的表示是工具组，包含其他工具，可以通过上述方式进行工具选择。

图 1-11

图 1-12

💡 **提示** 也可以通过按住 Option 键（macOS）或 Alt 键（Windows）并单击工具栏中的图标来选择隐藏的工具，每次单击都会切换当前所选的隐藏工具。

❸ 将鼠标指针移动到"矩形工具"▢上，按住鼠标左键以显示更多工具，如图 1-13（a）所示。单击工具面板右边缘的箭头按钮▷，如图 1-13（b）所示，将工具面板与工具栏分离，使其成为单独的浮动工具面板，如图 1-13（c）所示，以便随时使用其中的工具。

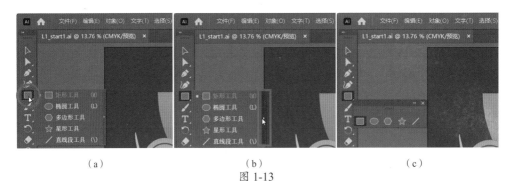

（a）　　　　　　　　　　（b）　　　　　　　　　　（c）

图 1-13

❹ 单击浮动工具面板左上角（macOS）或右上角（Windows）的"关闭"按钮✕将其关闭，如图 1-14 所示，工具面板将停靠回工具栏。

接下来将介绍如何调整工具栏的大小以及如何使其浮动。在本课的示意图中，工具栏默认为单列。但您一开始可能会看到双列的工具栏，这取决于您计算机的屏幕分辨率和对 Adobe Illustrator 工作区的设置。

❺ 单击工具栏左上角的双箭头按钮，工具栏将由单列

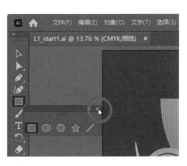

图 1-14

展开为双列，或由双列折叠为单列，如图 1-15 所示。

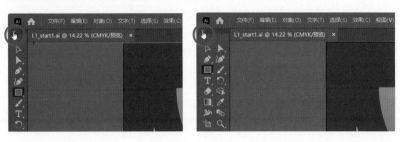

图 1-15

> **提示** 您也可以双击工具栏顶部的标题栏，在双列和单列之间切换。

⑥ 再次单击工具栏左上角的双箭头按钮以折叠（或展开）工具栏。

⑦ 在工具栏顶部的深灰色标题栏或标题栏下方的虚线处按住鼠标左键，将工具栏拖动到文档窗口中，如图 1-16 所示，现在工具栏浮动在文档窗口中。

> **注意** 当工具栏浮动时，请注意不要单击"关闭"按钮✕，否则它将被关闭。如果已将其关闭，选择"窗口" > "工具栏" > "基本"可以将其打开。

图 1-16

⑧ 在工具栏顶部的标题栏或者标题栏下方的虚线处按住鼠标左键，将工具栏拖动到文档窗口的左侧。当鼠标指针到达屏幕左边缘时，将出现被称为"停放区"的半透明蓝色区域，如图 1-17 所示。松开鼠标左键，工具栏即可整齐地放置在工作区左侧。

图 1-17

1.3.2 发现更多工具

在 Adobe Illustrator 中，默认工具栏中并不包含所有可用的工具。随着往后阅读本书，您将了解到其他的工具，所以您需要知道如何访问它们。在本小节中，您将学习如何访问这些工具。

① 在工具栏的底部单击"编辑工具栏"按钮 ●●● ，如图 1-18 所示。

此时将显示"所有工具"面板，该面板将显示所有可用的工具。显示为灰色的工具（您无法选择它们）表示已经存在于默认工具栏中，您可以按住鼠标左键将其他任意工具拖动到工具栏中，然后选择并使用它们。

② 将鼠标指针移动到显示为灰色的工具上，如"所有工具"面板顶部的"选择工具"▶（您可能需要向上拖动滚动条才能看到该工具）。

此时，该工具将在工具栏中突出显示，如图 1-19 所示。同样，如果将鼠标指针悬停在"椭圆工具"⬭（归属于"矩形工具"组）上，"矩形工具"▢将突出显示。

图 1-18

图 1-19

③ 在"所有工具"面板中拖动滚动条，直到看到"Shaper 工具"✐。如果要将"Shaper 工具"✐添加到工具栏中，那么将其拖动到工具栏中的"矩形工具"▢上。当"矩形工具"▢突出显示时，松开鼠标左键以添加"Shaper 工具"✐，如图 1-20 所示。

图 1-20

④ 按 Esc 键隐藏"所有工具"面板。

"Shaper 工具"✐现在位于工具栏中，除非您将其删除或重置工具栏。接下来将删除"Shaper工具"✐。在后面的课程中，您将通过添加工具来了解有关工具的更多信息。

⑤ 再次单击工具栏中的"编辑工具栏"按钮 ●●● ，显示"所有工具"面板。按住鼠标左键将工具栏中的"Shaper 工具"✐拖动到该面板的任意位置，松开鼠标左键即可从工具栏中删除"Shaper 工具"✐，如图 1-21 所示。

图 1-21

💡提示 您可以单击"所有工具"面板中的菜单按钮▤，并选择"重置"命令来重置工具栏。

⑥ 按 Esc 键隐藏"所有工具"面板。

1.3.3 使用"属性"面板

首次启动 Adobe Illustrator 并打开文件时，您将在工作区右侧看到"属性"面板。在未选择任何内容时，"属性"面板会显示当前文件的属性；当有选择内容时，其会显示所选内容的外观属性。"属性"面板把所有常用的选项放在一起，是一个使用相当频繁的面板。使用"属性"面板，您可以更改海报中艺术品的颜色。

① 在工具栏中选择"选择工具"▶，"属性"面板如图 1-22 所示。

图 1-22

在"属性"面板的顶部，您将看到"未选择对象"。这是选择指示器，是查看所选内容类型（如果有的话）的地方。由于没有选择文件中的任何内容，"属性"面板将显示当前文件的属性及程序首选项。

② 将鼠标指针移动到图稿顶部的碗状图形上单击，如图 1-23 所示。

在"属性"面板中，您现在应该能看到所选对象的外观属性。所选对象是一条路径，因为面板顶部有"路径"标识。您可以在"属性"面板中更改所选对象的大小、位置、颜色等。

③ 单击"属性"面板中的"填色"框。

💡提示 单击"属性"面板中带下划线的文本会出现更多选项。

④ 在弹出的面板中，确保在顶部选择了"色板"选项，然后选择一个色板以应用它，如图 1-24 所示。

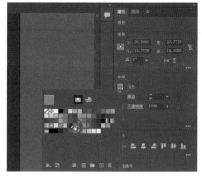

图 1-23 图 1-24

⑤ 按 Esc 键隐藏面板。

⑥ 选择"选择">"取消选择",取消碗状图形的选择。

此时,"属性"面板将再次显示文件属性和程序首选项。

1.3.4　使用面板

Adobe Illustrator 中的面板(如"属性"面板)能让您快速访问许多工具和选项,从而使图稿修改变得更容易。Adobe Illustrator 中所有可用面板都包含在"窗口"菜单里,并按字母顺序列出。本小节将介绍如何隐藏、关闭和打开这些面板。

> 💡 提示　在"窗口"菜单中选择当前不可见面板的名称即可显示相应面板。面板名称被勾选就表示该面板已经打开并且位于面板组中的其他面板之前。如果选择已在"窗口"菜单中勾选的面板名称,则对应面板及其所在的面板组将被关闭或折叠。

① 单击"属性"面板右侧的"图层",显示"图层"面板,如图 1-25 所示。

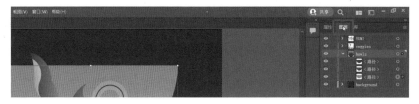

图 1-25

"图层"面板与另外两个面板("属性"面板和"库"面板)组合在一起,它们属于同一个面板组。

② 单击面板组顶部的双箭头按钮可以将面板折叠为图标,如图 1-26 所示。使用折叠面板可以让您有更大的空间来处理文件。您将在 1.3.5 小节中了解更多有关面板停靠的内容。

> 💡 提示　也可以双击面板顶部的停靠标题栏来展开或折叠面板。

图 1-26

③ 按住鼠标左键将面板的左边缘向右拖动,直到面板中的文本消失,如图 1-27 所示。这将隐藏面板名称,并将面板折叠为图标。

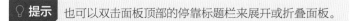

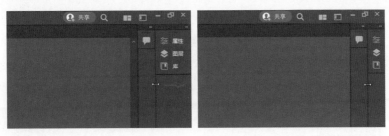

图 1-27

④ 再次单击双箭头按钮，展开面板，如图 1-28 所示。

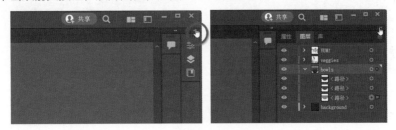

图 1-28

⑤ 选择"窗口">"工作区">"重置基本功能"，重置工作区。

您将在 1.3.6 小节了解有关切换和重置工作区的更多内容。

1.3.5 移动和停靠面板

Adobe Illustrator 中的面板可以在工作区中移动并组织起来以满足您的工作需要。本小节将打开一个新面板，并将其与工作区右侧的默认面板停靠在一起。

① 单击"窗口"菜单，查看所有可用的面板。选择"窗口">"对齐"，打开"对齐"面板和默认情况下与其成组的其他面板。

您打开的面板未显示在默认工作区中，是自由浮动的，这意味着它们还没有停靠，可以四处移动。您可以把自由浮动的面板停靠在工作区的右侧或左侧。

② 将鼠标指针放在面板名称上方的标题栏上，如图 1-29 所示。

接下来把"对齐"面板停靠到"属性"面板所在的面板组中。

③ 按住鼠标左键将"对齐"面板拖动到"库"的右侧，当整个面板组周围出现蓝色高光时，松开鼠标左键以停靠"对齐"面板，如图 1-30 所示。

图 1-29

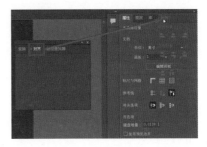

图 1-30

将面板拖动到右侧面板停靠区时，如果在停靠面板的上方看到一条蓝线，则将创建一个新的面板组，而不是将面板停靠在已有面板组中。

④ 单击"变换"和"路径查找器"面板组顶部的"关闭"按钮▣，将其关闭，如图 1-31 所示。除了可以将面板添加到右侧面板停靠区之外，还可以将面板移出停靠区。

⑤ 按住鼠标左键向左拖动"对齐"面板，将其拖离面板停靠区，松开鼠标左键，如图 1-32 所示。

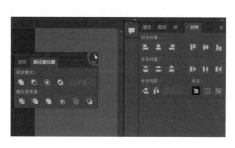

图 1-31

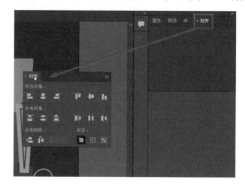

图 1-32

⑥ 单击"对齐"面板顶部的"关闭"按钮▣将其关闭。

⑦ 如果"库"面板尚未显示，请单击右侧的"库"，显示该面板。

缩放用户界面

Adobe Illustrator 启动时，会自动识别显示器的分辨率并调整用户界面的缩放程度。您可以根据显示器的分辨率来缩放用户界面，以便将工具、文本和其他 UI 元素显示得更清楚。

选择 Illustrator>"首选项">"用户界面"（macOS）或"编辑">"首选项">"用户界面"（Windows），更改"UI 缩放"设置，如图 1-33 所示，更改将在重新启动 Adobe Illustrator 后生效。

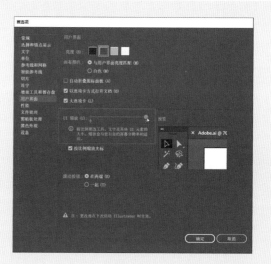

图 1-33

1.3.6 切换工作区

Adobe Illustrator 附带了许多为各种任务量身定制的工作区。如前文所述，您可以自定义默认"基本功能"工作区的各个部分，如工具栏和面板。更改（如打开和关闭面板并更改其位置，以及进行其他操作）后，您可以将应用这些设置的工作区保存，并在工作时在不同工作区之间切换。

本小节将介绍切换工作区的操作和一些新面板。

① 单击应用程序栏中的"切换工作区"按钮▣，如图 1-34（a）所示。

您将看到工作区切换器中列出了许多工作区,每个工作区都有特定的用途,选择不同的工作区将打开特定的面板。

② 在工作区切换器中选择"版面"选项以更改工作区,如图 1-34(b)所示。

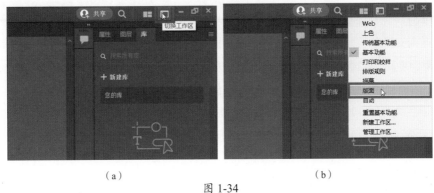

(a)   (b)

图 1-34

您会看到工作区中出现了一些重大变化,最大的变化是"控制"面板停靠在了文档窗口的上方,如图 1-35 所示。与"属性"面板类似,它可以帮助您快速访问与当前选择的内容相关的选项、命令和其他面板。

图 1-35

此外,还要注意工作区右侧所有折叠的面板图标。在工作区中,你可以将一个面板堆叠到另一个面板上以创建面板组,从而展示更多的面板。

③ 单击面板上方的"切换工作区"按钮■,选择"基本功能"选项切换回"基本功能"工作区。

④ 在工作区切换器中选择"重置基本功能"选项,如图 1-36 所示。

当您选择切换回之前的工作区时,系统会记住您对当前工作区所做的更改,例如启用"库"面板。在本例中,要想完全重置"基本功能"工作区,使其回到默认设置,您需要选择"重置基本功能"选项。

图 1-36

1.3.7 保存工作区

到目前为止，您已重置了工作区并选择了不同的工作区。您还可以按照自己喜欢的方式排列面板，并保存自定义工作区。本小节将停靠一个新面板并创建自定义工作区。

❶ 选择"窗口">"画板"，打开"画板"面板所在的面板组。

❷ 按住鼠标左键，将"画板"面板拖动到右侧面板停靠区顶部的"属性"面板上。当整个面板组周围出现蓝色高光时，松开鼠标左键以停靠"画板"面板，将其添加到现有面板组中，如图 1-37 所示。

❸ 单击自由浮动的"资源导出"面板顶部的"关闭"按钮❌将其关闭。

❹ 选择"窗口">"工作区">"新建工作区"，在弹出的"新建工作区"对话框中将名称更改为 My Workspace，单击"确定"按钮，如图 1-38 所示。工作区的名称可以是任意内容，名为 My Workspace 的工作区现在会与 Adobe Illustrator 中的其他工作区一起保存，直到您将其删除。

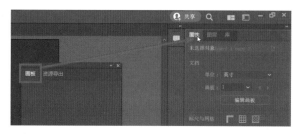

图 1-37

图 1-38

❺ 选择"窗口">"工作区">"基本功能"，然后选择"窗口">"工作区">"重置基本功能"。请注意，在选择"重置基本功能"选项后，面板将恢复默认设置。

❻ 选择"窗口">"工作区">My Workspace。

❼ 使用"窗口">"工作区"命令在两个工作区之间切换。但在开始下一个练习之前要返回"基本功能"工作区。

1.3.8 使用面板菜单和上下文菜单

Adobe Illustrator 中的大多数面板在面板菜单中都有更多可用选项，这些选项可以通过在面板的右上角单击面板菜单按钮▤或▤来访问。这些选项可用于更改面板显示，添加或更改面板内容等。本小节将使用面板菜单来更改"色板"面板的显示内容。

❶ 在左侧工具栏中选择"选择工具"▶，单击图稿顶部的碗状图形。

❷ 在"属性"面板中单击"填色"框，如图 1-39 所示。

❸ 在弹出的面板中，确保面板顶部选择了"色板"选项▦，单击右上角的面板菜单按钮▤，如图 1-40（a）所示；在面板菜单中选择"小列表视图"命令，如图 1-40（b）所示。

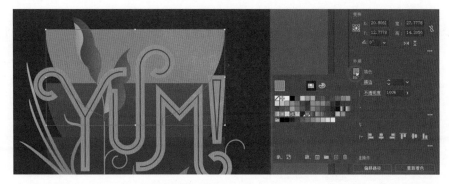

图 1-39

"色板"面板将显示色板名称及缩略图，如图 1-40（c）所示。由于面板菜单中的命令仅适用于当前面板，因此仅"色板"面板会受到影响。

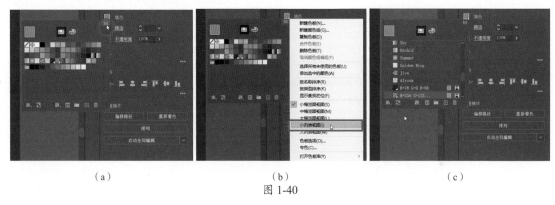

（a）　　　　　　　　　（b）　　　　　　　　　（c）

图 1-40

④ 单击"色板"面板中的面板菜单按钮，选择"小缩览图视图"命令，使"色板"面板返回初始状态。

除了面板菜单外，还有上下文菜单，它包含与当前工具、选择的对象或面板相关的命令。通常，上下文菜单中的命令在工作区的其他部分也可找到，但使用上下文菜单可以节省时间。

⑤ 按 Esc 键隐藏"色板"面板。

⑥ 选择"选择">"取消选择"，不再选择碗状图形。

⑦ 将鼠标指针移动到文档窗口的深灰色区域中，单击鼠标右键，弹出带有特定选项的上下文菜单，如图 1-41 所示。

您看到的上下文菜单可能包含不同的命令，具体取决于鼠标指针所在的位置。

💡 提示　如果将鼠标指针移动到面板的标题栏上，然后单击鼠标右键，则可以在弹出的上下文菜单中选择"关闭"或"关闭选项卡组"命令。

图 1-41

调整用户界面的亮度

与 Adobe InDesign 或 Adobe Photoshop 类似，Adobe Illustrator 支持对用户界面进行亮度调整。这是一个程序首选项设置，可以从 4 个预设级别中选择亮度设置。

若要调整用户界面的亮度，可以选择 Illustrator>"首选项">"用户界面"（macOS）或"编辑">"首选项">"用户界面"（Windows），在弹出的对话框中进行设置，如图 1-42 所示。

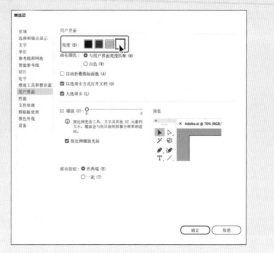

图 1-42

1.4 更改视图

在处理文件时，您可能需要更改缩放比例并在不同的画板之间切换。Adobe Illustrator 中可用的缩放比例从 3.13% 到 64000% 不等，缩放比例显示在标题栏（或文档选项卡）的文件名旁边和文档窗口的左下角。

在 Adobe Illustrator 中，有很多方法可以更改缩放比例，本节将介绍几种常用的方法。

> 💡 **提示** 放大视图的组合键是 Command + +（macOS）或 Ctrl + +（Windows）。缩小视图的组合键是 Command + −（macOS）或 Ctrl + −（Windows）。

1.4.1 使用视图命令

视图命令位于"视图"菜单中，是放大或缩小图稿视图的简便方法。

> 💡 **提示** 选择"视图">"实际大小"，图稿视图将以实际大小展示。

❶ 选取"视图">"放大"两次，放大图稿视图。

使用"视图"工具和命令仅影响视图的显示，而不影响文件的实际尺寸。每次选择缩放命令时，都会将视图调整为最接近预设的缩放级别。预设的缩放级别显示在文档窗口的左下角中，百分数旁边有向下箭头按钮 ⌄。

❷ 选择"视图">"画板适合窗口大小"，查看整个海报，如图 1-43 所示。

选择"视图">"画板适合窗口大小"，或者按 Command + 0（macOS）或 Ctrl + 0（Windows）组合键，整个画板将在文档窗口中居中显示。

图 1-43

③ 单击 YUM 中 M 下方的番茄片图形，选择"视图">"放大"，如图 1-44 所示。如果选择了对象，使用"视图">"放大"命令将放大所选对象。

图 1-44

④ 选择"视图">"画板适合窗口大小"。

⑤ 选择"选择">"取消选择"，取消番茄片图形的选择。

1.4.2 使用"缩放工具"

除了"视图"菜单中的命令外，还可以使用"缩放工具"Q按预设的缩放级别来缩放视图。

① 在工具栏中选择"缩放工具"Q，将鼠标指针移动到文档窗口中。

请注意，选择"缩放工具"Q时，鼠标指针的中心会出现一个加号（+），如图 1-45 所示。

② 将鼠标指针移到完整的番茄图形上单击。图稿会以更高的放大倍率显示，具体倍率取

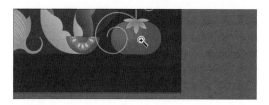

图 1-45

决于屏幕的分辨率。请注意，现在单击的位置位于文档窗口的中心。

❸ 在完整的番茄图形上再单击两次，视图进一步放大。

❹ 在"缩放工具" Q 仍处于选中状态的情况下，按住 Option 键（macOS）或 Alt 键（Windows），鼠标指针的中心会出现一个减号（－），如图 1-46 所示。按住 Option 键（macOS）或 Alt 键（Windows），单击图稿两次，缩小视图。

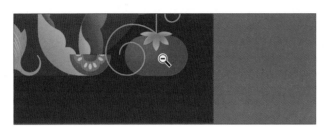

图 1-46

使用"缩放工具" Q 时，您还可以在文档窗口中按住鼠标左键并拖动进行放大和缩小。默认情况下，如果计算机满足 GPU 性能的系统要求并已启用 GPU 性能，则能进行动画缩放。若要了解您的计算机是否满足系统要求，请参阅本小节后面的"GPU 性能"部分。

❺ 选择"视图">"画板适合窗口大小"。

❻ 在"缩放工具" Q 仍处于选中状态的情况下，按住鼠标左键从图稿左侧向右侧拖动以放大视图，放大过程为动画缩放，如图 1-47 所示。从图稿右侧向左侧拖动则可将视图缩小。

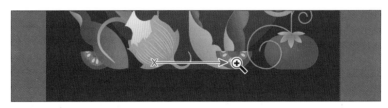

图 1-47

> 💡 **提示** 选择"缩放工具" Q 后，如果将鼠标指针移动到文档窗口单击并按住鼠标左键几秒，则可以使用动画缩放放大视图。

> 💡 **注意** 在某些版本的 macOS 中，"缩放工具" Q 的快捷键会打开"聚焦"（Spotlight）或"查找"（Finder）功能。如果您决定在 Adobe Illustrator 中使用这些快捷键，则可能需要在 macOS 首选项中关闭或更改这些快捷键的原始功能。

如果您的计算机不满足 GPU 性能的系统要求，则在使用"缩放工具" Q 拖动时，您将绘制出虚线矩形，该矩形被称为"选取框"。

❼ 选择"视图">"画板适合窗口大小"，使画板适合文档窗口大小。

由于在编辑过程中会经常使用"缩放工具" Q 来放大或缩小视图，因此 Adobe Illustrator 允许用户随时使用键盘临时切换到该工具，而无须先取消选择正在使用的其他工具。

· 要使用键盘访问"放大工具"，请按 Command + 空格组合键（macOS）或 Ctrl + 空格组合键（Windows）。

- 要使用键盘访问"缩小工具"，请按 Command + Option + 空格组合键（macOS）或 Ctrl +Alt + 空格组合键（Windows）。

GPU 性能

图形处理器（Graphics Processing Unit，GPU）是一种位于显示系统中视频卡上的专业处理器，可以快速执行与图像操作和显示相关的命令。GPU 加速计算可在各种设计、动画和视频应用中提供更高的性能。这意味着使用 GPU 加速将获得巨大的性能提升：Adobe Illustrator 的运行速度会比以往更快、更流畅。

此功能可在兼容的 macOS 和 Windows 操作系统中使用，Adobe Illustrator 默认启用此功能，可以通过选择 Illustrator>"首选项">"性能"（macOS）或"编辑">"首选项">"性能"（Windows）来访问首选项中的 GPU 性能。

1.4.3　浏览文件内容

在 Adobe Illustrator 中可以使用"抓手工具" 🖐来浏览文件内容。"抓手工具" 🖐可以让您像移动办公桌上的纸张一样随意查看文件内容。当需要在包含多个画板的文件中移动文档，或者在放大后的视图中移动文档时，这种工具特别有用。在本小节中，您将学习访问"抓手工具" 🖐的几种方法。

- 在工具栏中使用鼠标左键按住"缩放工具" 🔍，选择"抓手工具" 🖐。在文档窗口中按住鼠标左键并向下拖动，画板和文件内容也会随之移动。
- 与"缩放工具" 🔍一样，您也可以通过快捷键选中"抓手工具" 🖐，而无须先取消选择当前工具。
- 选择工具栏中除"文字工具" T以外的任何工具，将鼠标指针移动到文档窗口中。按住空格键，临时切换到"抓手工具" 🖐，按住鼠标左键拖动，将文件拖回视图中心；松开空格键。
- 选择"视图">"在窗口中调整画板"。

🔅 **注意** 当选择了"文字工具" T且光标位于文本框中时，"抓手工具" 🖐的快捷键将不起作用。要在光标位于文本框中时使用"抓手工具" 🖐，需按住 Option 键（macOS）或 Alt 键（Windows）。

1.4.4　查看图稿

当打开文件时，图稿默认以预览模式显示，该模式采用矢量形式。

Adobe Illustrator 还提供了查看图稿的其他模式，如轮廓模式和像素预览模式。本小节将介绍查看图稿的不同模式，并讲解为什么可能需要以这些模式查看图稿。

在处理大型或复杂的文件时，您可能只想查看文件中对象的轮廓或路径。这样，每次进行修改时，无须重新绘制对象，这就是轮廓模式。轮廓模式有助于选择对象，您将在第 2 课中体会到这一点。

🔅 **提示** 您可以按 Command+ Y 组合键（macOS）或 Ctrl + Y 组合键（Windows）在预览模式和轮廓模式之间切换。

❶ 选择"视图">"轮廓"。

文档窗口中将只显示对象的轮廓，如图 1-48 所示。您可以使用该模式来查找和选择可能隐藏在其他对象后面的对象。

在轮廓模式下，选择"视图">"预览"（或"GPU 预览"），可再次查看图稿的所有属性。

❷ 选择"视图">"像素预览"。

❸ 选择"选择工具"▶，单击完整番茄图形。

❹ 在文档窗口左下角的缩放级别下拉列表中选择 400% 选项，以便更轻松地查看完整番茄图形的边缘。

图 1-48

像素预览模式可用于查看对象被栅格化后通过 Web 浏览器在屏幕上显示的效果，注意图 1-49 所示的锯齿状边缘。

❺ 选择"视图">"像素预览"，关闭像素预览模式，效果如图 1-50 所示。

❻ 选择"视图">"画板适合窗口大小"，确保当前画板适合文档窗口大小，并使文件保持打开状态。

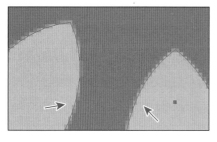

图 1-49

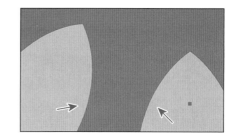

图 1-50

1.5 多画板导航

您可以通过改变画板的大小来满足输出或置入的需求，也可以通过建立多个画板来创建各种内容，如多页 PDF 文件、不同大小或元素的打印页面、网站的独立元素、视频故事板、组成 Adobe Animate 或 Adobe After Effects 动画的各个项目。

Adobe Illustrator 允许一个文件中最多包含 1000 个画板。最初创建 AI 文件时，可以添加多个画板，也可以在创建文档后添加、删除和编辑画板。本节将介绍如何在包含多个画板的文件中导航。

💡 提示 第 5 课将介绍更多关于使用画板的知识。

❶ 选择"文件">"打开"，在"打开"对话框中，找到 Lessons>Lesson01 文件夹，选择 L1_start2.ai 文件。单击"打开"按钮，打开该文件查看海报的另一个版本。

❷ 选择"视图">"全部适合窗口大小"，以便让所有画板适合文档窗口大小。请注意，该文件中有两个画板，分别包含 L1_start1.ai 作品的两个版本，如图 1-51 所示。

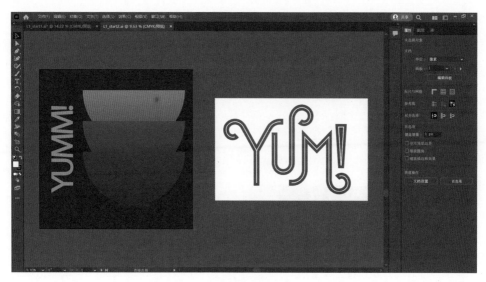

图 1-51

文件中的画板可以按任何顺序、方向或画板大小排列，甚至可以重叠排列。假设要创建一个 4 页的小册子，您可以为小册子的每一页创建一个不同的画板，所有画板具有相同的大小和方向。它们可以水平或垂直排列，也可以以您喜欢的任意方式排列。

③ 在工具栏中选择"选择工具" ▶，选择右侧画板中的红色 YUM 文本。

④ 选择"视图">"画板适合窗口大小"，效果如图 1-52 所示。

图 1-52

选择对象后，对象所在画板会成为当前画板。选择"视图">"画板适合窗口大小"，当前画板会自动调整到适合文档窗口的大小。文档窗口左下角状态栏中的"画板导航"下拉列表会标识当前画板，目前是画板 2，如图 1-53 所示。

⑤ 选择"选择">"取消选择"。

⑥ 在"属性"面板的"画板"下拉列表中选择 1 选项，如图 1-54 所示。

请注意"属性"面板中"画板"下拉列表右侧的箭头按钮◀、▶，您可以使用它们导航到上一个画板或下一个画板。

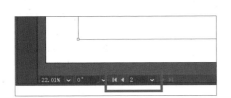

图 1-53

图 1-54

这些按钮也会出现在文档窗口下方的状态栏中。

❼ 单击文档窗口下方状态栏中的"下一项"按钮▶，在文档窗口中查看下一个画板（画板 2），如图 1-55 所示。

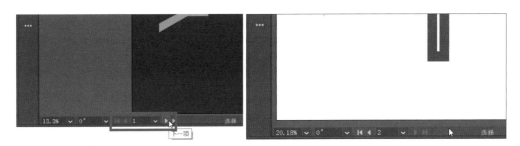

图 1-55

"画板导航"下拉列表和箭头按钮始终显示在文档窗口下方的状态栏中，但只有在非"画板编辑"模式下，选择了"选择工具"▶且未选择任何内容时，它们才会显示在右侧的"属性"面板中。

1.6 旋转视图

包装设计、徽标或任何包含旋转文本的项目，如果可以临时旋转视图会更容易处理它们。想一想对于纸上的大型绘图，如果您想编辑绘图的某个部分，可以把桌子上的纸转过来。本节将介绍如何使用"旋转视图工具"🖑 旋转画布并编辑一些文本。

❶ 在"属性"面板的"画板"下拉列表中选择 1 选项，使带有紫色背景的画板大小与文档窗口相适应。

❷ 使用鼠标左键按住工具栏中的"抓手工具"✋，然后选择"旋转视图工具"🖑。

💡 提示　若要自动将画布视图与要旋转的对象对齐，您可以选择"视图">"针对所选对象旋转视图"。

❸ 在文档窗口中按住鼠标左键并沿顺时针方向拖动以旋转整个画布。拖动时，按住 Shift 键则以 15°为增量旋转视图。当您在灰色测量标签中看到 –90.00° 时（如图 1-56 所示），松开鼠标左键，然后松开 Shift 键。

画布上的画板会跟随画布旋转。

④ 在工具栏中选择"文字工具"T。现在，您将编辑 YUMM 文本并添加另一个字母 M。在蓝色 YUMM！文本的 MM 之间单击，插入光标，输入大写字母 M，文本现在为 YUMMM！，如图 1-57 所示。

图 1-56

图 1-57

完成后，您可以重置画布。

⑤ 选择"选择工具"▶，单击空白区域以取消选择。

⑥ 单击文档窗口下方状态栏中 –90° 右侧的向下箭头按钮，显示画布旋转角度值下拉列表。从该下拉列表中选择 0° 选项，将画布设置回默认旋转角度，如图 1-58 所示。

> 💡 **提示** 要重置旋转的画布视图，您还可以按 Esc 键，选择"视图">"重置旋转视图"，或按 Shift + Command + 1 组合键（macOS）或 Shift + Ctrl + 1 组合键（Windows）。

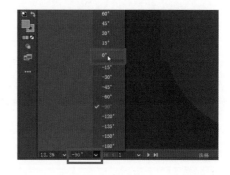

图 1-58

1.7 排列多个文件

在 Adobe Illustrator 中，所有工作区元素（如面板、文档窗口和工具栏）都被分组在名为"应用程序框架"的集成窗口中，该窗口使您可以将应用程序视为一个单元。当您对"应用程序框架"或其中任何元素进行移动或调整大小时，其中的所有元素都会相互响应，不会重叠。

当您在 Adobe Illustrator 中打开多个文件时，文件将以选项卡的形式在文档窗口中打开。您可以通过其他方式（如并排）来排列打开的文件，这样便于比较不同文件或者将对象从一个文件拖动到另一个文件。此外，您还可以选择"窗口">"排列"，以各种预设快速显示打开的文件。

当前已经打开了两个 AI 文件：L1_start1.ai 和 L1_start2.ai。每个文件在文档窗口中都有对应的选项卡，这些文件被视为一组文档。您可以创建文档组，以便将打开的文件关联起来。

① 单击文档窗口顶部的 L1_start1.ai 选项卡以显示 L1_start1.ai 文件。

② 按住鼠标左键，将 L1_start1.ai 选项卡直接拖到 L1_start2.ai 选项卡的右侧，如图 1-59 所示。松开鼠标左键，查看新的选项卡顺序。

> 💡 **注意** 此处是直接向右拖动，否则，您可能会解除文档窗口的停靠状态并创建新的文档组。如果发生这种情况，请选择"窗口">"排列">"合并所有窗口"。

图 1-59

拖动文件的选项卡可以更改文件的顺序。使用快捷键可以快速切换到下一个或上一个文件，非常方便。

要同时查看两个文件，或者将图稿从一个文件拖动到另一个文件，您可以通过级联或平铺的方式来排列文档窗口。级联允许您堆叠不同的文档组，而平铺是以各种排列方式一次显示多个文档窗口。接下来您将平铺打开的文件，以便同时查看两个文件。

❸ 选择"窗口">"排列">"平铺"。

文档窗口的可用空间将按照文件数量进行划分。

❹ 在左侧的文档窗口单击，选择"视图">"画板适合窗口大小"。在右侧的文档窗口中执行同样的操作，效果如图 1-60 所示。

图 1-60

平铺文件后，您可以在文件之间拖动图稿，将其从一个文件复制到另一个文件中。

若要更改文件的排列方式，您可以将文件选项卡拖动到新位置。但是，使用"排列文档"菜单会更方便，它为您提供了各种预设以便快速排列打开的文件。

❺ 单击应用程序栏中的"排列文档"按钮▦，显示"排列文档"菜单，单击"全部合并"按钮▭，将所有文件重新组合在一起，如图 1-61 所示。

图 1-61

在"排列文档"菜单中，您可以单击相应按钮，像选择"窗口">"排列">"平铺"一样平铺文件，但该菜单中有更多平铺文件的选项（垂直或水平）。

⑥ 单击 L1_start1.ai 选项卡旁的"关闭"按钮▣，关闭文件，如图 1-62 所示。如果弹出要求您保存文件的对话框，请单击"不保存"（macOS）或"否"（Windows）按钮。

图 1-62

⑦ 选择"文件">"关闭"，关闭 L1_start2.ai 文件，无须保存。

复习题

1. 描述两种缩放文件视图的方法。
2. 如何保存面板位置和可见性首选项？
3. 简述在 Adobe Illustrator 中导航画板的几种方法。
4. 如何旋转画布视图？
5. 排列文档窗口有何作用？

参考答案

1. 可以通过在"视图"菜单中选择命令来放大或缩小文件视图，或使其适合屏幕大小；也可以使用"缩放工具" Q，在文件中单击或拖动进行视图缩放。此外，还可以使用键盘快捷键来缩放文件视图。

2. 可以选择"窗口">"工作区">"新建工作区"来创建自定义工作区，达到保存面板位置和可见性首选项的目的，这样在查找所需控件时会更方便。

3. 在 Adobe Illustrator 中导航画板的方法有：①在文档窗口左下方的"画板导航"下拉列表中选择画板编号；②在未选择任何内容且未处于"画板编辑"模式时，在"属性"面板的"画板"下拉列表中选择画板编号；③在"属性"面板中使用"画板"下拉列表右侧的箭头按钮；④使用文档窗口左下角状态栏中的画板箭头按钮切换到第一个、上一个、下一个和最后一个画板；⑤使用"画板"面板浏览各个画板；⑥使用"导航器"面板中的"代理预览区域"，通过按住鼠标左键并拖动在画板之间导航。

4. 要旋转画布视图，可以使用"旋转视图工具" 🖐，或者在状态栏的旋转角度值下拉列表中选择一个旋转角度值，或者在"视图">"旋转视图"菜单中选择一个旋转角度值。

5. 通过排列文档窗口，可以平铺显示 AI 文件或层叠文档组（本课没有介绍层叠）。如果您正在处理多个 AI 文件，并且需要在这些文件之间比较或共享内容，排列文档窗口将非常有用。

选择图稿的技巧

本课概览

在本课中，您将学习以下内容。

- 区分各种选择工具并使用不同的选择方法。
- 识别智能参考线。
- 锁定、隐藏和解锁对象。
- 存储所选内容以供将来使用。
- 使用工具和命令进行对齐对象、分布对象和对齐到画板等操作。
- 编组对象。
- 在隔离模式下工作。
- 排列对象。

学习本课大约需要 **45** 分钟

　　在 Adobe Illustrator 中选择图稿是您要做的重要工作之一。在本课中，您将学习如何使用"选择工具"▶来定位和选择对象，如何通过隐藏、锁定和编组对象来保护对象，还将学习如何分布对象和对齐画板等。

2.1 开始本课

创建、选择和编辑是在 Adobe Illustrator 中绘制图稿的基础操作。在本课中，您将学习选择、对齐和编组图稿的不同方法。首先，您需要还原 Adobe Illustrator 中的默认首选项，然后打开课程文件。

❶ 为了确保工具的功能和默认值完全如本课所述，请删除或停用（通过重命名实现）Adobe Illustrator 首选项文件。具体操作请参阅本书"前言"中的"还原默认首选项"部分。

❷ 启动 Adobe Illustrator。

❸ 选择"文件">"打开"，选择 Lessons>Lesson02 文件夹，找到 L2_end.ai 文件，单击"打开"按钮。

此文件包含您将在本课中创建的插图终稿，如图 2-1 所示。

❹ 选择"文件">"打开"，找到 Lessons>Lesson02 文件夹，打开 L2_start.ai 文件，如图 2-2 所示。

图 2-1

图 2-2

您将保存此初始文件，并对其进行处理。

❺ 选择"文件">"存储为"。

在 Adobe Illustrator 中保存文件时，您可能会看到图 2-3 所示的对话框，您可以根据需要单击"保存到 Creative Cloud"或者"保存在您的计算机上"按钮。若要了解有关存储为云文档的详细内容，请参阅第 1 课"认识工作区"中的"了解云文档"部分。

在本课中，您将保存课程文件到您的计算机上。

❻ 如果云文档对话框打开，请单击"保存在您的计算机上"按钮。

❼ 在"存储为"对话框中，将文件名改为 SaveWildlife，并将其保存在 Lessons>Lesson02 文件夹中，从"格式"下拉列表中选择 Adobe Illustrator（ai）选项（macOS）或从"保存类型"下拉列表中选择 Adobe Illustrator（*.AI）选项（Windows），单击"保存"按钮。

❽ 在"Illustrator 选项"对话框中保持默认设置，单击"确定"按钮。

❾ 选择"窗口">"工作区">"基本功能"，确保它已被勾选，然后选择"窗口">"工作区">"重置基本功能"，以重置工作区。

图 2-3

2.2 选择对象

在 Adobe Illustrator 中，无论是从头开始创建图稿还是编辑现有图稿，您都需要熟悉选择对象的操作，这有助于您更好地了解矢量图稿。Adobe Illustrator 中有许多方法和工具可以实现这一操作。本节将介绍一些常用的方法，主要包括使用"选择工具"▶和"直接选择工具"▷。

2.2.1 使用选择工具

工具栏中的"选择工具"▶可用于选择、移动、旋转和调整整个对象的大小。在本小节中，您将学习如何使用它。

❶ 在文档窗口左下角的"画板导航"下拉列表中选择 2 Pieces 选项，如图 2-4 所示。

这将使得右侧的画板大小适合文档窗口。如果画板没有适配文档窗口的大小，可以选择"视图">"画板适合窗口大小"。

❷ 在左侧工具栏中选择"选择工具"▶，如图 2-5 所示。将鼠标指针移动到画板中的不同对象上，但不要单击。

图 2-4

图 2-5

鼠标指针变为▶形状，表示有可以选择的对象。将鼠标指针悬停在某对象上时，该对象的轮廓会以某种颜色显示以与其他对象进行区分，如本例中为蓝色，如图 2-6 所示。

❸ 将鼠标指针移动到其中一个黑色圆形的边缘上，如图 2-7 所示。

图 2-6

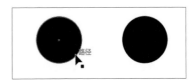

图 2-7

鼠标指针旁边可能会出现"路径"或"锚点"等词，因为智能参考线默认处于开启状态（选择"视图">"智能参考线"）。智能参考线是临时显示的对齐参考线，有助于对齐、编辑和变换对象或画板。您将在第 3 课中了解有关智能参考线的更多内容。

> 💡 注意　在本课中，需要将定界框和锚点变得更大，以使它们更容易被看到。要想了解如何操作，请参阅本课中的"更改锚点、手柄和定界框显示的大小"部分。

❹ 单击左侧黑色圆形内的任意位置，将其选中。

所选圆形周围会出现一个带 8 个控制点的定界框，如图 2-8 所示。

定界框可用于更改图稿（矢量图或位图），例如调整图稿大小或旋转图稿。定界框还表示对象已被选中，可对其进行修改。定界框的颜色可表示所选对象位于哪个图层，第 10 课将对图层进行更多介绍。

⑤ 单击右侧的黑色圆形,如图 2-9 所示。

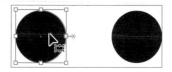

图 2-8

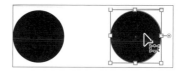

图 2-9

请注意,现在已取消左侧圆形的选择,仅选择右侧的圆形。

⑥ 按住 Shift 键,单击左侧的圆形将其添加到所选内容中,然后松开 Shift 键。

现在,两个圆形都处于选中状态,并且两个圆形的周围出现了一个更大的定界框,如图 2-10 所示。

⑦ 在任意一个所选圆形中按住鼠标左键并拖动,将圆形短距离移动。因为两个圆形都被选中,所以它们将同时移动,如图 2-11 所示。

图 2-10

图 2-11

拖动时,您可能会注意到出现了洋红色对齐参考线。它们可见是因为智能参考线默认处于开启状态(选择"视图">"智能参考线")。此时拖动对象,对象将与文件中的其他对象对齐。还要注意鼠标指针旁边的灰色测量标签,该标签会显示对象与其原始位置的距离。

由于智能参考线默认处于开启状态,因此灰色测量标签也会出现。

2.2.2 使用直接选择工具

在 Adobe Illustrator 中绘图时,将创建由锚点和路径组成的矢量路径。锚点用于控制路径的形状,其作用就像固定线路的针脚。创建的形状如果是正方形,则由至少 4 个角锚点及连接锚点的路径组成,如图 2-12 所示。

改变路径或形状的方法之一是拖动锚点进行调整。"直接选择工具"▷用于选择对象中的锚点或路径,以便对其进行调整。本小节将介绍使用"直接选择工具"▷选择锚点来调整竹叶图形的形状的方法。

❶ 在左侧工具栏中选择"直接选择工具"▷,如图 2-13 所示;单击画板 2 中的一个竹叶图形以查看其锚点,如图 2-14 所示。

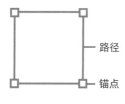

图 2-12

图 2-13

请注意,锚点都是用蓝色填充的,这意味着它们都处于选中状态。在本小节中,您需要放大所选形状。

❷ 选择"视图">"放大"，重复操作几次，以便更轻松地查看竹叶图形。

❸ 将鼠标指针直接移到竹叶图形末端的锚点上。

选择"直接选择工具"▷后，当鼠标指针正好位于锚点上时，将看到"锚点"提示。另请注意鼠标指针旁边的小白框，小白框中心的小圆点表示鼠标指针正位于锚点上，如图 2-15 所示。

图 2-14

图 2-15

❹ 单击锚点，然后将鼠标指针移开，如图 2-16 和图 2-17 所示。

图 2-16

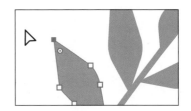

图 2-17

> 💡 **注意** 拖动锚点时灰色测量标签上会显示 dX 和 dY 值。dX 值表示鼠标指针沿 x 轴（水平）方向移动的距离，dY 值表示鼠标指针沿 y 轴（垂直）方向移动的距离。

请注意，现在只有单击的锚点填充了蓝色，这表示该锚点已被选中，形状中的其他锚点是空心的（填充了白色），表示未被选中。

❺ 在"直接选择工具"▷仍处于选中状态的情况下，将鼠标指针移动到所选锚点上，按住鼠标左键拖动该锚点以使竹叶图形变长，如图 2-18 所示。

❻ 单击该图形上的另一个锚点。请注意，选中新点后，原来选择的锚点将不再处于选中状态，如图 2-19 所示。

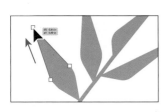

图 2-18

图 2-19

❼ 选择"选择">"取消选择"，不再选择竹叶图形上的锚点。

更改锚点、手柄和定界框显示的大小

锚点、手柄和定界框的控制点有时可能很难看到，您可以在 Adobe Illustrator 首选项中调整它们的大小。

您可以选择 Illustrator>"首选项">"选择和锚点显示"（macOS）或"编辑">"首选项">"选择和锚点显示"（Windows），拖动"大小"滑块来更改锚点、手柄和定界框显示的大小。

2.2.3　使用选框进行选择

选择图稿的另一种方法是环绕要选择的内容拖出一个选框（称为框选），这是本小节要执行的操作。

❶ 在工具栏中选择"选择工具" ▶。将鼠标指针移动到竹叶图形的左上方，按住鼠标左键向右下方拖动，创建至少部分或全部覆盖图形的选框，松开鼠标左键，如图 2-20 所示。

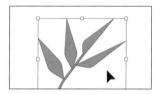

图 2-20

使用"选择工具" ▶进行框选时，只需覆盖对象的一小部分即可将对象选中。

❷ 选择"选择">"取消选择"，或单击对象旁边的空白区域来取消对象的选择。

现在将使用"直接选择工具" ▷，通过在锚点周围拖动选框来选择多个锚点。

❸ 在工具栏中选择"直接选择工具" ▷，按住鼠标左键在图 2-21（a）所示的两片竹叶图形顶部位置进行框选，然后松开鼠标左键，结果如图 2-21（b）所示。

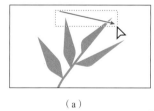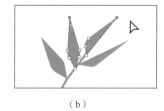

（a）　　　　　　　　　　　　（b）

图 2-21

❹ 将鼠标指针移动到竹叶图形顶部的一个选中的锚点上。当您看到"锚点"提示时，按住鼠标左键并拖动，查看所选的两个锚点是如何一起移动的，如图 2-22 所示。

图 2-22

您可以在锚点被选中时使用此方法，这样就不需要再次精确单击要选择的锚点了。

⑤ 选择"选择 > 取消选择"，然后选择"文件">"存储"。

2.2.4 锁定和隐藏对象

当一个对象堆叠在另一个对象上或在一个小区域中有多个对象时，要选择某个对象可能会比较困难。在本小节中，您将学习通过锁定和隐藏内容使对象更容易被选择的方法。本小节将介绍如何跨图稿拖选对象。

① 在左下角的"画板导航"下拉列表中选择 1 Final Artwork 选项。

② 选择"选择工具" ▶后，将鼠标指针移动到熊猫图稿左侧的绿色背景区域，按住鼠标左键并拖动，如图 2-23 所示。松开鼠标左键。

请注意，这个时候拖动的是绿色背景图形，而不是选择熊猫头部图形。

③ 选择"编辑">"还原移动"。

图 2-23

④ 在绿色背景图形仍处于选中状态的情况下，选择"对象">"锁定">"所选对象"，或者按 Command + 2 组合键（macOS）或 Ctrl + 2 组合键（Windows）。

锁定对象则禁止了对该对象的选择和编辑。

⑤ 单击 PROTECT OUR WILDLIFE 文本，并通过选择"对象">"锁定">"所选对象"来锁定它，如图 2-24 所示。

⑥ 框选熊猫头部图形，不仅选中了整个熊猫头部图形，背景中的竹子图形也被选中了，如图 2-25 所示。

图 2-24 　　　　　　　　　　　　　　　　　图 2-25

由于不需要对竹子图形做任何更改，因此我们需要暂时隐藏它，以便专注于调整其他图形。

⑦ 选择"选择">"取消选择"。

⑧ 单击背景中的竹子图形。

背景中的竹子图形由许多形状组成并被编组在一起，因此它被视为单个对象。后文会介绍编组。

⑨ 选择"对象">"隐藏">"所选对象"，或按 Command + 3 组合键（macOS）或 Ctrl + 3 组合键（Windows），效果如图 2-26 所示。

背景中的竹子图形现在被隐藏起来了，您可以更轻松地调整其他图形。

图 2-26

2.2.5 解锁对象

如果需要编辑已锁定的内容，可将其解锁。在本小节中，您需要将文本向下移动一点。为此，您需要先将文本解锁。

① 选择"对象">"全部解锁"，解锁文档中的所有内容。

绿色背景图形和 PROTECT OUR WILDLIFE 文本已解锁并被选中。

② 选择"选择">"取消选择"。

③ 按住鼠标左键将文本向下拖动一定距离，如图 2-27 所示。

图 2-27

> 💡 **提示** 在第 10 课中，您将学习如何使用"图层"面板解锁单个对象，例如使用"图层"面板解锁绿色背景图形。

解锁单个对象

您可以一次解锁文件中的全部锁定对象，也可以使用"图层"面板解锁单个对象，或者打开程序首选项并解锁文件中的单个对象。

- 选择 Illustrator>"首选项">"选择和锚点显示"（macOS）或者"编辑">"首选项">"选择和锚点显示"（Windows），勾选"选择并解锁画布上的对象"复选框（如果未勾选的话），单击"确定"按钮，如图 2-28 所示。

- 锁定的所选内容上会出现一个小小的锁定图标，如图 2-29 所示。您可以单击该图标将其解锁。

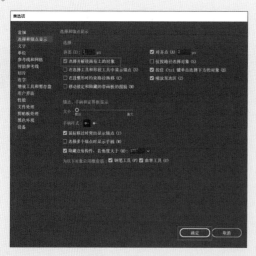

图 2-28

图 2-29

2.2.6 选择类似对象

使用"选择">"相同"命令，可以基于类似的填色、描边颜色、描边粗细等来选择对象。本小节将选择具有相同填色和描边的多个对象。

❶ 选择"视图">"全部适合窗口大小"，同时查看所有对象。

❷ 选择"选择工具" ▶，单击右侧较大的绿色竹节图形，如图 2-30 所示。

❸ 选择"选择">"相同">"填充颜色"，可以选择所有与所选竹节图形具有相同填充颜色的图形，如图 2-31 所示。

如果接下来的操作中需要再次选择某系列对象（如第 2 步选择的图形），则可以保存该选择。保存所选内容是轻松进行相同选择的快速方法，并且它们仅与当前文件一起保存。

接下来将保存当前所选内容。

图 2-30

图 2-31

> 💡**提示** 在第 14 课中，您将了解使用全局编辑选择类似对象的另一种方法。

❹ 在图形仍处于选中状态的情况下，选择"选择">"存储所选对象"。在"存储所选对象"对话框中输入 Bamboo，单击"确定"按钮，如图 2-32 所示。

现在您已经存储了所选内容，在以后需要时就能通过"选择"菜单快速、轻松地再次选择此内容。

❺ 选择"选择">"取消选择"，然后选择"文件">"存储"。

图 2-32

2.2.7　在轮廓模式下选择

默认情况下，Adobe Illustrator 会显示所有对象的绘图属性，如填色和描边。但是，您也可以在轮廓模式下查看图稿，该模式下的图稿仅显示轮廓（或路径）。如果要轻松地选择一系列堆叠对象中的某个对象，轮廓模式会很方便。

❶ 选择"对象">"显示全部"，查看左侧画板上之前隐藏的背景中的竹子图形。

❷ 选择"对象">"锁定">"所选对象"，锁定背景中的竹子图形。

❸ 选择"视图">"轮廓"，查看对象的轮廓。

❹ 选择"选择工具" ▶，返回画板 1 Final Artwork，在熊猫眼睛周围的一个弯曲形状内单击以尝试选择它，如图 2-33 所示。

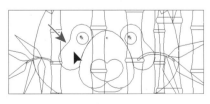

图 2-33

> 💡**提示** 您还可以单击一个形状的边缘，然后按住 Shift 键单击另一个形状的边缘，从而选择这两个形状。

您会发现无法选择它。若要在轮廓模式下进行选择，您可以单击对象的边缘或在形状上拖框以将其选中。此外，在轮廓模式下，您可能会在某些形状的中心看到一个 × 图标。单击该图标，则可以选择该形状。

⑤ 选择"选择工具"▶后，在眼睛周围的弯曲形状的顶部框选它们，如图 2-34 所示。

请注意，背景中的竹子图形并未被选中，因为该图形被锁定了。

⑥ 按几次向上箭头键，将两个形状向上移动一点，如图 2-35 所示。

⑦ 选择"视图">"在 CPU 上预览"（或"GPU 预览"），查看所选图稿的上色效果。

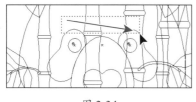

图 2-34

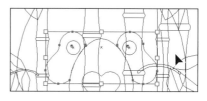

图 2-35

2.3 对齐对象

Adobe Illustrator 可以很方便地将多个选中的对象进行对齐、对齐到关键对象、分布对象、对齐锚点、对齐到画板等。在本节中，您将了解对齐对象的不同选项。

2.3.1 对齐所选对象

Adobe Illustrator 中有一种对齐方式是将多个所选对象进行对齐。例如，可以将一系列选中的对象的顶部边缘对齐到一起。本小节将练习使绿色竹节图形彼此对齐。

① 选择"选择">Bamboo，重新选择右侧画板中的绿色竹节图形。

② 单击文档窗口左下角的"下一项"按钮▶，使具有所选绿色竹节图形的画板适合窗口大小。

③ 单击"属性"面板中的"水平居中对齐"按钮▣，如图 2-36 所示。

④ 选择"编辑">"还原对齐"，将对象恢复到原来位置。保持这些对象的选中状态，留待 2.3.2 小节学习使用。

图 2-36

2.3.2 对齐到关键对象

关键对象是其他对象要与之对齐的对象。当您想对齐一系列对象，并且其中一个对象可能已经处于最佳位置时，对齐到关键对象这一操作将非常有用。选择要对齐的所有对象（包括关键对象），然后单击关键对象，就可以指定关键对象。本小节将使用对齐到关键对象这一操作来对齐绿色竹节图形。

💡 注意　关键对象的轮廓颜色由对象所在的图层颜色决定。您会在第 10 课中学习图层。

① 在绿色竹节图形处于选中状态的情况下，选择"选择工具" ▶，单击最左侧的绿色竹节图形，如图 2-37（a）所示。

指定关键对象后，关键对象具有较粗的轮廓，这表示其他对象将与之对齐。

② 单击"属性"面板中的"水平居中对齐"按钮 ▦，如图 2-37（b）所示。

💡 **注意** 如果您不小心取消选择了某个或部分图形，又需要重新选择它们，请选择"选择">"取消选择"，然后选择"选择">Bamboo。

请注意，所有选择的图形都将移动到关键对象的水平中心线处进行对齐。

③ 单击关键对象，关键对象的蓝色轮廓消失，如图 2-38 红色箭头所示，所有绿色竹节图形仍保持选中状态。

但下次对齐所选内容时，它不会与关键对象对齐。

（a）　　　　　　　　（b）

图 2-37

图 2-38

2.3.3　分布对象

分布对象意味着平均分布对象的中心或边缘间距。本小节将使绿色竹节图形的间距均匀分布。

💡 **注意** 您需要隐藏面板才能继续操作。为此，请按 Esc 键。我不会总是告诉您隐藏这些面板，所以您需要养成这个好习惯。

① 在绿色竹节图形处于选中状态的情况下，单击"属性"面板"对齐"选项组中的"更多选项"按钮 •••，在弹出的面板中单击"垂直居中分布"按钮 ▤，如图 2-39（a）所示。

该操作会移动所有选中的图形，并使每个图形的中心间距相等，效果如图 2-39（b）所示。

② 选择"编辑">"还原对齐"。

③ 在绿色竹节图形仍处于选中状态的情况下，单击所选图形中最上方的一个，使其成为关键对象，如图 2-40（a）所示。

④ 单击"属性"面板"对齐"选项组中的"更多选项"按钮 •••，确保"分布间距"值为 0 in，然后单击"垂直分布间距"按钮 ▤，如图 2-40（b）所示，最终效果如图 2-40（c）所示。

（a）　　　　　　　　（b）

图 2-39

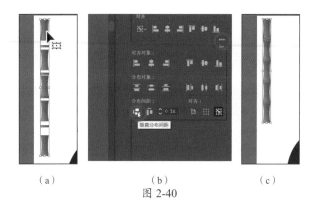

| （a） | （b） | （c） |

图 2-40

"分布间距"用于设置所选对象之间的边缘间距，而"分布对象"则用于设置所选对象的中心间距。设置"分布间距"值是指定对象之间距离的一种好方法。

⑤ 选择"选择">"取消选择"，然后选择"文件">"存储"，保存文件。

2.3.4　对齐锚点

本小节将使用"对齐"选项将两个锚点对齐，这与在 2.3.2 小节中设置关键对象的操作类似。您还可以设置关键锚点并使其他锚点与之对齐。

① 选择"直接选择工具" ▷，单击当前画板底部的黑色图形以查看其所有锚点。

② 单击图形左下角的锚点，如图 2-41（a）所示。按住 Shift 键，单击同一图形右下角的锚点，将两个锚点都选中，如图 2-41（b）所示。

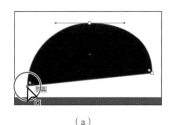

| （a） | （b） |

图 2-41

最后选择的锚点是关键锚点，其他锚点将与之对齐。

③ 单击右侧"属性"面板"对齐"选项组中的"垂直顶对齐"按钮 ▥，如图 2-42（a）所示，选择的第一个锚点将与所选的第二个锚点对齐，效果如图 2-42（b）所示。

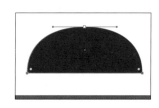

| （a） | （b） |

图 2-42

④ 选择"选择">"取消选择"。

2.3.5 对齐到画板

您还可以使所选对象与当前画板对齐，而不是所选对象彼此对齐或与关键对象对齐。与画板对齐时，每个选择的对象将分别与画板的边缘对齐。本小节会将黑色图形与包含最终图稿的画板对齐。

① 选择"选择工具"▶，单击画板底部较大的黑色图形将其选中。

② 选择"编辑">"剪切"，复制该图形并将其从画板中删除。

③ 单击文档窗口左下角的"上一项"按钮◀，导航到文件中的第一个画板，其中含有最终图稿。

④ 选择"编辑">"粘贴"，将黑色图形粘贴到文档窗口的中心位置，如图 2-43 所示。

⑤ 单击"属性"面板"对齐"选项组中的"对齐"按钮，在弹出的下拉菜单中选择"对齐画板"命令，如图 2-44 所示。现在，所选对象都将与画板对齐。

图 2-43   图 2-44

⑥ 在"属性"面板中单击"对齐"选项组中的"水平居中对齐"按钮，然后单击"垂直底对齐"按钮，如图 2-45 所示，将黑色图形与画板进行水平中心和垂直底部对齐。

图 2-45

黑色图形将位于所有其他图形的上层。稍后，您将把它置于熊猫头部图形的下层。

⑦ 选择"选择">"取消选择"，然后选择"文件">"存储"。

2.4 使用编组

您可以将多个对象编组，将其视为一个单元。这样，您就可以同时移动或变换多个对象，而不会影响它们各自的属性和相对位置。这种方式还可以让对象的选择变得更为简便。

2.4.1　编组对象

本小节将选择多个对象并将它们编组。

① 选择"视图">"全部适合窗口大小"，查看两个画板。

② 选择"选择">Bamboo，选择右侧画板中的绿色竹节图形。

③ 单击右侧"属性"面板"快速操作"选项组中的"编组"按钮，将所选图形组合在一起，如图 2-46 所示。

> 💡 **提示**　执行此步骤操作后，"属性"面板中的"编组"按钮会显示为"取消编组"。单击"取消编组"按钮将使对象从编组中解散出来。

④ 选择"选择">"取消选择"。

⑤ 选择"选择工具" ▶，单击新组中的一个竹节图形。因为新组中的图形都是组合在一起的，所以组中的其他图形也都被选中了。

⑥ 按住鼠标左键将竹节图形组拖动到靠近左侧画板上边缘的位置，如图 2-47 所示。

图 2-46

图 2-47

接下来把编组的竹节图形与画板的顶边对齐。

⑦ 在仍选择竹节图形组的情况下，在"属性"面板的"对齐"选项组中单击"对齐画板"按钮 ，再单击"垂直顶对齐"按钮 ，如图 2-48 所示。

图 2-48

⑧ 选择"选择工具" ▶，按住 Shift 键，按住鼠标左键将定界框的右下角向下拖动到画板底部，将竹节图形组等比例放大，如图 2-49 所示。当鼠标指针到达画板底部时，松开鼠标左键和 Shift 键。

图 2-49

2.4.2　在隔离模式下编辑编组

隔离模式可以隔离编组（或子图层），您可以在不取消对象编组的情况下，轻松地选择和编辑特定对象或对象的一部分。在隔离模式下，除隔离编组之外的所有对象都将被锁定并变暗，它们不会受到您所做编辑的影响。在本小节中，您将使用隔离模式编辑编组。

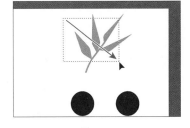

① 选择"选择工具" ▶，按住鼠标左键，框选右侧画板中的绿色竹叶图形，如图 2-50 所示。

② 单击"属性"面板底部的"编组"按钮将它们组合在一起。

③ 双击其中一个竹叶图形进入隔离模式，如图 2-51 所示。

图 2-50

请注意，此时文件中的其余内容显示为灰色（您将无法选择它们）。在文档窗口的顶部会出现一个灰色条，上面有 Layer 1 和 "< 编组 >" 字样，如图 2-51 红框所示。这表示您已经隔离了一组位于 Layer1 图层的对象，这组对象现在被临时取消了编组。

图 2-51

💡 注意　第 10 课将介绍有关图层的更多内容。

④ 单击任意一个竹叶图形，单击右侧"属性"面板中的"填色"框，并在弹出的面板中选择"色板"选项 ▦，单击选择不同的绿色，如图 2-52 所示。

⑤ 双击编组形状以外的区域，退出隔离模式。

若要退出隔离模式，还可以单击文档窗口左上角的灰色箭头，或在隔离模式下按 Esc 键。现在绿色竹叶图形再次编组，您现在也可以选择其他对象。

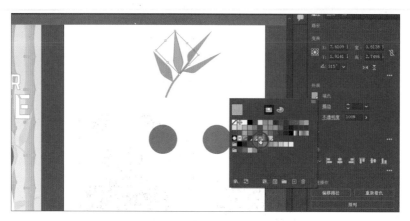

图 2-52

⑥ 单击竹叶图形组，并使其保持选中状态，以便于 2.4.3 小节的学习。

2.4.3　创建嵌套编组

编组好的对象还可以嵌套到其他对象中，或者形成更大的组。嵌套编组是设计图稿时常用的一种技巧，也是将相关内容放在一起的好方法。在本小节中，您将了解如何创建嵌套编组。

① 将竹叶图形组拖到左侧画板中的竹节图形组上，如图 2-53 所示。

图 2-53

② 按住 Shift 键，单击竹节图形组。

③ 选择"对象">"编组"。

这样就创建了一个嵌套编组——与其他对象或对象编组组合形成的更大的对象编组。

④ 选择"选择">"取消选择"。

⑤ 使用"选择工具"▶，单击竹叶图形以选择整个嵌套编组。

> 💡 **提示**　要选择组中的内容，除了取消编组或进入隔离模式，您还可以使用"编组选择工具"▷进行选择。"编组选择工具"▷在工具栏的"直接选择工具"▷组中，"编组选择工具"▷允许您选择组中的对象、多个组中的一个或一组编组。

⑥ 双击竹叶图形进入隔离模式。单击竹叶图形，注意，此时竹叶图形仍然处于编组状态，属于嵌套编组的一部分，如图 2-54 所示。

⑦ 选择"编辑">"复制"，然后选择"编辑">"粘贴"，粘贴一组新的竹叶图形。

⑧ 将它拖到竹节图形组上，如图 2-55 所示。

图 2-54　　　　　　　　　　　　　　　　　　　　　　图 2-55

⑨ 按 Esc 键退出隔离模式，单击画板的空白区域以取消对象的选择。

2.5　了解对象排列

在 Adobe Illustrator 中创建对象时，会从创建的第一个对象开始按顺序堆叠在画板上，如图 2-56 所示。对象的这种顺序称为"堆叠顺序"，它决定了对象在重叠时的显示方式。您可以随时使用"图层"面板或"排列"命令来更改图稿中对象的堆叠顺序。

图 2-56

排列对象

接下来，您将使用"排列"命令来完成熊猫图稿。

① 选择"选择工具"▶，单击左侧画板底部的黑色图形，如图 2-57 所示。

② 单击"属性"面板"快速操作"选项组中的"排列"按钮，选择"置于底层"命令，将该图形置于所有其他图形的下层，如图 2-58 所示。

图 2-57

图 2-58

③ 再次单击"排列"按钮，并根据需要多次选择"前移一层"命令，将黑色图形移动到绿色背景图形和竹子图形之上，效果如图 2-59 所示。

接下来您将把熊猫眼睛移动到合适位置并练习排列。

④ 框选右侧画板中的两个黑色圆形。

⑤ 按住 Shift 键，拖动定界框的一个角，使其等比例缩小。当灰色测量标签显示宽度大约为 1.2 in（非常小）时，松开鼠标左键和 Shift 键，如图 2-60 所示。

图 2-59

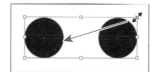

图 2-60

⑥ 将两个黑色圆形拖到熊猫头部图形上，如图 2-61 所示。

图 2-61

⑦ 选择"视图">"放大"，重复操作几次，放大黑色圆形视图。

⑧ 选择"选择">"取消选择"，然后将每个黑色圆形拖动到眼睛部分的黄色圆形中，如图 2-62
（a）所示。选中其中一个黑色圆形后，在右侧"属性"面板的"排列"菜单中选择"后移一层"命令，
如图 2-62（b）所示，并根据实际情况，重复该操作多次，最终效果如图 2-62（c）所示。

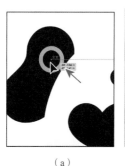
（a）

（b）

（c）

图 2-62

⑨ 对另一个黑色圆形重复第 8 步操作，将其拖动到另一个黄色圆形上，最终效果如图 2-63 所示。

图 2-63

⑩ 选择"视图">"画板适合窗口大小"，使图稿在文档窗口中居中显示。

⑪ 选择"文件">"存储"，然后选择"文件 > 关闭"。

1. 如何选择一个没有填充的对象？

2. 简述如何在不取消编组的情况下选择组中的对象。

3. "选择工具" ▶ 和 "直接选择工具" ▷ 中，哪个工具允许您编辑对象的单个锚点？

4. 创建要重复使用的所选内容后，应该进行什么操作？

5. 要将对象与画板对齐，在选择对齐选项之前，需要先在"属性"面板或"对齐"面板中更改什么内容？

6. 有时无法选择一个对象，是因为它位于另一个对象的下层。请给出解决此问题的方法。

参考答案

1. 可以通过单击其描边或在对象任何部位按住鼠标左键并拖动来框选没有填充的对象。

2. 选择"选择工具" ▶，双击编组以进入隔离模式，根据需要进行编辑后，按 Esc 键或双击编组以外的空白区域退出隔离模式。第 10 课将介绍如何使用图层进行复杂选择。此外，可以使用"编组选择工具" ▷ 单击选择组中的各个对象（本课中未介绍），再次单击将下一个编组项目添加到所选内容中。

3. "直接选择工具" ▷。它可以选择一个或多个独立锚点，进而对对象的形状进行更改。

4. 对于预期会再次使用的任何所选内容，可以选择"选择" > "存储所选对象"，并为所选内容命名，就可以随时通过"选择"菜单中重新选择相应内容。

5. 若要将对象与画板对齐，应先选择"对齐画板"命令。

6. 要选择被遮挡的某个对象，可以选择"对象" > "隐藏" > "所选对象"来隐藏遮挡所要选择对象的其他对象。该操作不会删除相应对象，只是将其在原位置隐藏，直到选择"对象" > "显示全部"。还可以使用"选择工具" ▶ 选择位于其他对象后面的对象，方法是按住 Command 键（macOS）或 Ctrl 键（Windows），然后单击重叠对象，直到选择了要选择的对象。

使用形状创建明信片图稿

本课概览

在本课中，您将学习以下内容。

- 创建新文件。
- 使用工具和命令创建各种形状。
- 理解实时形状。
- 绘制圆角。
- 使用图像描摹创建形状。
- 简化路径。
- 使用绘图模式。

学习本课大约需要 **60** 分钟

　　基本形状是图稿的基础。在本课中，您将创建一个新文件，然后使用形状工具为明信片图稿创建和编辑形状。

3.1 开始本课

在本课中，您将了解使用形状工具创建图稿的不同方法。

❶ 为了确保工具的功能和默认值完全如本课所述，请删除或停用（通过重命名）Adobe Illustrator 首选项文件。

❷ 启动 Adobe Illustrator。

❸ 选择"文件">"打开"。选择 Lessons>Lesson03 文件夹，找到 L3_end.ai 文件，单击"打开"按钮。

此文件包含您将在本课中创建的明信片终稿，如图 3-1 所示。

❹ 选择"视图">"全部适合窗口大小"，保持文件处于打开状态，将其作为参考，或者选择"文件">"关闭"。

图 3-1

3.2 创建新文件

您将创建一个新文件，并在此文件中添加图稿。

❶ 选择"窗口">"工作区">"基本功能"（如果尚未选择的话），选择"窗口">"工作区">"重置基本功能"。

❷ 选择"文件">"新建"，在"新建文档"对话框中更改以下选项，如图 3-2 所示。

图 3-2

· 在对话框顶部单击"打印"选项卡。

通过选择预设类别（例如打印、Web、胶片和视频等），您可以为不同类型的输出需求设置文件。

例如，如果您正在设计网页模型，则可以选择 Web 类别并修改预设（大小）。以像素为单位、颜色模式为 RGB，以及光栅效果为"屏幕（72 ppi）"——这是 Web 文档的最佳设置。

- 选择 Letter 选项（如果尚未选择的话）。

在右侧的"预设详细信息"区域中，更改以下内容。

名称：Postcard。

该名称将在您存储文件时成为 AI 文件的名称。

单位：英寸。

宽度：6 in。

高度：4.25 in。

方向：横向█。

画板：1（默认设置）。

之后将讲解"出血"选项。在"新建文档"对话框右侧的"预设详细信息"区域的底部，您还将看到"高级选项"栏和"更多设置"按钮（您可能需要拖动滚动条才能看到它们）。它们包含更多的创建设置，您可以自行浏览。

❸ 单击"创建"按钮创建新文件。

新文件将在 Adobe illustrator 中打开，您现在需要保存文件。

❹ 选择"文件">"存储为"。如果弹出云文档对话框，单击"保存在您的计算机上"按钮，将文件保存到本地计算机。

❺ 在"存储为"对话框中，确保文件的名称为 Postcard.，并将其保存在 Lessons>Lesson03 文件夹中，从"格式"下拉列表中选择 Adobe Illustrator（ai）选项（MacOS）或从"保存类型"下拉列表中选择 Adobe Illustrator（*.AI）选项（Windows），单击"保存"按钮。

Adobe Illustrator（.ai）被称为源格式，也是您的工作文件格式。这意味着它保留了所有数据，您可以在以后编辑所有数据。

> 💡 **提示**　如果要了解以上所讲选项的详细信息，请在"Illustrator 帮助"（选择"帮助">"Illustrator 帮助"）中搜索"保存图稿"。

❻ 在弹出的"Illustrator 选项"对话框中，保持默认设置，单击"确定"按钮。

"Illustrator 选项"对话框中主要包含有关保存 AI 文件的各个选项，包括指定保存的版本及嵌入与文档链接的任意文件等。

❼ 单击"属性"面板（选择"窗口">"属性"）中的"文档设置"按钮，如图 3-3 所示。

"文档设置"对话框是在创建文档之后，您能够修改文档选项（如单位、出血等）的地方。

通常需要在画板上为打印到纸张边缘的印刷图稿添加"出血"。"出血"是指超出打印页面边缘的区域，添加出血可确保最终裁切页面后没有白色边缘出现。

❽ 在"文档设置"对话框的"出血"选项组中，将"上方"文本框中的值更改为 0.125 in，方法是单击文本框左侧的向上箭头按钮█一次，也可以直接输入值，这一步操作将更改所有 4 个出血值，单击"确定"按钮，如图 3-4 所示。

画板周围出现的红线表示出血区域。

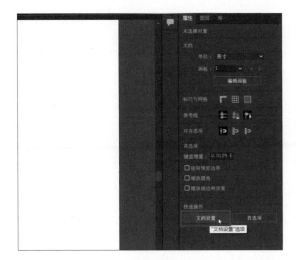

图 3-3 图 3-4

❾ 选择"视图">"画板适合窗口大小",使画板适合文档窗口大小,效果如图 3-5 所示。

图 3-5

3.3 使用基本形状

本节将创建一系列基本形状,如矩形、圆角矩形、椭圆、圆形、多边形、星形和线条等。创建的形状由锚点和连接锚点的路径组成。例如,基本正方形由拐角上的 4 个锚点以及连接锚点的路径组成,如图 3-6 所示,这种形状被称为闭合路径,因为路径的首末两端是相连的。

路径可以是闭合的,也可以是开放的,开放路径两端各有一个锚点(称为"端点"),如图 3-7 所示。开放路径和闭合路径都可以应用填色、渐变和图案。

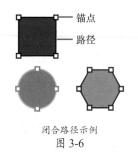

锚点

路径

闭合路径示例
图 3-6

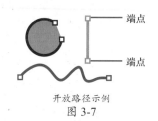

端点

端点

开放路径示例
图 3-7

3.3.1 创建矩形

本课将先创建一个装水果的碗图形。您将使用两种不同的方法来创建矩形，并用矩形来创建碗图形。

❶ 在工具栏中选择"矩形工具"□。您将先创建一个大矩形，该矩形将作为碗的主体。

❷ 将鼠标指针移动到画板中，按住鼠标左键向右下方拖动，创建一个高度比宽度大的矩形，如图 3-8 所示。不要考虑矩形的具体大小，后面会调整其大小。

当按住鼠标左键拖动创建形状时，鼠标指针旁边显示的灰色测量标签将显示您绘制的形状的宽度和高度，它是智能参考线（选择"视图">"智能参考线"）的一部分。

❸ 将鼠标指针移动到矩形中心的小蓝点上（即中心控制点）。当鼠标指针变为▸形状时，按住鼠标左键将形状大致水平居中地拖动到画板的底部，如图 3-9 所示。

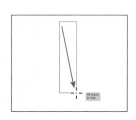

图 3-8

图 3-9

下面您将绘制一个小矩形，作为碗的底座。

❹ 在选择"矩形工具"□的情况下，在画板中单击打开"矩形"对话框，将"宽度"改为 1 in、"高度"改为 0.1 in，单击"确定"按钮，创建新矩形，如图 3-10 所示。

在知道所需形状的大小时，通过单击创建矩形非常有用。对于大多数形状工具，您都可以直接使用工具绘制形状或者通过单击创建指定大小的形状。

图 3-10

> 💡**注意** 因为矩形比较小，基于中心控制点拖动会比较困难，您可以根据之前所学，放大视图，以便选择和拖动。

❺ 将鼠标指针移动到新建矩形的中心控制点上，按住鼠标左键将其拖动到第一个矩形下方，如图 3-11 所示。

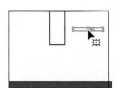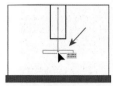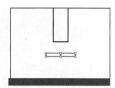

图 3-11

下面将移动两个矩形到它们最终的位置。

3.3.2 编辑矩形

除"星形工具"和"光晕工具"之外，所有其他形状工具都可以创建实时形状。实时形状具有能即时编辑宽度、高度、旋转角度和边角半径等属性值，而无须切换您正在使用的形状工具的优势。

创建两个矩形之后，您将对第一个矩形做一些更改。

❶ 在工具栏中选择"选择工具"▶。

❷ 单击创建的第一个矩形，移动鼠标指针到该矩形上边缘的中心点处，按住鼠标左键向上拖动，使矩形变高。

拖动时，按住 Option 键（macOS）或 Alt 键（Windows），将同时从上下两端调整矩形的高度。当您看到灰色测量标签中的高度大约为 3 in 时，松开鼠标左键及 Option 键（macOS）或 Alt 键（Windows），如图 3-12 所示。

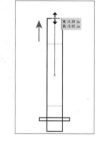

图 3-12

❸ 将鼠标指针移动到该矩形的一角外，当鼠标指针变成↰形状时，按住鼠标左键并沿顺时针方向拖动旋转矩形。拖动时，按住 Shift 键将旋转角度增量限制为 45°。

当测量标签显示 270° 时，松开鼠标左键和 Shift 键，如图 3-13 所示。保持此形状的选中状态。

❹ 在右侧"属性"面板的"变换"选项组中，确保"宽"和"高"右侧的"保持宽度和高度比例"按钮❽没有启用，设置"高"为 0.75 in，如图 3-14 所示。按 Enter 键确认更改。

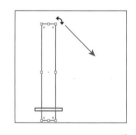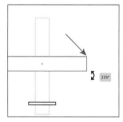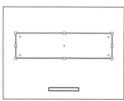

图 3-13   图 3-14

当您更改高度或宽度并希望按比例改变对应的宽度或高度的时候，启用"保持宽度和高度比例"按钮❽非常有用。"属性"面板"变换"选项组中的选项可以让您以精确的方式变换选择的形状和其他图稿。您将在第 5 课中详细了解相关选项。

默认情况下，形状填充为白色，并且具有黑色描边。接下来将更改大矩形的颜色。

❺ 单击右侧"属性"面板中的"填色"框。在弹出的面板中，确保在顶部选择了"色板"选项▦，选择棕色色板，如图 3-15 所示。当鼠标指针悬停在色板上时，工具提示框显示 C=50 M=50 Y=60 K=25。

❻ 按 Esc 键隐藏"色板"面板。

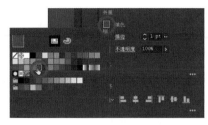

图 3-15

⑦ 单击"属性"面板中的"描边"框，确保在弹出的面板中选择了"色板"选项▦，选择"无"色板，删除矩形的描边，如图 3-16 所示。

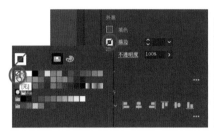

图 3-16

⑧ 按 Esc 键隐藏"色板"面板。

⑨ 选择"选择">"取消选择"，选择"文件">"存储"以保存文件。

3.3.3 圆化角

创建的矩形看起来不太像碗。幸运的是，您可以很容易地修圆矩形的角以制作更有趣且实用的形状。本小节将对 3.3.1 小节创建的小矩形的所有角进行圆角处理。

① 单击小矩形。

② 选择"视图">"放大"，重复操作几次，直到能看清矩形的实时圆角控制点⊙。

如果视图缩小到一定程度，形状中的实时圆角控制点⊙会被隐藏。

③ 按住鼠标左键，将矩形中的任意一个实时圆角控制点⊙朝矩形中心拖动一点，如图 3-17 所示。

💡 注意　如果一直拖动到出现红色圆弧，那么此时单击向上箭头按钮⬆也无法改变圆角值，因为已经达到了最大圆角值。

💡 提示　也可以双击形状的实时圆角控制点⊙来打开"变换"面板，"变换"面板将以自由浮动的形式打开。

朝中心拖动得越多，角部就越圆。如果实时圆角控制点⊙拖动得足够多，会出现一条红色圆弧，表示已达到最大圆角半径。

④ 在右侧的"属性"面板中，单击"变换"选项组中的"更多选项"按钮•••，此时会显示一个具有更多选项的面板。确保启用了"链接圆角半径值"按钮⬡，如图 3-18 红色箭头所示。您可以多次单击任意一个半径值的向上箭头按钮⬆，如图 3-18 红圈所示，直到值不再变大（达到最大值）。如有必要，请单击另一个半径值的向上箭头按钮⬆或按 Tab 键，查看对所有圆角的更改。

除了改变角半径值，您也可以改变边角类型。您可以选择的边角类型有圆角（默认）、反向圆角和倒角。

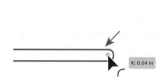

图 3-17

图 3-18

⑤ 在"属性"面板中仍显示"变换"选项组更多选项的情况下，单击底部"边角类型"按钮 并选择"倒角"选项，如图 3-19 所示。

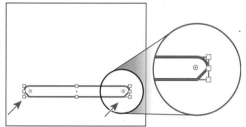

图 3-19

⑥ 按 Esc 键隐藏更多选项。

⑦ 单击右侧"属性"面板中的"填色"框，在弹出的面板中确保选择了"色板"选项 ，选择深棕色来填充矩形。

⑧ 单击"属性"面板中的"描边"框，在弹出的面板中确保选择了"色板"选项 ，选择"无"色板，删除矩形的描边。

⑨ 选择"选择">"取消选择"。

3.3.4　圆化单个角

本小节将讲解如何圆化矩形中的单个角。

① 选择"视图">"画板适合窗口大小"。

② 单击大矩形，显示其角部的实时圆角控制点 。

③ 选择"直接选择工具" ，双击矩形左下角的实时圆角控制点 。在弹出的"边角"对话框中，单击"半径"文本框旁的向上箭头按钮 直到"半径"值停止变化（达到最大值），单击"确定"按钮，如图 3-20 所示。

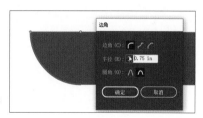

图 3-20

💡 提示　您可以在按住 Option 键（macOS）或 Alt 键（Windows）的同时单击矩形中的实时圆角控制点 ，来循环切换不同的圆角类型。

请注意，此时只有这一个角发生了改变。"边角"对话框还允许您设置"圆角"为"绝对"或"相对"。"绝对"圆角▲表示圆化"半径"值固定不变，"相对"圆角▲则表示圆化"半径"值将基于圆角的角度来确定。

④ 单击矩形右下角的实时圆角控制点⊙，如图 3-21（a）所示。

⑤ 按住鼠标左键拖动实时圆角控制点⊙直到出现红色圆弧，这表明该角已圆化到最大程度，如图 3-21（b）和图 3-21（c）所示。

⑥ 选择工具栏中的"选择工具"▶，按住鼠标左键将大矩形拖动到和小矩形上边缘接触，并与小矩形水平对齐的位置。当两个矩形对齐时，将有洋红色对齐参考线出现在两个形状的中心位置，如图 3-22 所示。

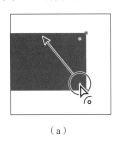 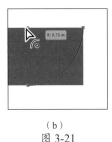 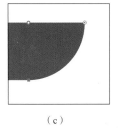 

（a）　　　　　　（b）　　　　　　（c）

图 3-21

图 3-22

⑦ 选择"选择">"取消选择"，选择"文件">"存储"以保存文件。

使用文档网格对齐

网格是便于创建图稿的一系列由纵横线条交错产生的格子。在 Adobe Illustrator 中，网格出现在文档窗口中图稿的下层，但不会被打印，如图 3-23 所示。

· 要显示或隐藏网格，请选择"视图">"显示网格"或"隐藏网格"。

· 要将对象对齐到网格线，选择"视图">"对齐网格"，选择要移动的对象并将其拖到所需位置。当对象边界距离网格线 2 像素以内时，它将贴附到网格线上。

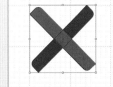

图 3-23

💡 注意　如果选择"视图">"像素预览"，对齐到网格线将变成对齐到像素。

· 若要指定网格线的间距、网格样式（线或点）、网格颜色，或者网格是显示在图稿的上层还是下层，请选择 Illustrator>"首选项">"参考线"（macOS）或"编辑">"首选项">"参考线和网格"（Windows）。

3.3.5　创建和编辑椭圆

本小节将使用"椭圆工具"◯绘制一些椭圆来创建梨子图形。"椭圆工具"◯可用于创建椭圆和圆形。

❶ 在工具栏中的"矩形工具"▭上按住鼠标左键，然后选择"椭圆工具"◯。

❷ 将鼠标指针移动到画板左侧的碗图形的上方，按住鼠标左键并拖动生成一个椭圆，其宽度大

约为 0.6 in、高度大约为 0.75 in，如图 3-24 所示。

　　创建椭圆后，在仍选择"椭圆工具" 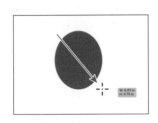的情况下，您可以通过选择椭圆的中心控制点来对其进行移动和变换。

　　❸ 在仍选择"椭圆工具" ◯的情况下，将鼠标指针移动到椭圆下方，并与椭圆的中心控制点对齐。当鼠标指针与椭圆的中心控制点对齐时，将出现洋红色对齐参考线，如图 3-25（a）所示。按住 Option 键（macOS）或 Alt 键（Windows），然后按住鼠标左键拖动以创建一个宽度和高度大约为 1 in 的圆，这将过椭圆的中心控制点绘制形状。拖动鼠标指针时，看到洋红色"十"字线则说明绘制的是一个圆形，如图 3-25（b）所示。

图 3-24

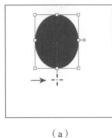
（a）

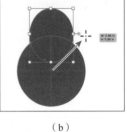
（b）

图 3-25

　　❹ 选择"选择工具" ▶，按住鼠标左键框选绘制的椭圆和圆形以同时选择它们。单击右侧"属性"面板"快速操作"选项组中的"编组"按钮。

　　编组将使得所选内容像单个对象一样被处理，这会让您更容易移动当前选择的图稿。基于同样的理由，您将继续编组创建的其他内容。

　　❺ 单击右侧"属性"面板中的"填色"框。在打开的面板中，确保在顶部选择了"色板"选项 ▣。选择绿色来填充组中的图形，如图 3-26 所示。

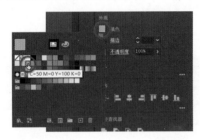
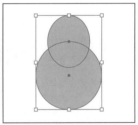

图 3-26

　　❻ 选择"选择">"取消选择"，选择"文件">"存储"。

3.3.6　创建和编辑圆形

　　本小节将使用"椭圆工具" ◯创建 3 个圆形，进而创建一个苹果图形。在创建其中一个圆形时，您将了解实时形状的功能，该功能可用于创建饼图。

　　❶ 选择"椭圆工具" ◯，将鼠标指针移动到梨子图形右侧，按住鼠标左键拖动绘制椭圆。拖动时，按住 Shift 键将创建一个圆形。当圆的宽度和高度都大约为 0.7 in 时，松开鼠标左键，松开 Shift 键，如图 3-27 所示。

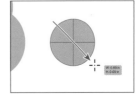

图 3-27

此时无须切换到"选择工具" ▶，您可以使用"椭圆工具" ⬭重新定位和修改刚创建的圆形。

② 在选择"椭圆工具" ⬭的情况下，将鼠标指针移动到圆形的中心控制点上。按住 Option 键（macOS）或 Alt 键（Windows），然后按住鼠标左键向右拖动，复制出一个新的圆。当拖动到两个圆形有部分重叠时，松开鼠标左键，然后松开 Option 键（macOS）或 Alt 键（Windows），如图 3-28 所示。

接下来还要再创建一个圆形，这个圆形的宽度需要与已有的两个圆形重叠后的总宽度相等，因此绘制时请注意将其与已有的两个圆形对齐。

③ 将鼠标指针移动到左侧圆形的左边缘上，当您在鼠标指针旁边看到"锚点"提示时，如图 3-29（a）所示，按住鼠标左键向右拖动绘制出一个新圆形。在拖动鼠标指针的同时按住 Shift 键，当新圆形的宽度等于两个小圆形重叠后的总宽度时，新圆形右边缘将出现洋红色对齐参考线，如图 3-29（b）所示。松开鼠标左键，然后松开 Shift 键。

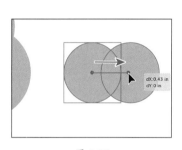

图 3-28

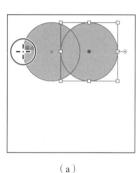

（a）

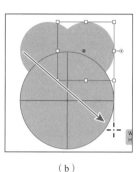

（b）

图 3-29

④ 在选择大圆形的情况下，按住鼠标左键将饼图控制点 ⊙ 从大圆形的右侧沿逆时针方向拖动到大圆形的左上部，如图 3-30 所示，不用考虑具体位置。

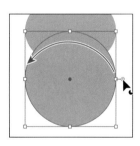

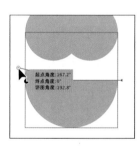

图 3-30

拖动饼图控制点可以创建饼图形状。按住鼠标左键拖动饼图控制点，在松开鼠标左键后，您将看到第二个饼图控制点。拖动的饼图控制点控制着饼图的起点角度，而现在出现在大圆形左侧的饼图控制点则控制着饼图的终点角度。

> 💡提示　若要将饼图形状重置回圆形，请双击任意一个饼图控制点。

⑤ 在右侧的"属性"面板中，单击"变换"选项组中的"更多选项"按钮 •••，显示更多选项。在"饼图起点角度"下拉列表中选择 180° 选项，如图 3-31（a）所示，最终效果如 3-31（b）所示。按 Esc 键隐藏更多选项。

⑥ 将鼠标指针移动到当前饼图的中心，按住鼠标左键向上拖动饼图到两个小圆形的上方。当该饼图和两个小圆形水平和垂直对齐的时候，会出现洋红色对齐参考线，如图 3-32 所示，鼠标指针旁

边很可能还会出现"相交"二字。

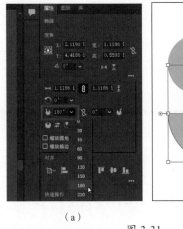
（a）

图 3-31

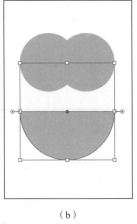
（b）

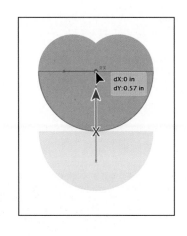

图 3-32

⑦ 选择工具栏中的"选择工具" ▶，按住鼠标左键框选这 3 个形状。

⑧ 单击"属性"面板中的"填色"框，并确保在弹出的面板中选择了"色板"选项 ，选择红色色板，其工具提示标签显示的色值为 C=15 M=100 Y=90 K=10，如图 3-33（a）所示，效果如图 3-33（b）所示。

在本课的后面部分，您将创建橙色图形。您将以本次创建的饼图的副本为基础进行创建。

⑨ 单击画板的空白区域以取消选择。

⑩ 按住 Option 键（macOS）或 Alt 键（Windows），按住鼠标左键将饼图拖到画板的空白区域，创建饼图的副本，如图 3-34 所示。松开鼠标左键，然后松开 Option 键（macOS）或 Alt 键（Windows）。

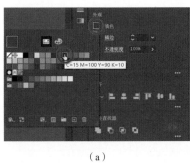
（a）

图 3-33

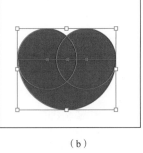
（b）

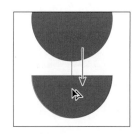

图 3-34

3.3.7 更改描边粗细和对齐方式

到目前为止，本课主要编辑了形状的填色，但还没有对形状的描边做太多操作。描边是对象或路径的可见轮廓或边框，您可以轻松地更改描边的颜色或描边的粗细。本小节将进行如下操作。

❶ 选择"选择工具" ▶后，选择作为碗底的较小的深棕色矩形。

❷ 选择"视图">"放大"，重复操作几次。

❸ 单击"属性"面板中的"描边"文本，打开"描边"面板。在"描边"面板中，将所选矩形的描边粗细更改为 2 pt。单击"使描边内侧对齐"按钮 ，将描边与矩形的内侧边缘对齐，如图 3-35 所示。

将描边对齐到形状内侧边缘可以使得描边不会覆盖上边的形状。

④ 单击"属性"面板中的"描边"文本，在弹出的"描边"面板中，确保选择了"色板"选项🖼，选择浅棕色色板，如图 3-36 所示。

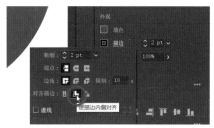  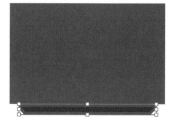

图 3-35　　　　　　　　　　　　　　　　　　　　图 3-36

⑤ 选择"选择">"取消选择"。

3.3.8　创建多边形

使用"多边形工具"⬡，您可以创建具有多个直边的形状。使用"多边形工具"⬡默认绘制的是六边形，并且是从中心开始绘制所有形状。多边形也是实时形状，这意味该图形在创建之后，其"大小""旋转角度""边数"等属性仍是可编辑的。现在，您将使用"多边形工具"⬡创建一个多边形来制作叶子图形。

① 选择"视图">"画板适合窗口大小"，让画板适合文档窗口大小。

② 在工具栏中的"椭圆工具"⬭上按住鼠标左键，然后选择"多边形工具"⬡。

③ 选择"视图">"智能参考线"，将智能参考线关闭。

④ 在画板的空白区域按住鼠标左键并向右拖动以绘制多边形，注意不要松开鼠标左键，如图 3-37（a）所示。按向下箭头键一次，将多边形的边数减少到 5，该过程中同样不要松开鼠标左键，如图 3-37（b）所示。按住 Shift 键将形状摆正，如图 3-37（c）所示。松开鼠标左键和 Shift 键，保持形状处于选中状态。

（a）　　　　　　　　（b）　　　　　　　　（c）

图 3-37

请注意，此时不会看到灰色测量标签，因为灰色测量标签是智能参考线的一部分。另外，洋红色对齐参考线也不会显示，因为此形状没有对齐到画板上的其他内容。智能参考线在某些情况下非常有用（如需要提高精度时），您可以根据需要开启或关闭智能参考线。

⑤ 单击"属性"面板中的"填色"框，确保在弹出的面板中选择了"色板"选项▦，选择绿色色板，其色值为 C=85 M=10 Y=100 K=10。

⑥ 单击"属性"面板中的"描边"框，确保在弹出的面板中选择了"色板"选项▦，选择"无"色板来删除形状的描边。

⑦ 选择"视图">"智能参考线"，重新启用智能参考线。

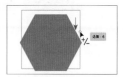

⑧ 在选择"多边形工具"⬡的情况下，拖动定界框右侧的边数控制点◇，将边数更改为 6，如图 3-38 所示。

该边数控制点◇是实时形状的特征，您可以在创建形状之后继续编辑其相关属性。

图 3-38

3.3.9　编辑多边形

接下来将编辑多边形并创建叶子图形。

① 旋转多边形。将鼠标指针移动到多边形周围定界框的某个角部，当鼠标指针变为↰形状时，按住鼠标左键并沿逆时针方向拖动。拖动时，按住 Shift 键可以将旋转角度增量限制为 45°。当您在鼠标指针旁边的灰色测量标签中看到 90° 时，松开鼠标左键，然后松开 Shift 键，如图 3-39 所示。

② 更改多边形的大小。将鼠标指针移动到多边形周围定界框的某个角上并按住鼠标左键进行拖动。拖动时，按住 Shift 键可等比例（同时）更改宽度和高度，如图 3-40 所示。

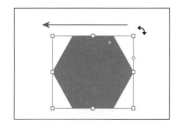
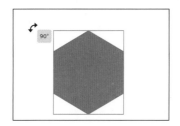
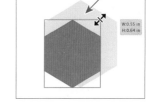

图 3-39　　　　　　　　　　　　图 3-40

当灰色测量标签显示的高度大约为 0.65in 时，松开鼠标左键，松开 Shift 键。

③ 在右侧的"属性"面板中，确保"宽"和"高"右侧的"约束宽度和高度比例"按钮▨处于禁用状态。将"宽"设置为 0.35 in，如图 3-41 所示。按 Enter 键确认更改。

接下来将圆化叶子图形的一些角使其看起来更加自然。

④ 选择多边形，选择"视图">"放大"，重复操作几次，放大该多边形。

在选择"选择工具"▶的情况下，如果您现在查看多边形，会看到一个个实时圆角控制点⊙。如果拖动某个实时圆角控制点，所有角都将变为圆角。

⑤ 在工具栏中选择"直接选择工具"▷。现在，您应该在每个角处都能看到实时圆角控制点⊙，您需要圆化 4 个角。

⑥ 框选六边形中间的 4 个锚点，如图 3-42（a）所示。选中这些锚点之后，可以看到它们的实时圆角控制点⊙，如图 3-42（b）所示。

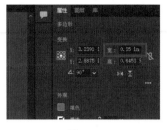
图 3-41

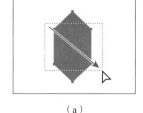
（a）

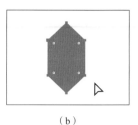
（b）

图 3-42

⑦ 按住鼠标左键，朝着多边形的中心拖动某个选中的实时圆角控制点⊙，直到看到红色弧线为止，这表示无法再进一步圆化，如图 3-43 所示。

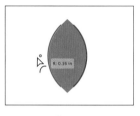
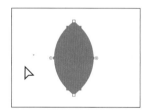

图 3-43

3.3.10　创建星形

本小节将使用"星形工具"⭐创建几个星形，并将这些星形编辑成花朵图形。"星形工具"⭐目前不能创建实时形状，这意味着编辑星形可能会比较困难。使用"星形工具"⭐绘图时，您将使用键盘修饰键得到需要的芒点数，并更改星形的半径（星臂长度）。以下是本小节绘制星形时用到的修饰键以及它们的作用。

- 箭头键：在绘制星形时，按向上箭头键或向下箭头键，会添加或删除星臂。
- Shift 键：使星形摆正（强制）。
- Option 键（MacOS）或 Ctrl 键（Windows）：在创建星形时，按住该键并按住鼠标左键拖动可以改变星形的半径（使星臂变长或变短）。

下面将创建一个星形，需要使用一些修饰键，并且在被告知可以松开鼠标左键之前不要松开鼠标左键。

❶ 在工具栏中的"多边形工具"⬡上按住鼠标左键，然后选择"星形工具"⭐。移动鼠标指针到叶子图形的右侧。

❷ 按住鼠标左键向右拖动创建一个星形。

注意，移动鼠标指针时，星形会改变大小并自由旋转。移动鼠标指针直到灰色测量标签显示的宽度大约为 1 in，如图 3-44 所示。

❸ 按向下箭头键，将星形上的芒点数减少到 4，如图 3-45 所示。

图 3-44

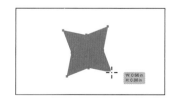
图 3-45

④ 按住 Option 键（macOS）或 Ctrl 键（Windows），然后按住鼠标左键向星形中心拖动，直到图形如图 3-46 所示。这将使得星形内半径保持不变，但星臂会变短。松开 Option 键（macOS）或 Ctrl 键（Windows），但不要松开鼠标左键。

⑤ 按住 Shift 键。当星形摆正时，松开鼠标左键，然后松开 Shift 键，如图 3-47 所示。

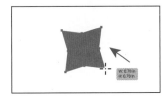

图 3-46

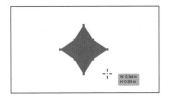

图 3-47

3.3.11 编辑星形

创建完星形之后，本小节将对星形进行变换和复制。

① 选择"选择工具" ▶，按住 Shift 键，然后按住鼠标左键将星形定界框的一角向中心拖动。当星形的宽度约为 0.4 in 时，松开鼠标左键和 Shift 键，如图 3-48 所示。

② 选择"星形工具" ☆，按住 Shift 键，绘制一个小一点的星形，如图 3-49 所示。请注意，新绘制的星形的基本设置与绘制的第一个星形的相同。

图 3-48

图 3-49

③ 在"属性"面板中，设置变换角度为 45°来更改"旋转"值，按 Enter 键确认更改，如图 3-50 所示。确保已启用"宽"和"高"右侧的"约束宽度和高度比例"按钮 ⑧，设置"高"为 0.14，按 Enter 键确认更改。

④ 选择"选择工具" ▶，按住鼠标左键将小星形拖动到大星形的中心位置。

⑤ 在"属性"面板中将小星形的填色改成黄色。

⑥ 单击画板中的空白区域取消选择，然后选择大星形将其填色改为白色，效果如图 3-51 所示。

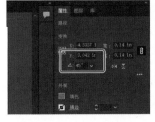

图 3-50

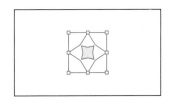

图 3-51

⑦ 按住鼠标左键，框选两个星形，单击"属性"面板中的"编组"按钮，将其组合在一起。

⑧ 选择"文件">"存储"。

3.3.12　绘制线条

本小节将使用"直线段工具" ╱ 创建线条（称为开放路径）。使用"直线段工具" ╱ 创建的线条是实时线条，与实时形状类似，它们在绘制之后有许多属性可编辑。

① 选择"视图">"画板适合窗口大小"。

② 在工具栏中的"星形工具" ☆ 上按住鼠标左键，然后选择"直线段工具" ╱。

③ 在碗图形的右侧按住鼠标左键向上拖动绘制一条直线。拖动时按住 Shift 键，将线条的旋转角度限定为 45° 的倍数。请注意鼠标指针旁边灰色测量标签中的长度和角度，拖动到线条的长度为 2 in 左右为止，如图 3-52 所示。

④ 选择新绘制的线条，将鼠标指针移动到线条顶端之外。当鼠标指针变为 ↰ 形状时，按住鼠标左键沿顺时针方向拖动，如图 3-53 所示，直到指针旁边灰色测量标签显示 0°。这将使线条从竖直状态变为水平状态。

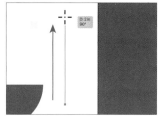

图 3-52

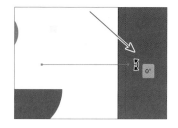

图 3-53

默认情况下，线条围绕其中心点旋转。

⑤ 在工具栏中选择"选择工具" ▶，在线条上按住鼠标左键将其拖动到碗图形的正下方。当线条和碗底图形接触时，线条将和碗底图形水平对齐（当线条和碗底图形对齐时将看到一条垂直的对齐参考线），此时松开鼠标左键，如图 3-54 所示。

该线条表示碗图形所在的桌面，因此请确保该线条接触碗底图形的底部。

⑥ 选择该线条，在右侧的"属性"面板中将描边粗细更改为 2 pt。

⑦ 在"属性"面板中单击"描边"框，并确保在弹出的面板中选择了"色板"选项 ▦。选择色值为 C=35 M=60 Y=80 K=25 的色板。

接下来将更改刚刚拖动到位的线条的长度。由于该线条已与碗底图形对齐，从中心开始调整它的长度就不必在调整长度后重新定位它。

⑧ 将鼠标指针移动到线条的一个端点上，按住 Option 键（macOS）或 Alt 键（Windows），然后按住鼠标左键向外水平拖动，直到线条的长度为 4 in 为止，松开鼠标左键和 Option 键（macOS）或 Alt 键（Windows），如图 3-55 所示。

如果以与原始路径相同的轨迹拖动直线，则会在直线的两端看到"直线延长"和"位置"提示，如图 3-55 所示。出现这些提示是因为智能参考线已经开启。

图 3-54   图 3-55

❾ 按住鼠标左键框选组成碗的两个矩形和碗下的线条，单击"属性"面板中的"编组"按钮，将它们组合在一起。

3.4　使用图像描摹将栅格图像转换为可编辑矢量图

本节将讲解如何使用"图像描摹"功能。使用"图像描摹"功能可以把栅格图像（如 Adobe Photoshop 中的图片）转换为可编辑矢量图。这在您需要把如绘制在纸上的图像等转换为矢量图稿、描摹栅格化的 Logo、描摹图案或纹理等时非常有用。本节将描摹柠檬图像获得可编辑形状。

❶ 选择"文件">"置入"。在"置入"对话框中，选择 Lessons>Lesson03 文件夹，选择 lemon.jpg 文件，保持所有选项为默认设置，单击"置入"按钮。

❷ 在画板空白区域单击置入图像，如图 3-56 所示。

❸ 将选择的图像在文档窗口中居中显示（因为它很大），选择"视图">"缩小"。

❹ 选择图像后，单击文档窗口右侧"属性"面板中的"图像描摹"按钮，选择"低保真度照片"命令，如图 3-57 所示。

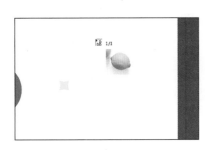

图 3-56

图 3-57

这会将图像转换为描摹对象。这意味着您还不能编辑矢量内容，但可以更改描摹设置或最初置入的图像，然后查看更新。

注意 您还可以选择“对象”>“图像描摹”>“建立”，并选择栅格内容，或者通过“图像描摹”面板（选择“窗口”>“图像描摹”）进行描摹。

⑤ 在“属性”面板的“预设”下拉列表中选择“剪影”选项，如图 3-58 所示。

提示 您还可以选择“窗口”>“图像描摹”来打开“图像描摹”面板。

“剪影”预设将描摹图像强制生成的矢量内容变为黑色。图像描摹对象由原始图像和描摹结果（即矢量插图）组成。默认情况下，仅描摹结果可见。但是，您还可以在接下来打开的“图像描摹”面板的“视图”下拉列表中更改原始图像和描摹结果的显示方式，以满足您的需求。

⑥ 单击“属性”面板中的“打开图像描摹面板”按钮，如图 3-59 所示。

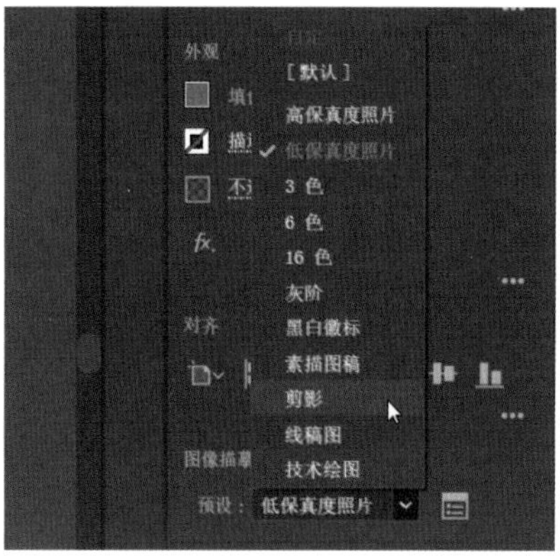

图 3-58

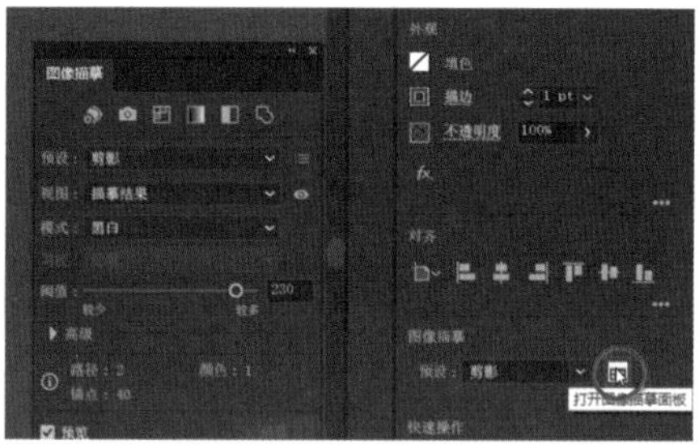

图 3-59

“图像描摹”面板顶部的按钮包含了将图像转换为灰度、黑白等模式的设置。在“图像描摹”面板顶部的按钮下方，您将看到“预设”选项，这与“属性”面板中的相同。“模式”选项允许您更改生成图稿的颜色模式（彩色、灰度或黑白）。“调板”选项用于限制调色板或从颜色组中指定颜色。

提示 修改描摹相关值时，可以取消勾选“图像描摹”面板底部的“预览”复选框，以免 Adobe Illustrator 在每次更改设置时都将描摹设置应用于要描摹的内容。

⑦ 在“图像描摹”面板中，单击“高级”左侧的三角形按钮以显示折叠起来的“高级”选项。更改“图像描摹”面板中的以下设置，如图 3-60 所示。

- 阈值：206（比阈值暗的像素会转变为黑色）。
- 路径：20%（路径拟合，值越大表示契合越紧密）。
- 边角：50%（默认设置，值越大表示角越多）。
- 杂色：100 px（通过忽略指定像素大小的区域来减少杂色，值越大表示杂色越少）。

⑧ 关闭“图像描摹”面板。

⑨ 在柠檬描摹对象仍处于选中状态的情况下，单击“属性”面板中的“扩展”按钮，如图 3-61 所示。

柠檬不再是图像描摹对象，而是由编组在一起的形状和路径组成的图形。

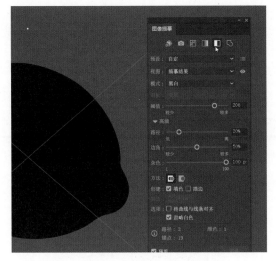

图 3-60

图 3-61

清理描摹的图稿

由于已使用"图像描摹"功能将柠檬图像转换为图形，您现在可以调整图形以使柠檬看起来更符合需要。

❶ 在选择柠檬图形的情况下，单击"属性"面板中的"取消编组"按钮，将其解散成不同的形状以分别进行编辑。

❷ 选择"选择" > "取消选择"。

❸ 单击描摹出来的多余的形状，按 Delete 键或 Backspace 键将其删除，如图 3-62 所示。

❹ 单击柠檬图形。如果需要更改颜色，请在右侧的"属性"面板中单击"填色"框。在打开的面板中，确保选择了"色板"选项▦，然后选择黄色色板。

为了使边缘更平滑，接下来将应用"简化"命令。"简化"命令减少了构成路径的锚点数量，而不会过多影响整体形状。

❺ 选择柠檬图形，选择"对象" > "路径" > "简化"。

❻ 在弹出的"简化"对话框中，向右拖动滑块以保留更多锚点，如图3-63所示。默认情况下，"减少锚点"滑块为自动简化的值。

您可以向左拖动滑块减少锚点来进一步简化路径。滑块的位置和值用于指定简化路径与原始路径的匹配程度。滑块越靠近左侧的最小值，锚点越少，但是简化路径很可能与原始路径看起来有较大不同；滑块越靠近右侧的最大值，简化路径则与原始路径越接近。

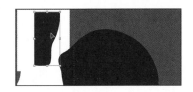

图 3-62

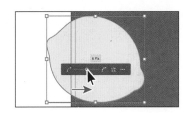

图 3-63

⑦ 单击"更多选项"按钮 •••，如图 3-64 所示，打开一个包含更多选项的"简化"对话框。

⑧ 确保勾选了"预览"复选框以实时查看更改效果。您可以在"原始值"处查看柠檬图形的原始锚点数，在"新值"处查看应用"简化"命令后的锚点数。按住鼠标左键将"简化曲线"滑块一直拖动到最右边（最大值处），此时柠檬图形看起来跟应用"简化"命令之前一样。

⑨ 按住鼠标左键向左拖动滑块，直到看到"新值"为"5点"，如图 3-65 所示，单击"确定"按钮。您需要每拖动一点滑块，就松开鼠标左键来查看"新值"的变化。

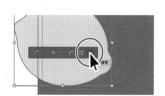

图 3-64

图 3-65

对于"角点角度阈值"，如果拐角点的角度小于角度阈值，则不会更改拐角点。

⑩ 按住 Shift 键，按住鼠标左键拖动柠檬图形周围定界框的一个角使其变小。当您在灰色测量标签中看到宽度大约为 1.2 in 时，松开鼠标左键，松开 Shift 键，如图 3-66 所示。

⑪ 按住鼠标左键将柠檬图形拖到画板的空白区域。

⑫ 选择"文件">"存储"。

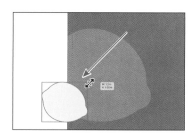

图 3-66

3.5 使用内部绘图模式

> **提示** 您可以按 Shift+D 组合键在不同绘图模式之间循环切换。

Adobe Illustrator 有 3 种不同的绘图模式：正常绘图模式、背面绘图模式和内部绘图模式。您可以在工具栏的底部找到它们，如图 3-67 所示。绘图模式允许您以不同的方式绘制形状。3 种绘图模式介绍如下。

· 正常绘图模式：每个文件开始时都是在正常绘图模式下绘制形状，此模式将形状彼此堆叠。

· 背面绘图模式：如果未选择任何对象，则此模式允许您在所选图层上所有图形底层进行绘制；如果选择了对象，则会直接在所选对象的下层绘制新对象。

· 内部绘图模式：此模式允许您在其他对象（包括实时文本）内部绘制

图 3-67

对象或置入图像，并自动为所选对象创建剪切蒙版。您将在第 15 课学习更多关于蒙版的内容。

3.5.1　置入图稿

本小节将在当前文件中置入另一个 AI 文件中的图稿，其中包含文本和橙子插图。

❶ 选择"文件">"打开"，在"打开"对话框中，选择 Lessons>Lesson03 文件夹中的 artwork.ai 文件，单击"打开"按钮。

> 💡提示　橙子插图是由用"椭圆工具"◯绘制的圆形，用"星形工具"☆绘制的星形及用"直线段工具"╱绘制的一系列线条组成的。

❷ 在工具栏中选择"选择工具"▶。选择"选择">"现用画板上的全部对象"，选择当前画板上的所有内容，选择"编辑">"复制"。

❸ 回到明信片文件 Postcard.ai 中。

❹ 选择"视图">"画板适合窗口大小"。

❺ 选择"编辑">"粘贴"，粘贴 FARM FRESH 文本和橙子插图，如图 3-68 所示。

❻ 选择"选择">"取消选择"。

图 3-68

3.5.2　使用内部绘图模式

本小节将使用内部绘图模式，把从 artwork.ai 文件中复制的橙子插图添加到红色饼图中去。如果您想要隐藏（遮挡）部分图形，这个模式将非常有用。

❶ 单击您在创建苹果图形时绘制的红色饼图副本。

❷ 单击右侧"属性"面板中的"填色"框。在打开的面板中，确保选择了"色板"选项▦，然后选择色值为 C=0　M=50　Y=100　K=0 的橙色来填充形状。

❸ 选择橙色饼图，单击工具栏底部的"绘图模式"按钮◨，选择"内部绘图"命令，如图 3-69 所示。

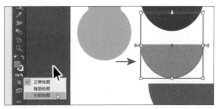

图 3-69

> 💡注意　如果您看到的工具栏显示为双列，则会在工具栏底部看到所有的 3 个绘图模式按钮。

当选择单个对象（路径、复合路径或文本）时，该按钮处于激活状态，并且您可以在所选对象内部进行绘制。

请注意，橙色饼图周围仍有开放的虚线矩形框，表示内部绘图模式仍处于激活状态。您可以在内部绘图模式为激活状态时，绘制、置入或粘贴内容到形状中，而不需要始终选择要在其中添加内容的形状。

❹ 在工具栏中选择"选择工具"▶，单击您将要在橙色饼图内部粘贴的图稿（即橙子插图）。选择"编辑">"剪切"，从画板剪切所选图形。

❺ 选择"编辑">"粘贴"，如图 3-70 所示。

图形将被粘贴到橙色饼图中，因为进入内部绘图模式时已选择橙色饼图。

⑥ 单击工具栏底部的"绘图模式"按钮 ⚪，选择"正常绘图"命令。

在形状中添加完内容后，可以返回正常绘图模式，以便正常绘制（是堆叠而不是在内部绘制）新内容。

⑦ 选择"选择">"取消选择"，如图 3-71 所示。

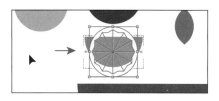

图 3-70　　　　　　　　　　　　　　　　　　图 3-71

3.5.3　编辑内部绘图的内容

本小节将编辑橙色饼图内部的橙子插图，以了解如何编辑在对象内部绘制的内容。

① 选择"选择工具" ▶，单击粘贴的橙子插图。请注意，现在选择的是整个橙色饼图，如图 3-72 所示。

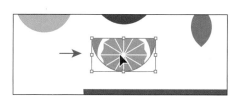

图 3-72

橙色饼图现在是蒙版，也称为"剪切路径"。橙色饼图和粘贴的橙子插图一起构成了一个"剪切组"，并被视为单个对象。

在"属性"面板的顶部可看到"剪切组"文本。与其他组一样，如果要编辑剪切路径（即包含内部绘制内容的对象，此处是橙色饼图）或其内部内容，可以双击"剪切组"对象。

② 在选择"剪辑组"的情况下，单击"属性"面板中的"隔离蒙版"按钮进入隔离模式，如图 3-73 所示。这样就能够选择剪切路径（橙色饼图）或其内部粘贴的橙子插图。

图 3-73

③ 单击粘贴的橙子插图，按住鼠标左键将其向着橙色饼图中心的直边拖动，如图 3-74 所示，松开鼠标左键。

④ 按 Esc 键退出隔离模式。

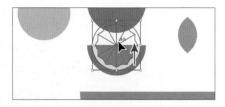

图 3-74

⑤ 选择"选择">"取消选择",选择"文件">"存储"。

3.6　使用背面绘图模式

本节将使用背面绘图模式在已有内容下层绘制一个覆盖画板的矩形。

① 单击工具栏底部的"绘图模式"按钮![icon]，选择"背面绘图"命令，如图 3-75 所示。

图 3-75

只要选择了此绘图模式，使用目前所学到的方法创建的每个形状都将位于画板中的其他形状的下层。

背面绘图模式也会影响置入的内容。

② 在工具栏中的"直线段工具"╱上按住鼠标左键，然后选择"矩形工具"![icon]。

③ 将鼠标指针放在画板左上角红色出血参考线交叉的位置，按住鼠标左键并拖动到画板右下角红色出血参考线交叉的位置，如图 3-76 所示。

图 3-76

④ 选择新创建的矩形，单击"属性"面板中的"填色"框，在弹出的面板中，确保选择了"色板"

选项 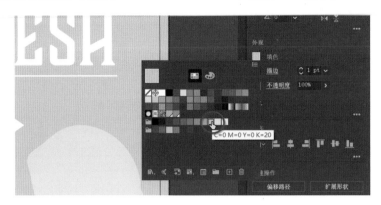，然后选择灰色色板，色值为 C=0 M=0 Y=0 K=20，如图 3-77 所示。

图 3-77

⑤ 按 Esc 键隐藏"色板"面板。

⑥ 选择"对象">"锁定">"所选对象"，锁定背景矩形使其不再移动。

⑦ 单击工具栏底部的"绘图模式"按钮，选择"正常绘图"命令。

3.7 完稿

要完成明信片图稿，您还需要将图形移动到画板中的合适位置，旋转某些图形，以及创建一些图形的副本。

① 选择"视图">"画板适合窗口大小"，以便查看整个画板。

② 选择"选择工具" ▶，单击苹果图形中的某个红色图形，在按住 Shift 键的同时单击其他两个红色图形，松开鼠标左键和 Shift 键，如图 3-78 所示。

③ 单击"属性"面板中的"编组"按钮，将所选图形组合在一起。

④ 将所有图形和文本拖到适当位置，效果如图 3-79 所示。

图 3-78

图 3-79

⑤ 制作星形图形、水果图形和叶子图形的副本。单击需要创建副本的图形，选择"编辑">"复制"，然后选择"编辑">"粘贴"，并对副本的位置进行调整。

⑥ 如果要旋转图形，可以将鼠标指针移动到所选图形的某个角外，在看到旋转箭头时按住鼠标左键拖动，如图 3-80 所示。

⑦ 如果要将图形置于其他图形之上，则单击图形将其选中，单击"属性"面板中的"排列"按钮，选择"置于顶层"命令。继续对图形进行调整，最终效果如图 3-81 所示。

图 3-80   图 3-81

💡 **注意** 如果在"属性"面板中没有看到"排列"按钮,可以选择"对象">"排列",然后选择一个排列命令。

默认情况下,先创建的图形位于后创建图形的下层。

⑧ 选择"文件">"存储"。

⑨ 要关闭所有打开的文件,请多次选择"文件">"关闭"。

1. 在创建新文件时，如何选择文件类别？
2. 有哪些创建形状的基本工具？
3. 什么是实时形状？
4. 描述内部绘图模式的作用。
5. 如何将栅格图像转换为可编辑矢量图？

参考答案

1. 可以通过选择预设类别（例如打印、Web、胶片和视频等），再根据不同类型的输出需求进行设置。例如，如果您正在设计网页模型，则可以选择 Web 类别并选择文档预设（大小）。以像素为单位，颜色模式为 RGB，光栅效果为"屏幕（72 ppi）"，这是 Web 文档的最佳设置。

2. "基本功能"工作区的工具栏里有 5 种形状工具："矩形工具""椭圆工具""多边形工具""星形工具""直线段工具"（"圆角矩形工具"和"光晕工具"不在"基本功能"工作区的工具栏里）。

3. 使用形状工具将其绘制出后，可以继续修改其属性，如宽度、高度、圆角、边角类型和边角半径（单独或同时），这就是所谓的实时形状。可在"变换"面板、"属性"面板或直接在图形中编辑实时形状属性（如"边角半径"）。

4. 通过内部绘图模式可以在对象（包括实时文本）内部绘制对象或置入图像，并自动创建所选对象的剪切蒙版。

5. 选择栅格图像，单击"属性"面板中的"打开图像描摹面板"按钮 ▣，可将其转换为可编辑矢量图。若要将描摹结果转换为路径，需要单击"属性"面板中的"扩展"按钮，或选择"对象" > "图像描摹" > "扩展"。如果要将描摹的图稿内容作为独立的对象使用，就可以使用此方法，生成的路径会自行编组。

编辑和合并路径与形状

本课概览

在本课中，您将学习以下内容。

- 使用"剪刀工具"进行剪切。
- 连接路径。
- 使用"美工刀"。
- 轮廓化描边。
- 使用"橡皮擦工具"。

- 创建复合路径。
- 使用"形状生成器工具"。
- 使用路径查找器合并对象。
- 使用"整形工具"。
- 使用"宽度工具"编辑描边。

学习本课大约需要 **45**分钟

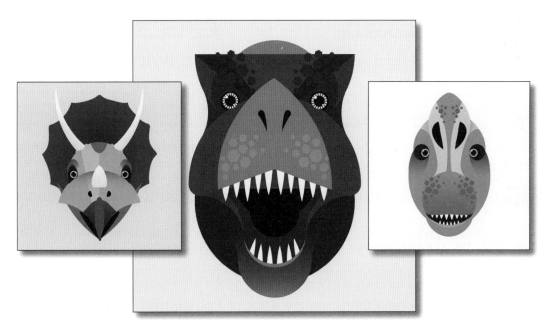

在创建了简单的路径和形状后，您可能希望使用它们来创建更复杂的图形。在本课中，您将了解如何编辑和合并路径与形状。

4.1 开始本课

在第 3 课中，您了解了如何创建和编辑基本形状。在本课中，您将学习如何编辑和合并这些基本形状，以完成恐龙图形。

① 为了确保工具的功能和默认值完全如本课所述，请删除或停用（通过重命名）Adobe Illustrator 首选项文件。具体操作请参阅本书"前言"中的"还原默认首选项"部分。

② 启动 Adobe Illustrator。

③ 选择"文件">"打开"，选择 Lessons>Lesson04 文件夹中的 L4_end.ai 文件，单击"打开"按钮。此文件包含本课中最终创建的图形，如图 4-1 所示。

④ 选择"视图">"全部适合窗口大小"，使文件保持打开状态以供参考，或选择"文件">"关闭"，关闭文件。

⑤ 选择"文件">"打开"，在"打开"对话框中，选择 Lessons>Lesson04 文件夹中的 L4_start.ai 文件，单击"打开"按钮，效果如图 4-2 所示。

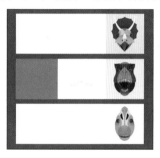

图 4-1

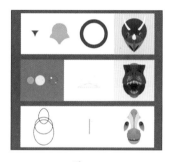

图 4-2

⑥ 选择"文件">"存储为"。如果弹出云文档对话框，请单击"保存在您的计算机上"按钮，将其保存在本地计算机上。

⑦ 在"存储为"对话框中，将名称改为 Dinosaurs，并选择 Lesson04 文件夹，从"格式"下拉列表中选择 Adobe Illustrator(ai)选项(macOS)或者从"保存类型"下拉列表中选择 Adobe Illustrator(*.AI)选项(Windows)，单击"保存"按钮。

> ♀ 提示 默认情况下 .ai 扩展名显示在 macOS 上，但您可以在"存储为"对话框中的任意平台上添加扩展名。

⑧ 在"Illustrator 选项"对话框中保持默认设置，单击"确定"按钮。

⑨ 选择"窗口">"工作区">"重置基本功能"。

> ♀ 注意 如果您没有在"工作区"菜单中看到"重置基本功能"命令，请在选择"窗口">"工作区">"重置基本功能"之前，先选择"窗口">"工作区">"基本功能"。

4.2 编辑路径和形状

在 Adobe Illustrator 中，您可以通过多种方式来编辑和组合路径和形状，创建需要的图形。有时，这意味着您可以从简单的路径和形状开始，使用不同的方法来生成更复杂的路径和形状。生成复杂路径和形状的方法包括使用"剪刀工具" ✂、连接路径、使用"美工刀" 🔪和轮廓化描边等。

> 💡 **注意** 第 5 课将介绍其他变换图形的方法。

4.2.1 使用"剪刀工具"进行剪切

在 Adobe Illustrator 中，您可以使用多种工具剪切和分割路径和形状。本小节将使用"剪刀工具" ✂剪切一个形状并对其进行调整。

1 单击"视图"菜单，确保勾选了"智能参考线"复选框。

2 在文档窗口左下角的"画板导航"下拉列表中选择 1 Dino 1 选项，选择"视图">"画板适合窗口大小"以确保画板适合文档窗口大小，效果如图 4-3 所示。

3 在工具栏中选择"选择工具" ▶，选择画板左侧的紫色形状。

4 按 Command ++ 组合键（macOS）或 Ctrl ++ 组合键（Windows）3 次，放大显示所选图形，效果如图 4-4 所示。

在您完成此形状的修改后，需要将其添加到同一画板右侧的恐龙图形的"尖鼻子"上。

5 在工具栏中的"橡皮擦工具" ◆上按住鼠标左键，然后选择"剪刀工具" ✂。

图 4-3

6 将鼠标指针移动到形状顶部边缘的中间位置，如图 4-5（a）所示。当看到"交叉"提示和一条垂直的洋红色对齐参考线时，单击以剪断该点所在的路径，然后将鼠标指针移开，如图 4-5（b）所示。

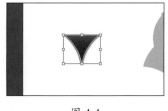

图 4-4

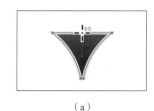

（a）

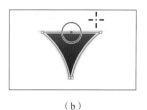

（b）

图 4-5

> 💡 **注意** 若要了解更多关于开放路径和闭合路径的内容，请参阅 3.3 "使用基本形状"。

当使用"剪刀工具" ✂进行剪切时，剪切的点必须位于线段上，而不能位于开放路径的端点上。当使用"剪刀工具" ✂单击形状（如本例中的形状）的描边时，会在单击的位置剪断路径，并且会将路径变为开放路径。

7 在工具栏中选择"直接选择工具" ▷。将鼠标指针移动到所选的锚点（蓝色）上，按住鼠标左键将锚点朝右上方拖动，如图 4-6 所示。

8 从最初剪断路径的位置向左上方拖动另一个锚点，直到出现洋红色对齐参考线，表明它与您在第 7 步拖动的那个锚点对齐，如图 4-7 所示。

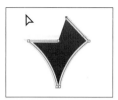

图 4-6

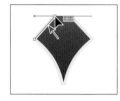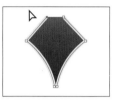

图 4-7

请注意，描边（黄色边框）并未完全包围紫色形状。这是因为使用"剪刀工具" ✂ 切割形状会形成一条开放路径。如果您只是想用颜色填充形状，则描边可以不是封闭路径。但是，如果您希望在整个填充区域周围出现描边，则路径必须是闭合的。

4.2.2　连接路径

假设您绘制了一个 U 形，然后决定闭合该形状，那么实质上是用一条线将 U 形的首末两端连接起来，如图 4-8 所示。如果选择了路径，则可以使用"连接"命令在端点之间创建一条线段，从而闭合路径。

当选择多个开放路径时，您可以将它们连接起来创建一个闭合路径。您还可以连接两个独立路径的端点。本小节将连接 4.2.1 小节所编辑路径的首末两端以再次创建一个闭合路径。

> 💡 提示　如果您想要在单独的路径中加入特定的锚点，可以选择锚点，然后选择"对象" > "路径" > "加入"或按 Command + J 组合键（macOS）或 Ctrl + J 组合键（Windows）。

❶ 在工具栏中选择"选择工具" ▶。在紫色形状的路径外单击以取消选择，然后在紫色形状的填充颜色内单击以重新选择它，如图 4-9 所示。

开放路径　　端点连接

图 4-8

图 4-9

这一步很重要，因为 4.2.1 小节中只选择了一个锚点。如果在只选择一个锚点的情况下选择"连接"命令，会弹出一条错误信息。如果选择了整个路径，当您使用"连接"命令时，Adobe Illustrator 会找到路径的两端，然后用一条线段连接它们。

> 💡 提示　在第 6 课中，您将学习使用"连接工具" ✍，该工具允许您在边角处连接两条路径，并保持原始路径的完整。

❷ 单击"属性"面板"快速操作"选项组中的"连接"按钮，如图 4-10 所示。

默认情况下，将"连接"命令应用于两个或多个开放路径时，Adobe Illustrator 会寻找端点最接近的路径并连接它们。每次应用"连接"命令时，Adobe Illustrator 都会重复此过程，直到将所有路径都连接起来。

❸ 在"属性"面板中，单击"描边"一词右侧的第一个向下箭头按钮，将描边粗细更改为"无"，删除描边，如图 4-11 所示。

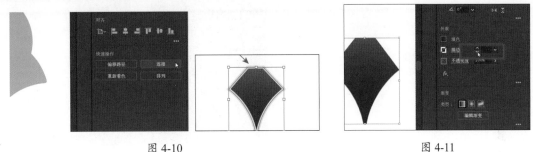

图 4-10   图 4-11

接下来对形状顶部的角进行圆化处理。

❹ 选择工具栏中的"直接选择工具"，按住鼠标左键在框选形状顶部的两个锚点，如图 4-12（a）所示。

❺ 将其中一个实时圆角控制点向形状中心拖动以圆化顶部的角，如图 4-12（b）和图 4-12（c）所示。

（a）   （b）   （c）

图 4-12

❻ 选择"选择">"取消选择"，然后选择"文件">"存储"，保存文件。

4.2.3 使用"美工刀"进行切割

本小节将使用"美工刀"来切割形状。使用"美工刀"切割形状将创建闭合路径而不是开放路径。

❶ 按住空格键切换到"抓手工具"，在文档窗口中按住鼠标左键拖动画板以查看右侧的绿色形状。

❷ 选择"选择工具"，选择绿色形状，如图 4-13 所示。

如果选择了某个对象，"美工刀"将只切割所选对象。如果未选择任何内容，它将切割它接触的任何矢量对象。

❸ 单击工具栏底部的"编辑工具栏"按钮，在弹出的"所有工具"面板中向底部拖动滚动条，将"美工刀"拖到左侧工具栏中的"剪刀工具"上，将其添加到工具栏中，如图 4-14 所示。

❹ 按 Esc 键隐藏"所有工具"面板。

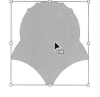

图 4-13

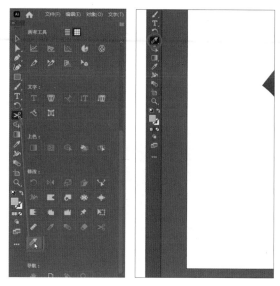

图 4-14

⑤ 现在选择了工具栏中的"美工刀" ，将鼠标指针移动到所选形状的上方，按住鼠标左键以 U 字形划过整个形状，将其切割，如图 4-15 所示。

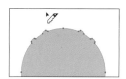 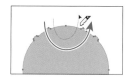 

图 4-15

⑥ 选择"选择">"取消选择"。

⑦ 选择"选择工具" ，选择绿色形状顶部的新形状，如图 4-16 所示。

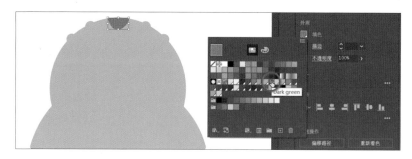

图 4-16

⑧ 单击"属性"面板中的"填色"框，确保在弹出的面板中选择了"色板"选项 ，选择 Dark green 色板，如图 4-16 所示。

⑨ 选择"选择">"取消选择"。

4.2.4 使用"美工刀"进行直线切割

正如您刚刚看到的，使用"美工刀" 在形状上拖动默认会进行形式自由的切割。本小节将使用"美工刀" 沿直线切割图形，以在恐龙头部图形（绿色形状）上绘制高光。

① 选择"选择工具"▶，选择浅绿色的大形状。

② 选择"美工刀"✐，将鼠标指针移动到所选形状顶部上方。按 Caps Lock 键，鼠标指针将变成"十"字线形状。

"十"字线形状的鼠标指针更精确，您可以借助它更轻松地确定开始切割的准确位置。

> 💡注意 按住 Opiton 键（macOS）或 Alt 键（Windows）可保持直线切割。此外，按住 Shift 键还可将切割角度限制为 45° 的倍数。

③ 按住 Option + Shift 组合键（macOS）或 Alt + Shift 组合键（Windows），按住鼠标左键向下拖动，直到将形状一分为二，如图 4-17 所示。松开鼠标左键，松开组合键。

④ 按住 Option 键（macOS）或 Alt 键（Windows），按住鼠标左键从形状的顶部向下划过，以较小的角度向下穿过形状，将其切割成两个部分，松开鼠标左键和 Option 键（macOS）或 Alt 键（Windows），如图 4-18 所示。按照这种方法，可以在任何方向上沿直线切割。

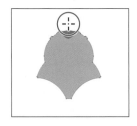 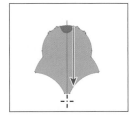 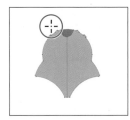 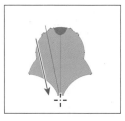

图 4-17   图 4-18

⑤ 选择"选择">"取消选择"。

⑥ 选择"选择工具"▶，单击刚刚创建的中间形状，如图 4-19（a）所示。

⑦ 单击"属性"面板中的"填色"框，确保在弹出的面板中选择了"色板"选项▦，选择 Green 1 色板，如图 4-19（b）所示。

 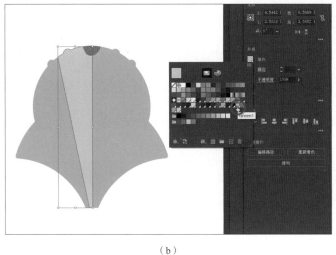

（a）   （b）

图 4-19

⑧ 按住鼠标左键框选所有绿色形状。

⑨ 单击"属性"面板"快速操作"选项组中的"编组"按钮，如图 4-20 所示。

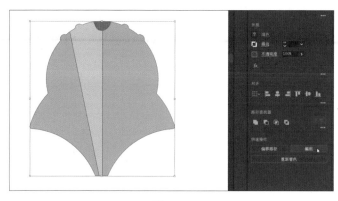

图 4-20

⑩ 按 Caps Lock 键。

4.2.5 轮廓化描边

默认情况下，诸如线条等路径只有描边颜色而没有填充颜色。如果您在 Adobe Illustrator 中创建了一条线条，且想要同时应用描边颜色和填充颜色，可以将路径的描边轮廓化，这将把线条转换为闭合路径或复合路径。本小节将轮廓化线条的描边，以便在 4.3 节中擦除它的部分内容，绘制完成第一个恐龙图形的最后一部分。

❶ 按住空格键切换到"抓手工具"✋，在文档窗口中按住鼠标左键拖动画板以查看右侧的紫色圆环。

❷ 选择"选择工具"▶，选择紫色圆环的路径，如图 4-21 所示。

要擦除紫色圆环的一部分并使其看起来像恐龙的褶边，紫色圆环需要填充形状，而不是路径。有关褶边外观的示例，请参见图 4-23。

您此时应该看到一组看起来像车轮辐条的灰色线条，这些是用于擦除的参考线。它们是通过多次复制一条直线并将每条线从上一条线单独旋转 30° 来创建的。

❸ 选择"对象">"路径">"轮廓化描边"创建一个路径闭合的填充形状，如图 4-22 所示。

接下来，您将擦除部分形状。

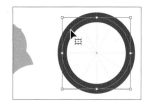

图 4-21

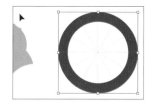

图 4-22

> 💡 注意　您不能擦除栅格图像、文本、符号、图形或渐变网格对象。

4.3　使用"橡皮擦工具"

"橡皮擦工具"◆允许您擦除矢量图形的任意区域，而无须在意其结构。您可以对路径、复合路径、实时上色组内的路径和剪切内容使用"橡皮擦工具"◆。如果您选择了图形，则该图形将是唯一要擦除的对象。如果取消选择对象，"橡皮擦工具"◆则会擦除其触及的所有图层内的任何对象。

本节将使用"橡皮擦工具"◆擦除所选形状的一部分，使其看起来像三角龙的褶边，如图 4-23 所示。

① 将鼠标指针移动到工具栏的"美工刀"✐上，按住鼠标左键，然后选择"橡皮擦工具"◆。

💡 提示　选择"橡皮擦工具"◆后，您还可以单击"属性"面板顶部的"工具选项"按钮以打开"橡皮擦工具选项"对话框。

② 双击工具栏中的"橡皮擦工具"◆，编辑其工具属性。在弹出的"橡皮擦工具选项"对话框中，将"大小"更改为 30 pt，使橡皮擦的擦除范围变大，单击"确定"按钮，如图 4-24 所示。

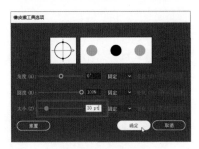

图 4-23　　　　　　　　　　　　　　　　　图 4-24

您可以根据需要更改"橡皮擦工具"◆的属性。

③ 将鼠标指针移动到选择的紫色圆环上方。在两条交色参考线之间，按住鼠标左键按 U 形路径拖动来创建褶边，如图 4-25 所示。

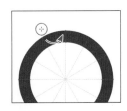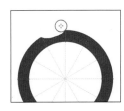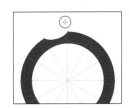

图 4-25

松开鼠标左键时，部分形状会被擦除，但此形状仍然是闭合路径。

④ 围绕紫色圆环重复此操作，但先不要擦除底部，如图 4-26 所示。

⑤ 在紫色圆环的底部按住鼠标左键来回拖动，将其擦除，如图 4-27 所示。

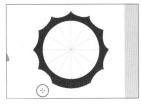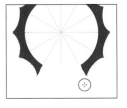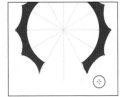

图 4-26　　　　　　　　　　　　　　图 4-27

4.3.1　直线擦除

您也可以使用"橡皮擦工具"◆进行直线擦除。

① 按住空格键切换到"抓手工具"♨，在文档窗口中按住鼠标左键拖动画板以查看右侧的恐龙图形。

② 选择"选择工具"▶，选择奶油色的鼻尖形状，如图 4-28 所示。

③ 选择"视图">"放大"，重复操作几次，查看更多细节。

④ 双击"橡皮擦工具"◆，编辑其工具属性。在"橡皮擦工具选项"对话框中，将"大小"更改为 20 pt 以缩小橡皮擦，单击"确定"按钮。

⑤ 选择"橡皮擦工具"◆，将鼠标指针移动到所选形状的左下方。按住 Shift 键，然后按住鼠标左键直接向右边拖动，如图 4-29 所示，松开鼠标左键和 Shift 键。

图 4-28

如果没有擦除任何内容，请重试一次。此外，可能看起来像是擦除了恐龙图形的其他部分，但由于您没有选择其他部分，所以其他部分不会受到影响。

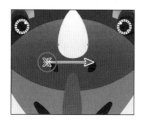  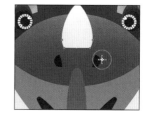

图 4-29

⑥ 选择"文件">"存储"，保存文件。

4.3.2 组合第一个恐龙图形

要完成您所看到的恐龙图形，需要拖动并排布之前处理过的图形。

① 选择"视图">"窗口适合画板大小"。

② 选择"选择工具"▶，将紫色形状拖到恐龙的鼻尖形状上。

③ 将绿色形状组拖到头部图形处。

④ 将紫色褶边拖至头后的紫色圆形的上层。

⑤ 如果紫色褶边覆盖了头部图形，请单击"属性"面板底部的"排列"按钮，然后多次选择"后移一层"命令，直到它看起来如图 4-30 所示。

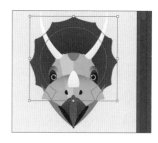

图 4-30

4.4 创建复合路径

复合路径允许您使用矢量对象在另一个矢量对象上"钻一个孔"。例如甜甜圈的形状，这种形状可以用两个圆形路径创建，两个圆形路径重叠的地方则会出现"孔"。复合路径被当成一个组，并且复合路径中的各个对象仍然可以被编辑或被释放出来（如果您不希望它们是复合路径）。本小节将创建一条复合路径为第二个恐龙图形的眼睛做准备。

❶ 在文档窗口左下角的"画板导航"下拉列表中选择 2 Dino 2 选项。

❷ 选择"选择工具" ▶，选择左侧的深灰色圆形，然后拖动它，使其与右侧较大的黄色圆形重叠，如图 4-31 所示。

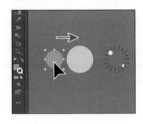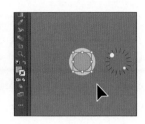

图 4-31

智能参考线可帮助您对齐圆形。您还可以在选择两个圆形之后，使用"属性"面板中的"对齐"选项将它们对齐。

❸ 框选深灰色圆形和黄色圆形。

💡提示　你可以在复合路径中编辑原始形状。使用"直接选择工具" ▷或"选择工具" ▶双击复合路径，进入隔离模式并选择单个形状进行编辑即可。

❹ 选择"对象">"复合路径">"建立"，并保持图形处于选中状态，如图 4-32（a）所示。

可以看到深灰色圆形似乎消失了，您可以通过黄色圆形看到湖绿色背景。深灰色圆形被用来在黄色圆形上"打孔"，如图 4-32（b）所示。在该形状仍保持选中状态的情况下，您应该能在右侧的"属性"面板顶部看到"复合路径"文本。

❺ 将黄色圆形右侧的一组线条拖到黄色圆形上。这组线条应该在黄色圆形的上层，如果不是，请选择"对象">"排列">"置于顶层"。

❻ 框选整个复合路径，如图 4-33 所示。

❼ 选择"对象">"编组"。

❽ 选择"选择">"取消选择"，然后选择"文件">"存储"，保存文件。

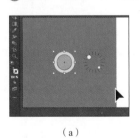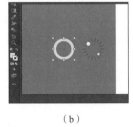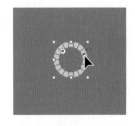

（a）　　　　　（b）
图 4-32

图 4-33

4.5　合并形状

利用简单形状创建复杂形状比使用绘图工具（如"钢笔工具" ✐）直接创建复杂形状更容易。在 Adobe Illustrator 中，您可以通过不同的方式合并形状来创建复杂的形状，生成的形状或路径因合并形状的方法而异。在本节中，您将了解一些常用的合并形状的方法。

4.5.1 从创建形状开始

在开始合并形状之前，先创建一个三角形，然后把它与已经存在的其他一些形状结合起来。这些形状将成为第二个恐龙图形的最后一部分。在创建三角形之前，需要交换形状的填充颜色和描边颜色，以便填充颜色成为创建的新形状的描边颜色。

❶ 要交换形状的填充颜色和描边颜色，使填充颜色变成描边颜色，请单击工具栏底部的"互换填充和描边"按钮，如图 4-34 所示。

形状上有描边颜色，而不仅仅是填充颜色，将更容易看到灰色的引导路径。

❷ 将鼠标指针移动到工具栏中的"矩形工具"▭上并按住鼠标左键，选择"多边形工具"⬡。

❸ 在眼睛形状的右侧、画板的中间，您会看到一些黄色路径。从黄色圆形的中心开始，按住鼠标左键拖动以创建多边形，如图 4-35（a）所示。拖动时，按几次向下箭头键，直到形状只具有 3 条边（三角形）。拖动鼠标直到形状与灰色参考三角形一样宽，按住 Shift 键将其摆正，如图 4-35（b）所示。完成后松开鼠标左键和 Shift 键。

图 4-34

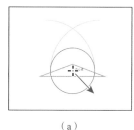

（a）

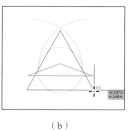

（b）

图 4-35

❹ 向下拖动新建三角形的顶点以贴合到灰色参考三角形的顶点，向上拖动新建三角形的底边以贴合到灰色参考三角形的底边，如图 4-36 所示。

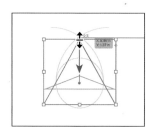
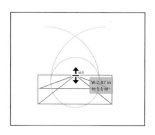

图 4-36

4.5.2 使用"形状生成器工具"

本小节将介绍使用"形状生成器工具"⬤合并形状的方法。"形状生成器工具"允许您直接在图形中合并、删除、填充和编辑重叠的形状和路径。本小节将使用"形状生成器工具"⬤根据已创建的一系列简单形状为另一个恐龙图形创建一个复杂的形状。

❶ 选择"选择工具"▶，按住鼠标左键框选已有的黄色路径和您制作的路径。灰色的参考三角形路径已被锁定，因此不会被选中。

❷ 在"属性"面板中将描边粗细更改为 5 pt，将描边颜色更改为名为 Orange 的颜色，以使其更易于查看，效果如图 4-37 所示。

要使用"形状生成器工具" ⚙编辑形状，需要先选择这些形状。您现在可以使用"形状生成器工具" ⚙合并、删除这些形状以及为这些简单的形状上色。

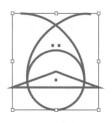

图 4-37

❸ 在工具栏中选择"形状生成器工具" ⚙，将鼠标指针移动到所选形状的左上方，在图 4-38（a）所示位置按住鼠标左键向右下方拖动到形状的中间，松开鼠标左键以合并形状，如图 4-38（b）和图 4-38（c）所示。

选择"形状生成器工具" ⚙时，重叠的形状将临时被分离为单独的对象。当鼠标指针从一个部分划到另一个部分时，图形中会出现红色轮廓来显示形状合并在一起时的最终形状。

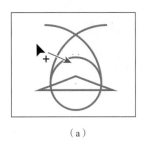
（a）
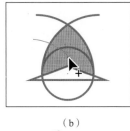
（b）
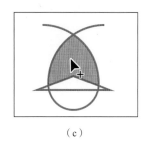
（c）

图 4-38

接下来将删除一些形状。您可能需要放大视图。

❹ 在形状仍处于选中状态的情况下，按住 Option 键（macOS）或 Alt 键（Windows）。请注意，按住修饰键时，鼠标指针会变为▶_形状。单击最左侧形状的中间（而不是描边）以将其删除，如图 4-39 所示。如有必要，请放大视图。

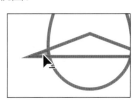
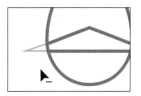

图 4-39

💡注意　当将鼠标指针放在形状上时，请确保在删除之前，可以在这些形状中看到网格。

❺ 将鼠标指针移动到形状下方，按住 Option 键（macOS）或 Alt 键（Windows），按住鼠标左键并拖动，使鼠标指针划过底部形状的其余部分，删除这部分形状，如图 4-40 所示。松开鼠标左键和 Option 键（macOS）或 Alt 键（Windows）。

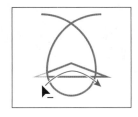
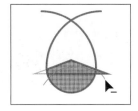
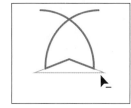

图 4-40

❻ 按住 Option 键（macOS）或 Alt 键（Windows），按住鼠标左键并拖动，使鼠标指针划过顶部的两条曲线路径以将其删除，如图 4-41 所示。

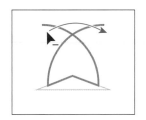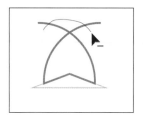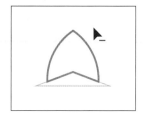

图 4-41

⑦ 选择"选择工具"▶。单击工具栏底部的"互换填充和描边"按钮，交换形状的填充颜色和描边颜色，使填充颜色变成描边颜色，如图 4-42 所示。

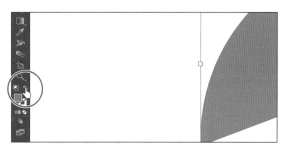

图 4-42

4.5.3　组合第二个恐龙图形

要完成第二个恐龙图形，您需要拖动并排布您之前处理过的图形。

❶ 选择"视图">"窗口适合画板大小"。

❷ 选择"选择工具"▶，将黄色眼睛形状拖动到恐龙眼眶上，将橙色形状拖动到鼻孔的上层，如图 4-43 所示。暂时不用考虑精确位置。保持橙色形状的选中状态。

❸ 选择"视图">"放大"，重复操作几次，放大恐龙视图。

❹ 橙色形状要排列在鼻子上其他图形的下层，单击"属性"面板中的"排列"按钮，根据需要多次选择"后移一层"命令，如图 4-44 所示。

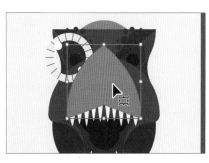

图 4-43

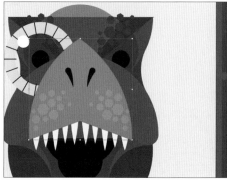

图 4-44

❺ 选择黄色眼睛形状，按住 Shift 键并拖动其一个角，调整形状大小，完成后松开鼠标左键，然后松开 Shift 键，如图 4-45 所示。

图 4-45

⑥ 按住 Option 键（macOS）或 Alt 键（Windows），选择黄色形状，然后按住鼠标左键向另一侧拖动进行复制，如图 4-46 所示。完成后松开鼠标左键，松开 Shift 键。

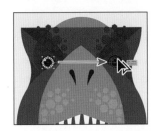

图 4-46

⑦ 选择"选择">"取消选择"，然后选择"文件">"存储"，保存文件。

4.5.4 使用路径查找器合并对象

使用"属性"面板或"路径查找器"面板（选择"窗口">"路径查找器"）中的路径查找器是另一种合并形状的方法。当应用路径查找器效果（如"联集"）时，所选原始对象将会发生永久性的改变。

① 在文档窗口左下角的"画板导航"下拉列表中选择 3 Dino 3 选项。

② 选择"选择工具"▶，框选 3 个带有黑色描边的椭圆，如图 4-47 所示。

下面需要为右侧的恐龙图形创建一个合并形状。您将利用"属性"面板和这些形状来创建最终形状。

③ 在"属性"面板中单击"联集"按钮▣，永久合并这些椭圆，如图 4-48 所示。

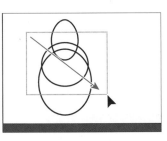

图 4-47

图 4-48

> 💡注意　单击"属性"面板中的"联集"按钮▣，可以将所选形状组合在一起，产生与使用"形状生成器工具"◈类似的效果。

④ 选择"编辑">"还原相加"，以撤销"联集"命令并恢复所有椭圆，让它们保持选中状态。

4.5.5 了解形状模式

4.5.4 小节中使用路径查找器效果对形状进行了永久性更改。选择形状后，通过按住 Option 键（macOS）或 Alt 键（Windows），单击"属性"面板中显示的任何默认的路径查找器工具，都会创建复合形状而不是路径。复合形状中的原始形状都会被保留下来，因此，您仍然可以选择复合形状中的任意原始形状。如果您认为稍后可能还需要使用原始形状，那么使用创建复合形状的模式将非常有用。

① 在选中形状的情况下，按住 Option 键（macOS）或 Alt 键（Windows），单击"属性"面板中的"联集"按钮**⬚**，如图 4-49（a）所示。

这将创建一个复合形状，图 4-49（b）所示为合并后的形状轮廓，您仍然可以对原始形状进行单独编辑。

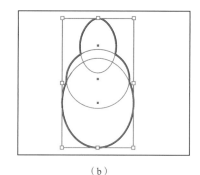

（a）	图 4-49	（b）

② 选择"选择"＞"取消选择"，查看最终形状。

③ 选择"选择工具"**▶**，双击新合并的形状的黑色描边，进入隔离模式。您需要双击形状的描边而不是形状中的任何地方，因为它们没有填充内容。

④ 单击顶部椭圆的边缘，或按住鼠标左键框选该路径，如图 4-50（a）所示。

⑤ 按住 Shift 键，在中心控制点或路径描边上按住鼠标左键向下拖动所选椭圆，如图 4-50（b）所示。拖动到合适位置之后，松开鼠标左键，松开 Shift 键，效果如图 4-50（c）所示。

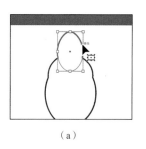
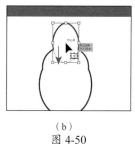
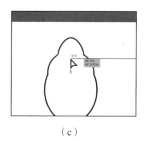

（a）	（b）	（c）

图 4-50

⑥ 按 Esc 键，退出隔离模式。

接下来将扩展图形外观。扩展外观将保持复合对象的形状，但您不能再次选择或编辑原始对象。当想要修改复合对象内部特定元素的外观属性和其他属性时，通常需要对其进行扩展外观。

⑦ 在形状外单击以取消选择，然后单击复合形状以再次选择它，这样就选择了整个复合形状，而不仅仅是其中一个原始形状。

⑧ 选择"对象">"扩展外观"。

⑨ 单击"属性"面板中的"填色"框，选择湖绿色色板。

⑩ 将描边粗细更改为 0 pt，最终效果如图 4-51 所示。

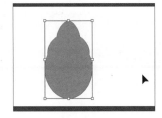

图 4-51

4.5.6 调整路径形状

第 3 课介绍了如何创建形状和路径（线条）。您可以使用"整形工具" ✔拉伸路径的某部分而不扭曲其整体形状。本小节将改变一条线段的形状，让它更弯曲一点，这样就可以完成其中第三个恐龙图形的鼻子的绘制。

❶ 确保智能参考线已开启（选择"视图">"智能参考线"）。

❷ 选择"选择工具" ▶，单击画板中间的绿色路径。

❸ 为了方便查看，按 Command + + 组合键（macOS）或 Ctrl + + 组合键（Windows），重复操作几次，放大视图。

> 💡 **注意** 您可能需要按 Esc 键来隐藏多余的工具菜单。

❹ 单击工具栏底部的"编辑工具栏"按钮 ●●●。在弹出的"所有工具"面板中，向下拖动滚动条找到"整形工具" ✔，然后按住鼠标左键将"整形工具" ✔拖到左侧工具栏中的"旋转工具" ↻上，将其添加到工具栏中，如图 4-52 所示。

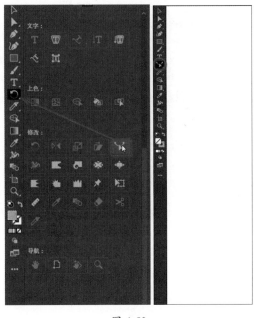

图 4-52

您可以在封闭路径（如正方形或圆形）上使用"整形工具" 🗡️，但如果选择了整个路径，"整形工具" 🗡️将添加锚点并重塑路径。

⑤ 选择"整形工具" 🗡️，将鼠标指针移动到绿色路径上。当鼠标指针变为 🗡️形状时，按住鼠标左键将路径向左拖动以添加锚点，并调整路径形状，如图 4-53 所示。

使用"整形工具" 🗡️拖动路径时，仅调整选中的锚点。

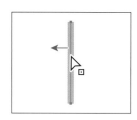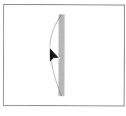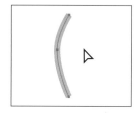

图 4-53

"整形工具" 🗡️可用于拖动现有的锚点或路径段，如果拖动现有路径段，会创建一个新锚点。

⑥ 将鼠标指针移动到绿色路径的顶部锚点上，按住鼠标左键将其向左拖动一点，如图 4-54 所示。保持路径的选中状态。

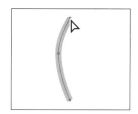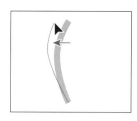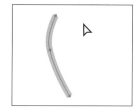

图 4-54

4.6 使用"宽度工具"

您不仅可以像在第 3 课中那样调整描边的粗细，还可以通过使用"宽度工具" 🖊️或将宽度配置文件应用于描边来更改常规描边的宽度。这使您可以为路径创建可变宽度的描边。本节将使用"宽度工具" 🖊️来调整 4.5.6 小节中调整后的路径。

您可以将一个宽度点拖动到另一个宽度点上方，以创建不连续的宽度点。双击不连续宽度点，则可在弹出的"宽度点数编辑"对话框中编辑这两个宽度点。

① 在工具栏中选择"宽度工具" 🖊️，将鼠标指针放在 4.5.6 小节用"整形工具" 🖊️调整后的路径的中心。请注意，当鼠标指针位于路径上时，鼠标指针会变为 🖊️形状。按住鼠标左键并拖动，即可更改描边的宽度。向右拖动蓝线。请注意，拖动时描边会以相等的距离向左右两边伸展。当灰色测量标签显示边线 1 和边线 2 的宽度大约为 0.4 in 时，松开鼠标左键，如图 4-55 所示。

现在在路径上创建了一个宽度可变的描边，而不是一个带有填色的形状。原始路径上的新点称为宽度点，从宽度点延伸的线是宽度控制手柄。

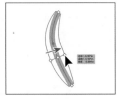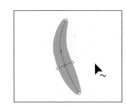

图 4-55

💡 提示　单击选中宽度点，可以按 Delete 键将其删除。如果描边上只有一个宽度点，删除该点将完全删除描边宽度。

❷ 在画板的空白区域单击，以取消选择锚点。

❸ 将鼠标指针放在路径上的任意位置，第 1 步创建的新宽度点（如图 4-56 红色箭头所示）将再次显示出来。

❹ 将鼠标指针放在第 1 步创建的宽度点上，当看到从该宽度点延伸出线条并且鼠标指针变为 ▶~ 形状时，按住鼠标左键沿着路径向上、向下拖动该宽度点以查看其对路径的影响，如图 4-57 所示。

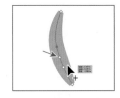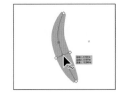

图 4-56　　　　　　　　　　　　　　　　图 4-57

除了通过拖动的方式为路径添加宽度点之外，还可以双击锚点，在弹出的"宽度点数编辑"对话框中输入相关参数值来创建宽度点。

❺ 将鼠标指针移动到路径的顶部锚点上，鼠标指针会变为 ▶~ 形状，鼠标指针旁边会出现"锚点"提示，如图 4-58（a）所示。双击该点以创建一个新的宽度点，并打开"宽度点数编辑"对话框。

💡 提示　您可以选择一个宽度点，按住 Option 键（macOS）或 Alt 键（Windows），拖动宽度点的一个宽度控制手柄来更改单侧描边宽度。

❻ 在"宽度点数编辑"对话框中，将"总宽度"更改为 0 in，单击"确定"按钮，如图 4-58（b）所示。"宽度点数编辑"对话框允许您一起或单独调整宽度控制手柄的长度，且调整更精确。此外，如果您勾选"调整邻近的宽度点数"复选框，您对选定宽度点所做的任何更改都会影响到与所选宽度点相邻的宽度点。

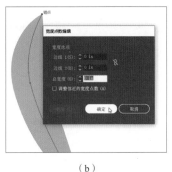

（a）　　　　　　　　　　　　　（b）

图 4-58

⑦ 将鼠标指针移动到路径的底部锚点上，双击，在弹出的"宽度点数编辑"对话框中，将"总宽度"更改为 0 in，然后单击"确定"按钮，如图 4-59 所示。

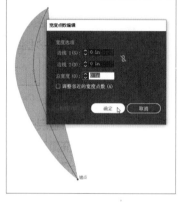
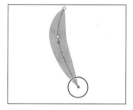

图 4-59

⑧ 将鼠标指针移动到原始宽度点上。当宽度控制手柄出现时，将其中一个宽度控制手柄从路径中心向外拖动，使其宽一些，如图 4-60 所示。保持路径的选中状态，以备后续操作使用。

⑨ 将"属性"面板中的描边"颜色"更改为黑色。

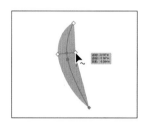
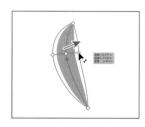
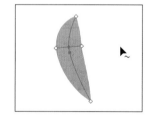

图 4-60

组合最后一个恐龙图形

要完成最终的恐龙图形，需要拖动并排布在此之前处理过的图形。

❶ 选择"视图">"窗口适合画板大小"。

❷ 选择"选择工具" ▶，将湖绿色恐龙头部图形和调整好的黑色路径拖动到右侧的恐龙图形上。保持调整好的黑色路径的选中状态，如图 4-61 所示。

❸ 选择"视图">"放大"，重复操作几次，以放大恐龙视图。

❹ 按住 Shift 键，按住鼠标左键拖动黑色路径的一角使之变小，如图 4-62 所示。请注意，即使线条变小了，其描边粗细仍然不变。将"属性"面板中的描边粗细更改为 19 pt。

图 4-61

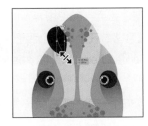

图 4-62

⑤ 将黑色路径拖到图 4-63（a）所示位置。

⑥ 按住 Option 键（macOS）或 Alt 键（Windows），按住鼠标左键将黑色路径拖动到另一侧，创建黑色路径的副本，如图 4-63（a）和图 4-63（b）所示。松开鼠标左键，松开 Option 键（macOS）或 Alt 键（Windows）。

⑦ 在"属性"面板中，单击"水平翻转"按钮以翻转副本，如图 4-63（c）所示。

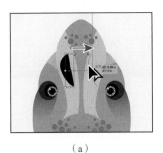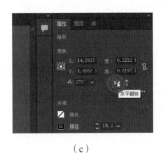

（a）　　　　　　　　　　　（b）　　　　　　　　　　　（c）

图 4-63

⑧ 选择"视图">"全部适合窗口大小"，效果如图 4-64 所示。

图 4-64

⑨ 选择"文件">"存储"，然后选择"文件">"关闭"。

复习题

1. 描述两种可以将多个形状合并为一个形状的方法。
2. "剪刀工具" ✂和 "美工刀" ✏有什么区别?
3. 如何使用 "橡皮擦工具" ◆进行直线擦除?
4. 在 "属性" 面板或 "路径查找器" 面板中,形状模式和路径查找器之间的主要区别是什么?
5. 为什么要轮廓化描边?

参考答案

1. 您可以使用 "形状生成器工具" Ⓠ直观地在图形中合并、删除、填充和编辑相互重叠的形状和路径。您还可以使用路径查找器(可在 "属性" 面板、"效果" 菜单或 "路径查找器" 面板中找到)效果基于重叠的形状创建新形状。

2. "剪刀工具" ✂用于在锚点或沿线段剪切路径、图形框架或空文本框架。"美工刀" ✏用于沿着该工具划过的路径切割对象,并将对象分离开来。使用 "剪刀工具" ✂剪切形状时,生成的形状是开放路径;而使用 "美工刀" ✏切割形状时,生成的形状是闭合路径。

3. 要用 "橡皮擦工具" ◆进行直线擦除,需要按住 Shift 键,然后使用 "橡皮擦工具" ◆进行擦除。

4. 在 "属性" 面板中,应用形状模式(如 "联集")时,所选原始对象将被永久转变;但如果您按住 Option 键(macOS)或 Alt 键(Windows)应用形状模式,将保留原始对象。应用 "路径查找器"(如 "联集")时,所选原始对象也将永久转变。

5. 默认情况下,路径与线条一样,可以显示描边颜色,但不能显示填充颜色。如果您在 Adobe Illustrator 中创建了一条线,并且希望同时对其应用描边颜色和填充颜色,就可以轮廓化描边,这将把线条转换为封闭的形状(或复合路径)。

第 5 课

变换图稿

本课概览

在本课中，您将学习以下内容。

- 在现有文件中添加、编辑、重命名和重新排序画板。
- 在画板之间导航。
- 使用标尺和参考线。

- 精确调整对象的位置。
- 使用多种方法移动、缩放、旋转和倾斜对象。
- 了解镜像重复。
- 使用操控变形工具。

学习本课大约需要 60 分钟

　　创建图稿时，您可以通过多种方式快速、精确地控制对象的大小、形状和方向。在本课中，您将创建多幅图稿，同时了解创建和编辑画板的方法、各种变换命令和专用工具的使用方法。

113

5.1 开始本课

本课将变换图稿并使用它来完成广告图稿的制作。在开始本课之前，您需要还原 Adobe Illustrator 的默认首选项，然后打开一个包含已完成图稿的文件，查看您将创建的内容。

❶ 为了确保工具的功能和默认值完全如本课所述，请删除或停用（通过重命名实现）Adobe Illustrator 首选项文件，具体操作请参阅本书"前言"中的"还原默认首选项"部分。

❷ 启动 Adobe Illustrator。

❸ 选择"文件">"打开"，打开 Lessons>Lesson05 文件夹中的 L5_end.ai 文件，如图 5-1 所示。

图 5-1

此文件包含几个不同版本的广告画板，文件中提供的数据纯属虚构。

❹ 如果弹出"缺少字体"对话框，要确保勾选了每种缺少的字体的复选框，然后单击"激活字体"按钮，如图 5-2 所示。一段时间后，字体就会被激活，您会在"缺少字体"对话框中看到一条激活成功的提示消息，单击"关闭"按钮。

❺ 如果出现讨论字体自动激活的对话框，您可以单击"跳过"按钮。

❻ 选择"视图">"全部适合窗口大小"，并在工作时使文件保持打开状态以供参考。

❼ 选择"文件">"打开"。在"打开"对话框中，选择 Lessons>Lesson05 文件夹中的 L5_start.ai 文件，单击"打开"按钮，效果如图 5-3 所示。

图 5-2

图 5-3

❽ 选择"文件">"存储为"。如果弹出云文档对话框，请单击"保存在您的计算机上"按钮。

❾ 在"存储为"对话框中，将文件命名为 Vacation_ads，然后定位到 Lesson05 文件夹，从"格

式"下拉列表中选择 Adobe Illustrator（ai）选项（macOS）或从"保存类型"下拉列表中选择 Adobe Illustrator（*.AI）选项（Windows），单击"保存"按钮。

🔟 在"Illustrator 选项"对话框中，保持默认设置，单击"确定"按钮。

⓫ 选择"窗口">"工作区">"重置基本功能"。

> 💡 **注意** 如果在"工作区"菜单中没有看到"重置基本功能"命令，请在选择"窗口">"工作区">"重置基本功能"之前，先选择"窗口">"工作区">"基本功能"。

█ 5.2 使用画板

画板为包含可打印或可导出图稿的区域，类似于 Adobe Indesign 中的页或 Adobe Photoshop 和 Adobe Experience Design 中的画板。您可以使用画板创建各种类型的项目，例如多页 PDF 文件，大小或元素不同的打印页面，网站、应用程序或视频故事板的独立元素等。

5.2.1 绘制自定义大小的画板

在处理文件时，您可以随时添加和删除画板，并且可以根据需要创建不同尺寸的画板。您可以在画板编辑模式中调整画板大小、定位，对画板进行重新排序和重命名。本小节将在文件中添加一些画板，目前该文件只包含一个画板。

① 选择"视图">"画板适合窗口大小"。

② 如果在 5.1 节中选择了替换字体，则文本对象处于选中状态。此时，选择"选择">"取消选择"。

③ 按 Option + − 组合键（macOS）或 Ctrl + − 组合键（Windows）两次，以缩小视图。

④ 按住空格键切换到"抓手工具"✋。按住鼠标左键将画板向左拖动，查看画板右侧的常青树图形。

⑤ 选择"选择工具"▶。

要在"属性"面板中查看"编辑画板"按钮等，您不能在文件中选择任何内容，并且需要选择"选择工具"▶。

⑥ 单击"属性"面板中的"编辑画板"按钮，如图 5-4 所示，进入画板编辑模式。进入画板编辑模式后，工具栏中的"画板工具"🗔会被选中。

您会在文件中唯一的画板周围看到一条虚线，在画板的左上角看到一个标签 Artboard 1（如果该标签在视图中）。请注意，图稿如本例中的棕榈树图形，可以延伸到画板的边缘之外。

⑦ 将鼠标指针移动到含有 Unforgettable Beaches 文本的画板右侧，按住鼠标左键向右下方拖动，在常青树图形周围绘制画板，如图 5-5 所示。不用考虑新画板的具体尺寸，马上就会调整其尺寸。

常青树图形现在在新画板上。

图 5-4

在画板编辑模式下，"属性"面板中有许多用于编辑所选画板的选项。例如，当某画板被选中时，"预设"下拉列表中有许多预设的画板尺寸，如信纸等，如图 5-6 所示。此外，其中还包括经典的打印尺寸、视频、平板电脑和网页尺寸等预设。

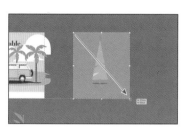

图 5-5

图 5-6

⑧ 在"属性"面板中，在"宽"文本框中输入 336，在"高"文本框中输入 280，按 Enter 键确认输入值，如图 5-7 所示。

请注意，显示的单位是 px（像素）。

⑨ 在"属性"面板的"画板"选项组中将名称更改为 City vacation ad，按 Enter 键确认更改，如图 5-8 所示。

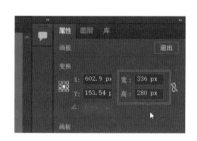

图 5-7

图 5-8

⑩ 按住鼠标左键将画板向右拖动，以在画板之间腾出更多空间。

默认情况下，未锁定的画板上的内容会随画板移动。查看"属性"面板，您会看到"随画板移动图稿"复选框已被勾选。如果在移动画板之前取消勾选该复选框，图稿就不会随画板移动。

5.2.2 创建新画板

本小节将创建另一个与 City vacation ad 画板大小相同的画板。

❶ 单击"属性"面板中的"新建画板"按钮▣，创建一个与 City vacation ad 画板大小相同且位于其右侧的新画板，如图 5-9 所示。

图 5-9

② 在"属性"面板中将新画板的名称更改为 Mountain vacation ad，按 Enter 键确认更改，如图 5-10 所示。

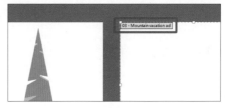

图 5-10

在画板编辑模式下编辑画板时，可以在画板的左上角看到每个画板的名称。

③ 选择"视图">"全部适合窗口大小"，查看所有画板。

④ 单击"属性"面板顶部的"退出"按钮退出画板编辑模式，如图 5-11 所示。

图 5-11

💡 提示　您还可以在工具栏中选择"画板工具"⌐以外的其他工具或按 Esc 键退出画板编辑模式。

退出画板编辑模式会取消所有画板的选择，并切换到您进入该模式之前处于活动状态的工具。在本例中，将切换到"选择工具"▶。

5.2.3　编辑画板

创建画板后，您可以使用"画板工具"⌐、菜单命令、"属性"面板或"画板"面板对其进行编辑。本小节将调整一个画板的位置和大小。

① 按 Option + −（macOS）或 Ctrl + −（Windows）组合键两次，以缩小画板。

② 选择"画板工具"⌐，进入画板编辑模式。

这是进入画板编辑模式的另一种方式，在选择图稿时很有用，因为在选择图稿时您看不到"属性"面板中的"编辑画板"按钮。

💡 提示　这里要求将画板拖得更高一点，稍后对齐画板时，才能看到它们的移动。

❸ 按住鼠标左键将名为 Mountain vacation ad 的画板拖动到最左侧并使其比其他画板稍微高一点，如图 5-12 所示。不用考虑它的精确位置，但要确保它没有覆盖任何图稿内容。

❹ 单击带有 Unforgettable Beaches 文本的画板以选中它。选择"视图">"画板适合窗口大小"，使该画板适合文档窗口大小。

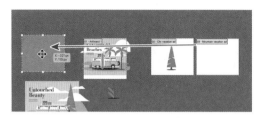

图 5-12

"视图">"画板适合窗口大小"等命令通常适用于所选画板或当前画板。

❺ 按住鼠标左键向上拖动所选画板下边缘的中间控制点，调整画板大小。当该点贴合到黄橙色形状的底部时，松开鼠标左键，如图 5-13 所示。

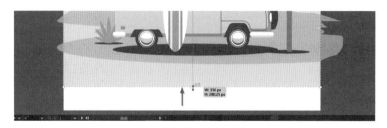

图 5-13

💡 提示　使用"画板工具"┗选择画板后，您还可以单击"属性"面板中的"删除画板"按钮▣删除所选画板。

您可以根据需要调整画板大小以适应内容或以其他方式调整画板大小。本小节将删除名为 City vacation ad 的画板，因为您将从另一个文件中复制画板来替换它。

❻ 选择"视图">"全部适合窗口大小"，查看所有画板。

❼ 单击 City vacation ad 画板，然后按 Delete 键或 Backspace 键将其删除，如图 5-14 所示。

图 5-14

删除画板时，不会删除画板上的图稿。在文件中，可以不断删除画板，直到只留下一个画板。

❽ 选择"选择工具"▶，退出画板编辑模式，将常青树图形拖到含有 Unforgettable Beaches 文本的画板下方，如图 5-15 所示。

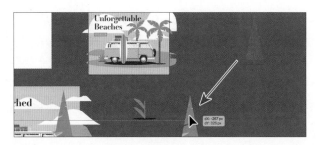

图 5-15

5.2.4 在文件之间复制画板

您可以从一个文件中复制或剪切画板并将它们粘贴到其他文件中，画板上的图稿会随着画板一起移动，这使得跨文件重用内容变得方便起来。本小节将从另一个广告设计项目中复制画板到正在处理的项目中。

❶ 选择"文件">"打开"。打开 Lessons>Lesson05 文件夹中的 Bus.ai 文件。

❷ 选择"视图">"画板适合窗口大小"，查看整个画板，如图 5-16 所示。

注意，面包车是蓝色的，这是使用了名为 Van 的色板，这很重要。

❸ 选择"画板工具"🗗，文件中唯一的画板将被选中。如果没有选中，请单击画板将其选中。

如果它已经被选中，请小心单击画板！您可能会在上面复制一份画板。

❹ 选择"编辑">"复制"，复制画板和画板上的图稿。

不在画板上的图稿（例如画板右侧的棕榈树）不会被复制，由于画板适应窗口的方式不同，您可能看不到它。

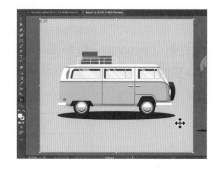

图 5-16

> 💡 **注意** 如果在复制画板之前在"属性"面板中取消勾选"随画板移动图稿"复选框，则不会复制画板上的图稿。

❺ 选择"文件">"关闭"，关闭文件而不保存文件。

❻ 返回 Vacation_ads.ai 文件，选择"编辑">"粘贴"，以粘贴复制的画板和图稿。

❼ 在弹出的"色板冲突"对话框中，确保选择"合并色板"选项并勾选"应用于全部"复选框，以便其他色板也执行相同操作。单击"确定"按钮，如图 5-17 所示。

图 5-17

粘贴导入的色板将应用于画板上的所有内容。如果导入的色板与文件中已有色板具有相同的名称但不同的颜色值，则会发生色板冲突。

在"色板冲突"对话框中，如果选择"添加色板"选项，来自 Bus.ai 文件但与 Vacation_ads.ai 文件色板有冲突的色板是在色板名称后附加一个数字来导入的。如果选择"合并色板"选项，则将使用已有色板的颜色值合并具有相同名称的色板。例如，Bus.ai 文件中的蓝色色板 Van 现在成了绿色的，因为 Vacation_ads.ai 文件中名为 Van 的色板是绿色的。

5.2.5　对齐和排列画板

若要使画板在文件中保持整齐，您可以移动和对齐画板以适合您的工作方式。例如通过排列画板使相似的画板彼此相邻。本小节将选择所有画板并对齐它们。

> 💡 **提示**　选择"画板工具" 🛏，按住 Shift 键和鼠标左键可以框选一系列画板，按住 Shift 键单击也可以选择需要的画板。

❶ 在"画板工具" 🛏 处于选中状态的情况下，按住 Shift 键单击其他两个画板，一起选择它们，如图 5-18 所示。

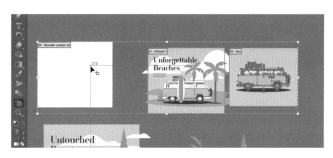

图 5-18

选择"画板工具" 🛏 时，按住 Shift 键可以将其他画板添加到所选内容中，而不是绘制一个新画板。

❷ 单击"属性"面板中的"垂直顶对齐"按钮 🔳，使 3 个画板对齐，如图 5-19 所示。

图 5-19

您可能会看到，含有 Unforgettable Beaches 文本的画板上的浅橙色背景形状不会随画板一起移动，如图 5-19 红色箭头所示。这是因为该矩形已被锁定，锁定的对象在画板移动时不会随之移动。

❸ 选择"编辑">"还原对齐"，将画板恢复到原来的位置。

❹ 选择"对象">"全部解锁"，解锁背景对象和其他内容。

❺ 单击"垂直顶对齐"按钮 🔳，将画板彼此对齐。

在画板编辑模式下，您还可以使用"全部重新排列"命令随意排列画板。使用此命令，您可以按列或行排列画板并精确设定画板间距。

⑥ 单击"属性"面板中的"全部重新排列"按钮，如图 5-20 所示，打开"重新排列所有画板"对话框。

在"重新排列所有画板"对话框中，您可以选择将画板按行或列排列，并将画板间距设置为定值。

⑦ 单击"按行排列"按钮 ，使 3 个画板保持水平相邻。将"间距"设置为 40 px，单击"确定"按钮，如图 5-21 所示。

图 5-20

图 5-21

原本位于中间的画板现在是第一排画板中的第一个，其他画板位于其右侧，如图 5-22 所示。这是因为"按行排列"是根据画板编号对画板进行排序的。稍后将介绍如何更改该编号。

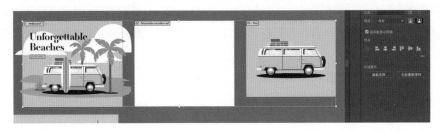

图 5-22

5.2.6　设置画板选项

默认情况下，系统会为每个画板分配一个编号和一个名称。当您浏览文件中的画板时，对画板进行重命名会很有用。本小节将重命名 1 号画板，为其添加更有意义的名称，并且您将看到可以为每个画板设置的其他选项。

① 在画板编辑模式下，选择名为 Artboard 1 的画板。这是含有 Unforgettable Beaches 文本的画板。

② 单击"属性"面板中的"画板选项"按钮，如图 5-23 所示。

③ 在"画板选项"对话框中，将名称更改为 Beach vacation ad，单击"确定"按钮，如图 5-24 所示。

"画板选项"对话框包含许多用于设置画板的选项，其中有一些是您已经见过的选项，如"宽度"和"高度"。

④ 选择"文件">"存储"，保存文件。

图 5-23 图 5-24

5.2.7 调整画板的排列顺序

在选择"选择工具"▶但未选择任何内容，且未处于画板编辑模式时，您可以单击"属性"面板中的"下一项"按钮▶和"上一项"按钮◀在文件中的画板之间切换，也可以在文档窗口的左下角进行类似的操作。

在默认情况下，画板根据创建的顺序显示，但您也可以更改其显示顺序。本小节将在"画板"面板中对画板重新排序，以按照设置的画板顺序切换它们。

① 选择"窗口">"画板"，打开"画板"面板。

"画板"面板允许您查看文件中所有画板的列表，还允许您重新排序、重命名、添加和删除画板，以及选择与画板相关的许多选项，而无须处于画板编辑模式。

② 在"画板"面板打开的情况下，双击"画板"面板中名称 Bus 左侧的数字 3，如图 5-25 所示。

双击"画板"面板中未被选中的画板名称左侧的编号，可使对应画板成为当前画板，并使其适合文档窗口的大小。

③ 按住鼠标左键向上拖动名为 Bus 的画板，直到名为 Mountain vacation ad 画板上方出现一条直线，松开鼠标左键，如图 5-26 红色箭头所示。

图 5-25 图 5-26

这将使 Bus 画板成为列表中的第二个画板。当您在"属性"面板中选择画板（在本例中为 1、2 或 3）时，画板的编号将按照您在"画板"面板中看到的顺序进行排列。

💡 提示　您还可以通过在"画板"面板中选择画板，并单击面板底部的"上移"按钮◩或"下移"按钮◪ 来调整画板的顺序。

💡 提示　在"画板"面板中，每个画板名称右侧会显示"画板选项"按钮◫。它不仅允许您访问每个画板的画板选项，还表示此画板的方向（垂直或水平）。

❹ 选择"视图">"全部适合窗口大小"，如图 5-27 所示。

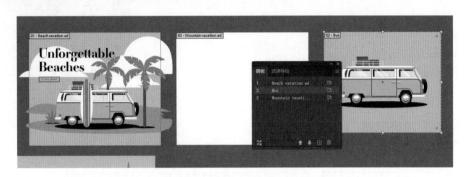

图 5-27

请注意，更改"画板"面板中画板的顺序并不会移动画板。

❺ 将 Bus 画板拖回"Mountain vacation ad"画板的下方，松开鼠标左键，如图 5-28 所示。

在选择要显示的画板时，画板的编号对应其在文档窗口中创建的先后顺序是最方便的。

❻ 单击"属性"面板顶部的"退出"按钮退出画板编辑模式。

❼ 单击"画板"面板组顶部的关闭按钮⊠将其关闭。

❽ 选择"视图">"全部适合窗口大小"。

❾ 选择"文件">"存储"，保存文件。

图 5-28

5.3　使用标尺和参考线

设置好画板后，接下来您将了解如何使用标尺和参考线来对齐和测量内容。标尺有助于精准地放置对象和测量对象之间的距离。标尺显示在文档窗口的上边缘和左边缘，且可以选择显示或隐藏。Adobe Illustrator 中有两种类型的标尺：画板标尺和全局标尺。

💡 注意　您可以通过选择"视图">"标尺"，然后选择"更改为全局标尺"或"更改为画板标尺"命令（具体取决于当前选择的标尺类型）在全局标尺和画板标尺之间切换，当然现在不需要这样做。

每个标尺（水平和垂直方向）上 0（零）刻度的点被称为"标尺原点"。画板标尺将标尺原点设置在当前画板的左上角。不论哪个画板是当前画板，全局标尺都将标尺原点设置在第一个画板（即"画板"面板中位于顶层的画板）的左上角。在默认情况下，标尺设置为画板标尺，这意味着标尺原点位于当前画板的左上角。

创建参考线

参考线是用标尺创建的非打印线，有助于您对齐对象。本小节将创建一些参考线，以便更精确地对齐画板上的内容。

> 💡 提示 您也可以选择"视图">"标尺">"显示标尺"，显示页面标尺。

❶ 在选择"选择工具"▶但未选择任何内容的情况下，单击"属性"面板中的"单击可显示标尺"按钮▦，如图 5-29 所示，显示页面标尺。

❷ 单击每个画板，同时观察水平和垂直标尺（沿文档窗口的上边缘和左边缘）的变化。

请注意，对于每个标尺，0 刻度点总是位于当前画板（单击的最后一个画板）的左上角。如您所见，两个标尺上的 0 刻度点都对应于当前画板的左上角，如图 5-30 所示。

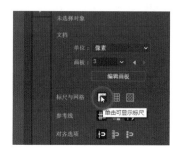

图 5-29

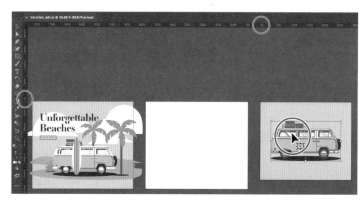

图 5-30

❸ 选择"选择工具"▶，单击最左侧画板中包含文本 Unforgettable Beaches 的文本框，如图 5-31 所示。

注意画板周围的黑色轮廓，以及"画板导航"下拉列表框（位于文档窗口下方）中显示的 1，这表示 Beach vacation ad 画板是当前正在使用的画板。一次选择只能有一个当前画板。"视图">"画板适合窗口大小"命令可以用于当前画板。

❹ 选择"视图">"画板适合窗口大小"。

这个操作将使当前画板适合文档窗口大小，并使标尺原点 (0,0) 位于该画板的左上角。

接下来将在当前画板上创建参考线。

❺ 选择"选择">"取消选择"，以便在"属性"面板中看到文件属性。

❻ 在"属性"面板中的"单位"下拉列表中选择"英寸"选项，如图 5-32 所示，更改整个文件的单位。

现在标尺以英寸显示而不是像素。对于本例，您被告知文本至少需要距广告图稿边缘 0.25 英寸。

图 5-31   图 5-32

❼ 按住鼠标左键从左侧的标尺向画板上拖动以制作垂直参考线。继续拖动，直到在文档窗口上方的标尺上到达约 1/2 英寸的位置，松开鼠标左键，如图 5-33 所示。

不用考虑参考线是否精确位于 1/2 英寸处。创建了参考线后，此参考线呈选中状态。当移开鼠标指针时，参考线的颜色将和它所在的图层的颜色一致（本例中为深蓝色）。

❽ 在参考线仍处于选中状态的情况下，将"属性"面板中的 X 值更改为 0.25 in，按 Enter 键重新定位参考线，如图 5-34 所示。

图 5-33   图 5-34

❾ 选择"选择">"取消选择"，取消选择参考线。

❿ 选择"文件">"存储"，保存文件。

5.4 变换内容

第 4 课介绍了如何选择简单的路径和形状，并通过编辑和合并这些内容来创建更复杂的图形，这其实是一种变换内容的方式。本节将介绍如何使用多种工具和方法缩放、旋转和变换内容。

5.4.1　使用定界框

如本课和前几课所述，所选内容周围会出现一个定界框，您可以使用定界框调整内容大小和旋转内容，也可以将定界框关闭。关闭定界框后，您就无法通过使用"选择工具" ▶ 拖动定界框来调整内容大小或旋转内容。

① 选择"选择工具" ▶，单击 Unforgettable Beaches 文本以选择其所在的组。

② 将鼠标指针移动到所选组的左下角，如图 5-35 所示。如果现在按住鼠标左键进行拖动，将调整所选内容的大小。

③ 选择"视图">"隐藏定界框"。

该操作将隐藏所选组和所有其他对象的定界框。这会使您无法通过使用"选择工具" ▶ 拖动定界框来调整所选组的大小。

④ 将鼠标指针移动到 LEARN MORE 按钮图形的左下角，按住鼠标左键将组向左拖动到创建的垂直参考线上，当鼠标指针变为 ▷ 形状时，表示组与参考线对齐，此时可以松开鼠标左键，如图 5-36 所示。

图 5-35

图 5-36

如果组未与参考线对齐，或者它没有贴附到参考线上，而且鼠标指针也没有发生变化，就需要放大视图。

⑤ 选择"视图">"显示定界框"，重新显示定界框。

5.4.2　使用"属性"面板定位对象

有时您需要相对于其他对象或画板精确定位对象，那么您可以如第 2 课所述使用"对齐"选项。您也可以使用智能参考线和"属性"面板中的"变换"选项，将对象精确地移动到画板的 x 轴和 y 轴上的特定坐标处，这些方法还可以控制对象相对于画板边缘的距离。

本小节将向画板中添加图形，并精确放置添加的图形。

① 选择"视图">"全部适合窗口大小"，查看 3 个画板。

② 单击中间的空白画板，使其成为当前画板。

③ 单击带有 Untouched Beauty 文本的组，如图 5-37 所示。您可能需要缩小或平移画板才能看到它。

图 5-37

❹ 在"属性"面板的"变换"选项组中单击参考点定位器左上角的点▦，将 X 值和 Y 值更改为 0 in，如图 5-38（a）所示，按 Enter 键确认更改。

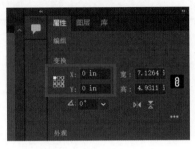
（a）

（b）

图 5-38

这组内容将被移动到当前画板的左上角，如图 5-38（b）所示。参考点定位器中的点对应于所选内容的定界框的点，例如，参考点定位器左上角的点指定界框上角的点。

❺ 按住 Shift 键，按住鼠标左键拖动定界框的右下角以缩小所选组，确保背景中的粉红色矩形刚好适合画板大小，如图 5-39 所示。其他图稿会超出画板，但没关系。

❻ 选择"选择">"取消选择"，然后选择"文件">"存储"，保存文件。

图 5-39

5.4.3　精确缩放对象

到目前为止，您都在使用"选择工具"▶来缩放大多数的对象。本小节将使用"属性"面板对相关对象进行缩放，并使用"缩放描边和效果"选项。

❶ 如有必要，按 Command+ – 组合键（macOS）或 Ctrl+ – 组合键（Windows）（或选择"视图">"缩小"）缩小视图，查看画板底部边缘外的植物图形。

❷ 选择"选择工具"▶，框选植物图形组，如图 5-40 所示。

❸ 按 Command + +组合键（macOS）或 Ctrl + +组合键（Windows），重复操作几次，放大视图。

❹ 选择"视图">"隐藏边缘"，隐藏内部边缘。

❺ 在"属性"面板中单击参考点定位器的中心参考点▦，以从中心调整大小。确保启用了"保持宽度和高度比例"按钮▤，设置"宽"为 40%，如图 5-41 所示。按 Enter 键缩小图形。

图 5-40

图 5-41

请注意，图形变小了，但植物的茎的宽度没变，如图 5-42 所示。这是因为它是一条应用了描边的路径。

默认情况下，描边和效果（如投影）不会随对象一起缩放。例如，如果放大一个描边粗细为 1 pt 的圆形，那么放大后圆形的描边粗细仍然是 1 pt。但是如果在缩放之前勾选了"缩放描边和效果"复选框，那么缩放对象时，描边和效果将根据应用于对象的缩放比例进行缩放。

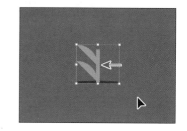

图 5-42

⑥ 选择"视图">"显示边缘"，显示内部边缘。

⑦ 选择"编辑">"还原缩放"。

⑧ 在"属性"面板中，单击"变换"选项组中的"显示更多"按钮 ••• 以查看更多选项，勾选"缩放描边和效果"复选框，如图 5-43（a）所示；设置"宽"为 40%，按 Enter 键缩小图形，最终效果如图 5-43（b）所示。

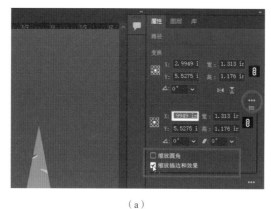

（a）

（b）

图 5-43

现在，应用于路径的描边将按比例缩放。

5.4.4 使用"旋转工具"旋转对象

旋转对象的方法有很多，如精确角度旋转、自由旋转等。在前面的课程中，您已经了解到可以使用"选择工具" ▶ 旋转所选对象。默认情况下，对象会围绕对象中心的指定参考点旋转。本小节将介绍如何使用"旋转工具" ↻ 旋转对象。

① 选择"视图">"全部适合窗口大小"。

② 选择"选择工具" ▶，选择第一排最左侧画板上面包车右侧的棕榈树图形。

③ 选择"视图">"画板适合窗口大小"。

棕榈树图形如果旋转一下，画面看起来效果会更好，会给人一种有风的感觉。您可以使用"选择工具"▶来旋转它，然后将其拖动到合适的位置，但如果需要节省步骤，可以使用"旋转工具"⟳来旋转它。

④ 选择工具栏中的"旋转工具"⟳。将鼠标指针移动到树干的底部，单击以设置棕榈树图形的旋转中心，旋转中心以湖绿色"十"字准线标识，被称为参考点，如图 5-44 所示。

图 5-44

⑤ 将鼠标指针移动到棕榈树图形周围的任意位置，沿顺时针方向拖动以使棕榈树图形有所倾斜，如图 5-45 所示。

图 5-45

💡 提示　如果想让棕榈树图形的底部看起来更平坦，可以使用工具栏中的"橡皮擦工具"◆进行处理。

5.4.5　使用分别变换缩放

使单个对象变大或变小相对简单，但是，有时您希望同时将多个对象进行放大或缩小。使用"分别变换"命令就可以同时完成多个对象的缩放或旋转，且对象的位置不会改变。

本小节将一次性缩小 3 个云朵图形。

① 选择"选择工具"▶，选择第一排最左侧面板上天空中的一个云朵图形。按住 Shift 键并单击天空中的其他两个云朵图形以选择所有云朵图形。

② 选择"对象">"变换">"分别变换"。

该操作将打开"分别变换"对话框，其中包含多种变换的控制选项，如缩放、移动、旋转等。

③ 在"分别变换"对话框中，将"水平"缩放值和"垂直"缩放值更改为 70%，单击"确定"按钮，如图 5-46 所示。

每个云朵图形都变小了，但其位置未发生改变。换句话说，每个云朵图形都从其中心进行独立缩放。

④ 选择"文件">"存储"，保存文件。

图 5-46

5.4.6　倾斜对象

使用"倾斜工具" 📐可使对象的侧边沿指定的轴倾斜，在保持其对边平行的情况下使对象不再对称。本小节将对面包车车窗中的反光图形进行倾斜。

❶ 选择面包车图形，按 Command + + 组合键（macOS）或 Ctrl + + 组合键（Windows），重复操作几次，放大视图。

❷ 在工具栏中选择"矩形工具" ▭，按住鼠标左键拖动以在前窗的中间创建一个小矩形，如图 5-47 所示。

❸ 如有必要，将"属性"面板中的"填色"更改为白色或类似白色的颜色，并将描边粗细更改为 0。

下面将倾斜形状使其具有透视效果。

❹ 选择小矩形，在工具栏中选择"旋转工具" ↻组内的"倾斜工具" 📐。

❺ 将鼠标指针移动到所选矩形的上方，按住 Shift 键限制图稿高度不变，然后按住鼠标左键向左拖动。当您看到灰色测量标签中的倾斜角度大约为 -45° 时，松开鼠标左键，松开 Shift 键，如图 5-48 所示。

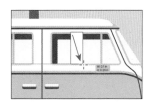
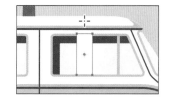
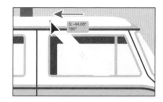

图 5-47　　　　　　　　　　　　　　　　　　图 5-48

❻ 在"属性"面板中更改该矩形的不透明度，单击"不透明度"右侧的箭头按钮并拖动滑块进行更改，这里更改为 60%。

5.4.7　使用菜单命令进行变换

当您选择"对象"＞"变换"时，工具栏中的变换工具（旋转、移动、倾斜、镜像）也显示为菜单命令。大多数情况下，可以使用这些菜单命令来代替变换工具。

下面将使用"移动"命令制作车窗中反光图形的副本。

① 要制作矩形的副本，选择"对象"＞"变换"＞"移动"。

② 在"移动"对话框中，将"水平"位置更改为 0.12 in 以将矩形向右移动 0.12 in，并确保"垂直"位置为 0 in 以使其保持相同的垂直位置，单击"复制"按钮，如图 5-49 所示。

下面将使矩形变窄，这比仅仅拖动定界框更具挑战性，因为矩形是倾斜的。您将改为拖动锚点以在变换形状时保持其倾斜角度不变。

③ 选择"选择工具" ▶，双击新复制的矩形。

这将进入隔离模式，您可以更轻松地选择矩形的某个部分，因为其他所有内容都变暗且无法被选择。

④ 选择"直接选择工具" ▷，单击新复制的矩形右上角的锚点，按住 Shift 键单击新复制的矩形右下角的锚点以同时选中两个锚点，如图 5-50 所示。

⑤ 多次按键盘上的向左箭头键，将选定的锚点向左移动，使形状变窄，效果如图 5-51 所示。

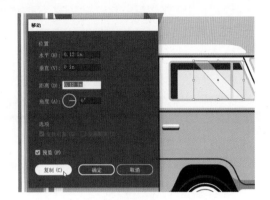

图 5-49

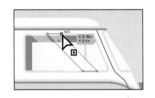 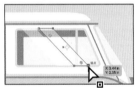

图 5-50

图 5-51

⑥ 按 Esc 键退出隔离模式。

⑦ 选择"视图"＞"全部适合窗口大小"，然后选择"文件"＞"存储"，保存文件。

5.5　重复对象

您可以使用某种重复方式轻松地复制对象，如径向重复、网格重复或镜像重复，如图 5-52 所示。当将某种重复方式应用到选择的对象时，Adobe Illustrator 会自动使用您选择的方式生成图稿。如果更新重复对象，所有实例都会被修改以反映更新。

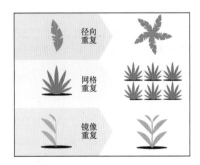

图 5-52

5.5.1　镜像重复

本小节将使用镜像重复来创建图稿。镜像重复有助于创建对称的图稿，即只需要创建一半的图稿，Adobe Illustrator 就会自动制作另一半。在本例中，您将完成某个广告图稿中的植物图形。

① 选择"缩放工具"🔍，放大画板下方的植物图形。

② 选择"选择工具"▶，框选画板下方的部分植物图形，但不要选择深色椭圆阴影。

③ 选择"对象">"重复">"镜像"。

在"重复"菜单中，您将看到 3 个重复命令："径向"、"网格"和"镜像"。

一旦选择"镜像"命令，Adobe Illustrator 就会自动进入隔离模式，其余的图稿变暗且无法被选择，这在隔离模式中很常见。图 5-53 所示的垂直虚线称为"对称轴"，它显示的是对称图形的中心对称轴，可以使用它来更改两半图形之间的距离并旋转自动生成的一半图形。

④ 在植物图形的对称轴上找到圆形控制手柄，将其左右拖动，改变两半图形之间的距离，确保两半图形之间没有缝隙，如图 5-54 所示。

图 5-53   图 5-54

⑤ 拖动对称轴顶部或底部的任意一个圆形控制手柄以旋转镜像内容，如图 5-55 所示。

⑥ 要重置镜像重复的旋转角度，请在"属性"面板中的"重复图选项"下拉列表中选择 90 选项，如图 5-56 所示。

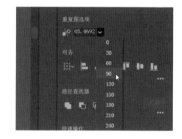

图 5-55   图 5-56

使用镜像重复不仅可以复制和旋转已经创建的图稿，还可以在编辑镜像重复时添加或删除图稿。

⑦ 选择"选择">"取消选择"，这样就不会选择任何植物图稿。

💡 **注意** 按住 Shift 键限制移动，按住 Option 键（macOS）或 Alt 键（Windows）复制图稿。

⑧ 按住 Shift + Option 组合键（macOS）或 Shift + Alt 组合键（Windows），按住鼠标左键将植物图形顶部的叶子向上拖动，复制该片叶子，确保将其拖到植物茎的最顶端（垂直的绿色路径），松开鼠标左键，松开组合键，如图 5-57 所示。

请注意，右侧生成的重复图稿会实时反映您正在做的事情。您对图稿所做的任何更改都会在镜像的一半图形中如实反映。

⑨ 按住 Shift 键并按住鼠标左键向右下方拖动新叶子的左上角以使其变小，结果如图 5-58 所示。

图 5-57 图 5-58

⑩ 按 Esc 键退出隔离模式，停止编辑镜像重复，取消选择该植物图形。

5.5.2 编辑镜像重复对象

当创建镜像重复或其他类型的重复后，图稿将变成重复对象。本例中的植物图形现在就是一个镜像重复对象——有点像一个特殊的组。下面将介绍如何编辑镜像重复。

❶ 选择植物图形。

"属性"面板的顶部会显示"镜像重复"，表示这是一个镜像重复对象。

❷ 双击植物图形进入隔离模式。

现在可以看到对称轴并可以编辑左侧创建的原始图稿，如图 5-59 所示。

❸ 在植物图形以外的区域单击以取消选择，然后单击其中一片叶子，在"属性"面板中将其填充颜色更改为另一种颜色，这里选择浅绿色，如图 5-60 所示。

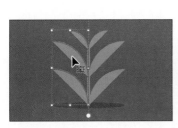 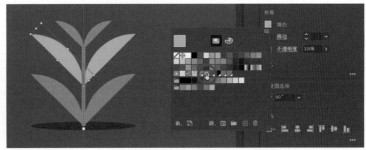

图 5-59 图 5-60

❹ 按 Esc 键退出隔离模式。

❺ 选择"视图">"全部适合窗口大小"。

❻ 框选植物图形和椭圆形阴影，选择"对象">"编组"。将组拖到右侧画板中的面包车下方。

如果植物图形位于画板上图稿的下层，请在"属性"面板中的"排列"菜单中选择"置于顶层"命令。

> 💡 **提示** 如果需要编辑自动生成的另一半镜像图稿，可以选择"对象">"扩展"，来扩展该镜像重复对象。如果扩展了镜像重复对象，将不能再通过对称轴来编辑镜像重复对象，该镜像图稿将变成一个对象编组。

5.6 操控变形工具

5.6.1 将"操控变形工具"添加到工具栏

在 Adobe Illustrator 中，可以使用"操控变形工具"★轻松地将图形扭转和扭曲成不同的形状。本小节将添加"操控变形工具"★到工具栏。

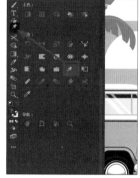

❶ 选择 Beach vacation ad 画板上旋转的棕榈树图形，按 Command + + 组合键（macOS）或 Ctrl + + 组合键（Windows），重复操作几次，放大视图。

❷ 在工具栏的底部单击"编辑工具栏"按钮 ⚫⚫⚫，在弹出的"所有工具"面板中拖动滚动条，然后拖动"操控变形工具"★到工具栏中，如图 5-61 所示。

❸ 按 Esc 键隐藏"所有工具"面板。

图 5-61

5.6.2 添加针脚

"操控变形工具"★现在显示在工具栏中，您将使用它来扭曲棕榈树图形，使其看起来更自然。

> 💡注意 Adobe Illustrator 默认添加到图形中的变换针脚可能与您在图 5-62 中看到的不一样。

❶ 选择工具栏中的"操控变形工具"★。

Adobe Illustrator 默认会识别变换图形的最佳区域，并自动将变换针脚添加到图形中，变换针脚如图 5-62 红圈所示。

> 💡注意 如果变换针脚添加在不同的地方，那也没关系。

变换针脚用于将所选图形的一部分固定在画板上，您可以通过添加或删除变换针脚来变换图形。您可以围绕变换针脚旋转图形，或者重新放置变换针脚以移动图形等。

图 5-62

❷ 在"属性"面板中，您会看到"操控变形"选项组。取消勾选"显示网格"复选框，这样您会更容易看到变换针脚，并更清楚地看到您所做的任何变换的效果，如图 5-63 所示。

❸ 单击棕榈树图形上的一个变换针脚，针脚的中心则会出现一个白点。将选定的针脚向左拖动以查看图形的变化，如图 5-64 所示。

图 5-63

图 5-64

请注意，整个棕榈树图形都发生了移动。那是因为棕榈树图形上只有一个变换针脚。默认情况下，图形上的变换针脚有助于将固定的部位保持在原位。在图形上确定至少 3 个变换针脚通常会带来更好的变换效果。

> **提示** 您可以按住 Shift 键并单击多个变换针脚将其全部选中，也可以单击"属性"面板中的"选择所有变换针脚"按钮来选择所有变换针脚。

④ 根据需要，多次选择"编辑">"还原操控变形"，将棕榈树图形恢复到原始位置。

⑤ 单击棕色树干的底部以添加变换针脚，单击棕色树干的中部以添加另一个变换针脚，如图5-65 所示。

树干底部的针脚用于将树干的底部固定住，这样该部分就不会移动太多。树干中部的针脚是您将拖动以重塑树形的变换针脚。

⑥ 拖动树干中部的变换针脚以重塑树形，如图 5-66 所示。

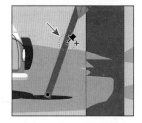

图 5-65

图 5-66

如果拖得太远，可能会出现路径扭曲等奇怪的效果。

您无法在不移动图形的情况下移动图形上的变换针脚。因此，如果变换针脚不在扭曲所需的正确位置，您需要删除它们并在合适位置添加变换针脚。

⑦ 单击叶子上的变换针脚，按 Delete 键或 Backspace 键将其删除，如图 5-67（a）所示。

请注意，一旦删除了变换针脚，叶子会发生移动，如图 5-67（b）所示。

⑧ 单击叶子的中心位置以添加一个新的变换针脚，如图 5-67（c）所示。

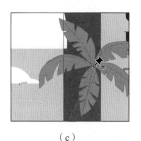

（a）　　　　　　　　　（b）　　　　　　　　　（c）

图 5-67

⑨ 将新的变换针脚大致拖回原来的位置，如图 5-68 所示，使变换针脚保持选中状态。

5.6.3　旋转变换针脚

您可以对变换针脚做的另一件有用的事情是旋转它们。本小节将旋转倾斜的棕榈树的所有叶子，然后扭曲其中一片叶子但不影响其他叶子。

图 5-68

❶ 在叶子中间的变换针脚处于选中状态的情况下，在变换针脚周围会看到虚线圆圈，如图 5-69（a）所示。将鼠标指针移动到虚线圆圈上，然后按住鼠标左键拖动以围绕变换针脚旋转叶子，如图 5-69（b）所示。

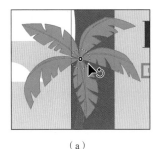 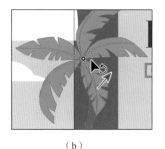

（a）　　　　　　　　　　　（b）

图 5-69

您可能会看到图形的其他部分跟着发生了变化。如果发生这种情况，请再次选择叶子中心的变换针脚，然后将其反向旋转。

下面将扭曲一片叶子，这需要添加更多变换针脚。

❷ 单击右侧一片叶子的末端以添加变换针脚，如图 5-70 所示。

💡 提示　按住 Option 键（macOS）或 Alt 键（Windows）可直接限制要拖动的变换针脚的周围区域。

❸ 拖动叶子末端的新变换针脚，稍微拉伸叶子，并查看图形的变化，如图 5-71 所示。

图 5-70　　　　　　　　　　　　　　　图 5-71

您可能会看到其他叶子也发生了移动。在这种情况下，您需要固定正在移动的部分以使其保持静止。

❹ 根据需要，多次选择"编辑">"还原操控变形"，使叶子返回原始位置。

❺ 单击拉伸变形叶子邻近的两片叶子以添加变换针脚，将其固定，如图 5-72 所示。

❻ 再次拖动要扭曲的叶子末端的变换针脚，稍微拉伸叶子，如图 5-73 所示。

图 5-72　　　　　　　　　　　　　　　图 5-73

接下来旋转并拖动树干底部的变换针脚。

⑦ 单击树干底部的变换针脚，移动它并查看图形其余部分的变化。

⑧ 将鼠标指针移动到变换针脚周围的虚线圆圈上，按住鼠标左键拖动以旋转树干底部，如图 5-74 所示。

图 5-74

⑨ 选择"选择">"取消选择"，然后选择"视图">"全部适合窗口大小"，效果如图 5-75 所示。

图 5-75

⑩ 选择"文件">"存储"，保存文件后选择"文件">"关闭"。

复习题

1. 简述 3 种改变当前画板大小的方法。

2. 什么是标尺原点？

3. 画板标尺和全局标尺有什么区别？

4. 简述"属性"面板或"变换"面板中的"缩放描边和效果"复选框的作用。

5. 简述"操控变形工具"✦的作用。

参考答案

1. 要改变当前画板的大小，可以执行以下任意操作。

· 双击"画板工具"🗂，然后在"画板选项"对话框中编辑当前画板的尺寸。

· 在未选择任何内容但选择了"选择工具"▶的情况下，在"属性"面板中单击"编辑画板"
按钮进入画板编辑模式。选择"画板工具"🗂后，将鼠标指针放在画板的边缘或边角，按
住鼠标左键拖动以调整画板大小。

· 在未选择任何内容但选择了"选择工具"▶的情况下，在"属性"面板中单击"编辑画板"
按钮进入画板编辑模式。选择"画板工具"🗂后，在文档窗口中单击画板，然后在"属性"
面板中更改其尺寸。

2. 标尺原点是每个标尺上 0 刻度线的交点。默认情况下，标尺原点位于当前画板左上角。

3. 画板标尺（默认标尺）将标尺原点设置在当前画板的左上角。无论哪个画板是当前画板，
全局标尺都将标尺原点设置在第一个画板的左上角。

4. 可以在"属性"面板或"变换"面板找到"缩放描边和效果"复选框，勾选该复选框可在
缩放对象时一并缩放对象的描边和效果。您可以根据当前需求勾选或取消勾选此复选框。

5. 在 Adobe Illustrator 中可以使用"操控变形工具"✦轻松地扭转和扭曲图形为不同的形状。

第6课

使用基本绘图工具

本课概览

本课将学习以下内容。

- 使用"曲率工具"绘制路径。
- 使用"曲率工具"编辑路径。
- 创建虚线。
- 使用"铅笔工具"绘制和编辑路径。
- 使用"连接工具"连接路径。
- 为路径添加箭头。

学习本课大约需要 **30**分钟

在前面几课创建和编辑了形状。本课将学习如何使用"铅笔工具" ✏ 和"曲率工具" ✒ 绘制直线、曲线或更复杂的形状，还将了解如何创建虚线、箭头等内容。

6.1 开始本课

本节将使用"曲率工具"✐创建和编辑自由形式的路径，并介绍相关绘制方法。

❶ 为了确保工具的功能和默认值完全如本课所述，请删除或停用（通过重命名实现）Adobe Illustrator 首选项文件。

❷ 启动 Adobe Illustrator。

❸ 选择"文件">"打开"。选择 Lessons>Lesson06 文件夹中的 L6_end.ai 文件，单击"打开"按钮。

该文件包含本课将创建的最终图稿，如图 6-1 所示。

❹ 选择"视图">"全部适合窗口大小"，使文件保持打开状态以供参考，或选择"文件">"关闭"，关闭文件。

❺ 选择"文件">"打开"，打开 Lessons>Lesson06 文件夹中的 L6_start.ai 文件，效果如图 6-2 所示。

图 6-1

图 6-2

❻ 选择"文件">"存储为"。

如果弹出云文档对话框，则单击"保存在您的计算机上"按钮。

❼ 在"存储为"对话框中，定位到 Lesson06 文件夹并将其打开，将文件命名为 Outdoor_Logos，从"格式"下拉列表中选择 Adobe Illustrator（ai）选项（macOS）或从"保存类型"下拉列表中选择 Adobe Illustrator（*.AI）选项（Windows），单击"保存"按钮。

❽ 在"Illustrator 选项"对话框中，保持默认设置，单击"确定"按钮。

❾ 选择"窗口">"工作区">"重置基本功能"。

> 💡 **注意**　如果在菜单中看不到"重置基本功能"命令，请在选择"窗口">"工作区">"重置基本功能"之前，选择"窗口">"工作区">"基本功能"。

6.2 使用"曲率工具"进行创作

本节将介绍"曲率工具"✐，它是易于掌握的绘图工具之一。使用"曲率工具"✐，可以绘制和编辑路径，创建具有直线和平滑曲线的路径。使用"曲率工具"✐创建的路径由锚点组成，并且可以被任何绘图工具或选择工具编辑。

6.2.1 使用"曲率工具"绘制地平线路径

本小节将使用"曲率工具"✐绘制一条弯曲的路径，这将成为 Logo 中的地平线，如图 6-3 红线所示。

❶ 在文档窗口下方的"画板导航"下拉列表中选择 1 Logo 1 选项切换画板，选择"视图">"画板适合窗口大小"，使得画板适合窗口大小。

❷ 在工具栏中选择"选择工具"▶，选择圆形的边缘。选择"对象">"锁定">"所选对象"，将其锁定，这样就可以进行绘制而不会意外修改圆形。

❸ 在左侧的工具栏中选择"曲率工具"✐。

❹ 在绘制前设置要创建的路径的描边和填色。在"属性"面板中单击"填色"框，选择"无"色板，去除填充颜色。单击"描边"框，选择深灰色色板，色值为 C=0 M=0 Y=0 K=90，设置描边粗细为 4 pt。这些参数应该是设置好的，因为选择并锁定的圆形就是这样设置的，Adobe Illustrator 会记录最近一次的设置。

选择"曲率工具"✐，在空白处单击，这将创建一个锚点以开始绘制路径，然后可以通过创建锚点来更改路径的方向和弯曲程度。对于要创建的路径，您可以从任意端开始绘制。

❺ 在圆形的左边缘单击，开始绘制路径，如图 6-4 所示。

图 6-3

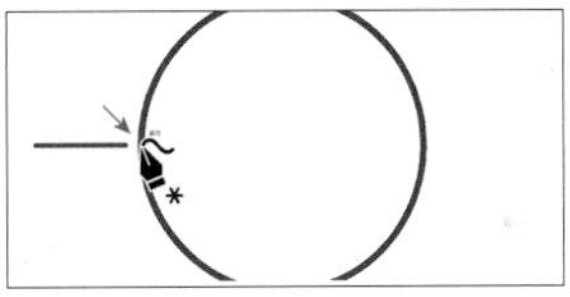

图 6-4

❻ 向右移动鼠标指针，单击创建新锚点，如图 6-5（a）和图 6-5（b）所示。

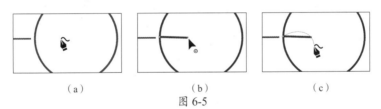

（a）　　　　　　　　（b）　　　　　　　　（c）

图 6-5

然后将鼠标指针移开，注意预览添加新锚点前后的曲线，如图 6-5（c）所示。"曲率工具"✐的工作原理是在单击的地方创建锚点，同时绘制的路径将围绕该锚点动态弯曲。

❼ 将鼠标指针向右移动，单击创建一个锚点，如图 6-6（a）所示。移动鼠标指针查看路径的变化，如图 6-6（b）所示。

❽ 在锚点右侧单击，创建另一个锚点，如图 6-7 所示。

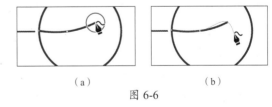

（a）　　　　　　　　（b）

图 6-6

❾ 将鼠标指针移动到圆形的右边缘单击，创建最后一个锚点，完成地平线的绘制，如图 6-8 所示。

❿ 选择"对象">"锁定">"所选对象"，停止绘制并锁定绘制的路径。这样就不会在之后的操作中意外修改它。

图 6-7

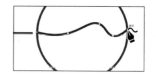

图 6-8

6.2.2 使用"曲率工具"绘制河道路径

为了让您对"曲率工具" 有更多的了解，本小节将从 6.2.1 小节创建的地平线路径延伸绘制河道路径。先绘制河道的一侧，然后绘制另一侧。图 6-9 红线所示为河道的外观。您绘制的河道外观可以与图 6-9 所示不同。

❶ 将鼠标指针移动到地平线路径上单击，开始创建新路径，如图 6-10 所示。

在接下来的几步中，可以将图 6-9 作为参考，多做尝试。

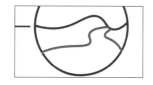

图 6-9

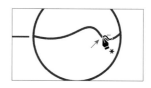

图 6-10

❷ 移动鼠标指针后单击，重复该操作 4 次以添加更多锚点，绘制出河道的一侧，如图 6-11 所示。确保您创建的最后一个锚点在圆形的边缘。

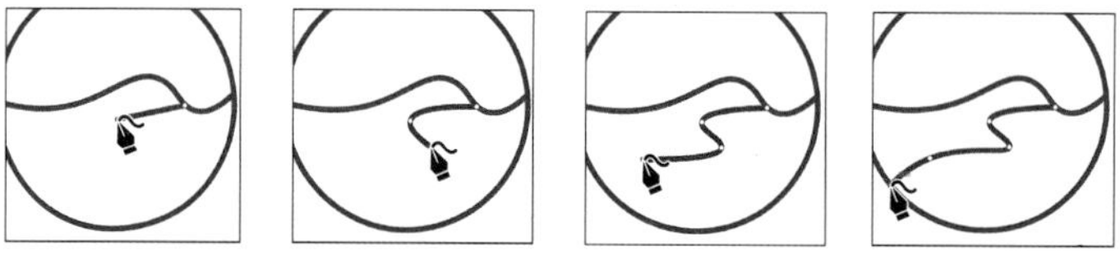

图 6-11

❸ 按 Esc 键停止绘制河道路径。

通过单击及移动鼠标指针这种方式来了解"曲率工具" 如何影响路径，对学习"曲率工具" 很有帮助。接下来将使用类似的方法绘制河道的另一侧。

❹ 选择"选择">"取消选择"。

❺ 将鼠标指针移动到刚绘制的路径起点右侧的水平位置，单击开始绘制新的路径，如图 6-12 所示。

鼠标指针不要太靠近左侧河道路径，否则可能会编辑该路径而不是开始绘制新的路径。如果不小心单击并编辑了其他路径，可按 Esc 键停止编辑。

❻ 移动鼠标指针，单击添加另一个锚点。再进行两次该操作，添加锚点来创建河道的另一侧，确保创建的最后一个锚点在圆形的边缘，如图 6-13 所示。

图 6-12

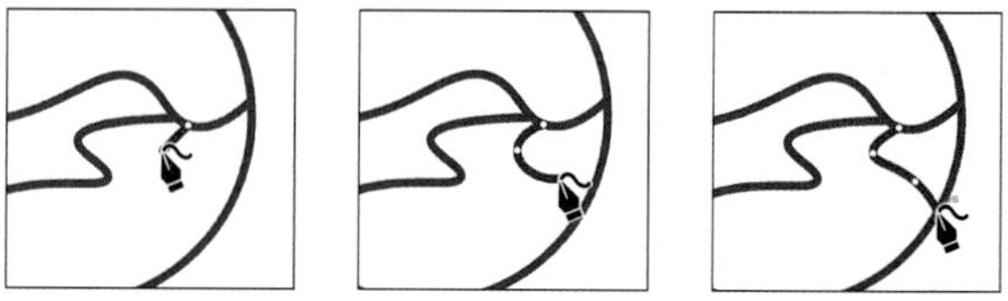

图 6-13

⑦ 按 Esc 键，停止绘制河道路径。

6.2.3　使用"曲率工具"编辑路径

您也可以使用"曲率工具" ✐ 通过移动、删除或添加新的锚点来编辑正在绘制的路径或已创建的任何其他路径，而与创建该路径所使用的绘图工具无关。本小节将编辑已经创建的路径。

> 💡提示　如何使用"曲率工具" ✐ 闭合路径？将鼠标指针悬停在路径中创建的第一个锚点上，当鼠标指针变为 ✐ 形状时，单击以闭合路径。

① 选择"曲率工具" ✐，选择绘制的左侧河道路径，这将显示该路径上的所有锚点。

使用"曲率工具" ✐ 编辑路径，需要先选择路径。

② 将鼠标指针移动到红色圆圈中的锚点上，如图 6-14（a）所示。当鼠标指针变为 ▶ 形状时，单击该锚点，按住鼠标左键稍微拖动该锚点以重塑曲线，如图 6-14（b）所示。

③ 尝试选择并拖动路径中的其他锚点，最终效果如图 6-15 所示。

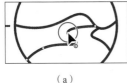
（a）

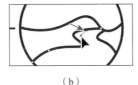
（b）

图 6-14

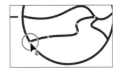
图 6-15

接下来将解锁地平线路径，然后选择该路径并进行编辑。

④ 选择"对象">"全部解锁"，这样就能够编辑之前绘制的地平线路径。

⑤ 选择"曲率工具" ✐，选择地平线路径，查看其上的锚点。

⑥ 将鼠标指针移动到第一个锚点（最左侧的锚点）右侧的路径上。当鼠标指针变为 ✐ 形状时，单击添加一个新锚点，如图 6-16（a）所示。

⑦ 按住鼠标左键向下拖动新锚点，以重塑路径，如图 6-16（b）所示。

接下来将删除第 6 步添加的新锚点右侧的锚点，使路径更弯曲。

⑧ 单击新锚点右侧的锚点，然后按 Delete 键或 Backspace 键将其删除，如图 6-17 所示。

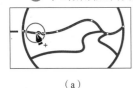
（a）

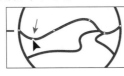
（b）

图 6-16

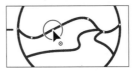

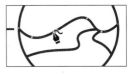
图 6-17

除了删除或添加锚点，也可以通过移动锚点来调整路径形状。

⑨ 选择"对象">"锁定">"所选对象"，锁定路径，以免在之后的操作中意外修改它。

6.2.4　使用"曲率工具"创建拐角

在默认情况下，"曲率工具" ✐ 会创建平滑锚点，即导致路径弯曲的锚点。路径可以具有两种锚点：角锚点和平滑锚点。在角锚点处，路径会突然改变方向；而在平滑锚点处，路径会形成连续曲线。使用"曲率工具" ✐，可以通过创建角锚点来创建直线路径。本小节将绘制 Logo 中的山峰路径。

❶ 选择"曲率工具" ✏ ，将鼠标指针移动到地平线路径的左侧，单击添加第一个锚点，如图 6-18 所示。

❷ 向右上方移动鼠标指针，单击创建第一座山峰的顶点，如图 6-19（a）所示。

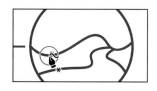
图 6-18

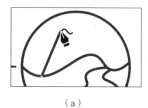
（a）

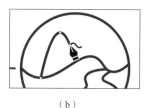
（b）
图 6-19

❸ 向右下方移动鼠标指针，单击创建一个新锚点，如图 6-19（b）所示。

要使峰顶是一个点而不是一段曲线，需要将第 2 步创建的锚点转换为角锚点。

❹ 将鼠标指针移动到山峰路径的最高锚点上，当鼠标指针变为 ▶₀ 形状时，双击，将该锚点转换为角锚点，如图 6-20 所示。

您可以从外观上分辨出哪些锚点是平滑锚点，哪些锚点是角锚点。使用"曲率工具" ✏ 创建的锚点具有 3 种外观：选中的锚点●、未选中的角锚点◉和未选中的平滑锚点○。

❺ 向右上方移动鼠标指针，单击创建一个锚点，开始另一座山峰顶点的绘制，如图 6-21 所示。

本步创建的锚点及第 3 步创建的锚点也需要转换为角锚点。事实上，所有为创建山峰路径添加的锚点都必须为角锚点。接下来将把这两个锚点转换为角锚点。

❻ 双击最后创建的两个锚点，将其转换为角锚点，如图 6-22 所示。

图 6-20

图 6-21

图 6-22

要完成山峰路径的绘制，需要创建更多锚点，可以在绘制时按住辅助键来直接创建角锚点。

❼ 按住 Option 键（macOS）或 Alt 键（Windows），鼠标指针将变为 ✏ₓ 形状，单击创建角锚点，如图 6-23 所示。

❽ 仍然按住 Option 键（macOS）或 Alt 键（Windows），移动鼠标指针并单击，以完成山峰路径的绘制。确保创建的最后一个锚点落在地平线路径上，如图 6-24 所示。

将鼠标指针移动到相应锚点上，单击，然后按住鼠标左键拖动即可重塑路径；双击锚点可使其在角锚点和平滑锚点之间转换；选中锚点后，按 Delete 键或 Backspace 键，可将锚点从路径中删除。最终调整好的山峰路径如图 6-25 所示。

图 6-23

图 6-24

图 6-25

⑨ 按 Esc 键停止绘图。

⑩ 选择"选择">"取消选择"，选择"选择">"存储"。

6.3 创建虚线

如果想要为图稿增添一些设计感，可以在闭合路径（如正方形）或开放路径（如直线）的描边中添加虚线。在"描边"面板中可以创建虚线，还可以在其中指定虚线短线的长度及间隔。本节将在直线中添加虚线，为 Logo 添加更多元素。

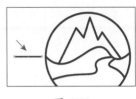
图 6-26

① 选择"选择工具" ▶，单击圆形左侧的路径，如图 6-26 红色箭头所示。

💡 提示　单击"保留虚线和间隙精确长度"按钮 ▦ 可以使虚线的外观保持不变，而无须对准角或虚线末端。

② 在"属性"面板中，单击"描边"文本，显示"描边"面板。在"描边"面板中更改以下选项，如图 6-27（a）所示。

· 描边粗细：3 pt。
· "虚线"复选框：勾选。
· "保留虚线和间隙间的精确长度" ▦ 按钮：启用。
· 第 1 个虚线值：35 pt（这将创建 35 pt 虚线、35 pt 间隙的样式。）
· 第 1 个间隙值：4 pt（这将创建 35 pt 虚线、4 pt 间隙的样式。）
· 第 2 个虚线值：5 pt（这将创建 35 pt 虚线、4 pt 间隙、5 pt 虚线、5 pt 间隙的样式。）
· 第 2 个间隙值：4 pt（这将创建 35 pt 虚线、4 pt 间隙、5 pt 虚线、4 pt 间隙的样式）。输入最后一个值后，按 Enter 键确认更改并关闭"描边"面板，最终效果如图 6-27（b）所示。

下面，您将在圆形周围制作虚线副本。

③ 在选中虚线的情况下，选择"旋转工具" ↻，将鼠标指针移动到圆心处。看到"中心点"提示后，如图 6-28 所示，按住 Option 键（macOS）或 Alt 键（Windows），单击设置参考点（图形旋转的参考点）并打开"旋转"对话框。

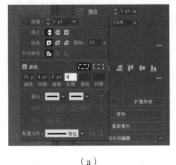
（a）
图 6-27

（b）

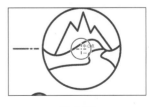
图 6-28

💡 注意　如果没有出现"中心点"提示，请检查是否已打开智能参考线（选择"视图">"智能参考线"）。

④ 勾选"预览"复选框，以实时查看在对话框中所做的更改对应的效果。将"角度"更改为 –15°，单击"复制"按钮，如图 6-29 所示。

⑤ 选择"对象">"变换">"再次变换"，以同样的旋转角度再次复制虚线。

⑥ 按 Command + D 组合键（macOS）或 Ctrl + D 组合键（Windows）10 次，再制作 10 个副本，如图 6-30 所示。

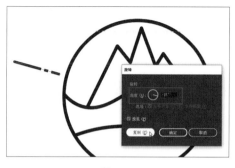

图 6-29

该命令将调用第 5 步执行的"再次变换"命令。

要完成图稿，还将裁掉圆形的一部分并将画板底部的文本拖动到 Logo 上层。

⑦ 选择"矩形工具" ，绘制一个矩形覆盖住圆形的下部。

图 6-30

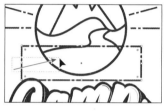

图 6-31

注意，虚线会应用到矩形上。

⑧ 选择"选择工具" ，框选矩形和圆形，如图 6-31 所示。

⑨ 在工具栏中选择"形状生成器工具" 。按住 Option 键（macOS）或 Alt 键（Windows），按住鼠标左键在圆形底部和矩形上划过将其删除，如图 6-32 所示。松开鼠标左键，松开 Option 键（macOS）或 Alt 键（Windows）。

⑩ 选择"选择工具" ，选择画板底部的文本，按住鼠标左键将文本向上拖动到 Logo 上。

⑪ 单击"属性"面板中的"排列"按钮，选择"置于顶层"命令，最终效果如图 6-33 所示。

图 6-32

图 6-33

⑫ 选择"选择">"取消选择"，然后选择"文件">"存储"，保存文件。

6.4 使用"铅笔工具"绘图

Adobe Illustrator 中的另一个绘图工具是"铅笔工具" 。使用"铅笔工具" 绘图，类似于在纸上绘图，它允许您自由绘制包含曲线和直线的开放路径和闭合路径。使用"铅笔工具" 进行绘制时，根据设置的工具选项，锚点将创建在需要的路径上。完成路径绘制后，还可以轻松调整路径。

6.4.1 使用"铅笔工具"绘制路径

本小节将绘制并编辑一条简单的路径来练习使用"铅笔工具"✐。

①在文档窗口左下角的"画板导航"下拉列表中选择 2 Pencil 选项。

②在工具栏中的"画笔工具"✐组中选择"铅笔工具"✐。

③双击"铅笔工具"✐，在弹出的"铅笔工具选项"对话框中，设置以下选项，如图 6-34 所示。

图 6-34

· 将"保真度"滑块一直拖动到最右边，这将平滑路径并减少使用"铅笔工具"✐绘制的路径上的锚点。

· "保持选定"复选框：勾选（默认设置）。

· "当终端在此范围内时闭合路径"复选框：勾选（默认设置）。

④单击"确定"按钮。

> 💡提示　设置"保真度"值时，将滑块拉近至"精确"端通常会创建更多锚点，并更准确地反映您绘制的路径；而将滑块向"平滑"端拖动，可减少锚点，绘制出更平滑、更简单的路径。

如果将鼠标指针移动到文档窗口中，鼠标指针上出现星号，表示将要创建新路径。

⑤在"属性"面板中，确保填充颜色为"无"；描边颜色为深灰色，色值为C=0 M=0 Y=0 K=90。另外，在"属性"面板中确保描边粗细为 3 pt。

⑥从标有 A 的模板的红点开始，按住鼠标左键并沿顺时针方向拖动，围绕模板的虚线绘制路径。当鼠标指针靠近路径起点（红点）时，鼠标指针会变为✐形状，如图 6-35 所示。这意味着，此时如果松开鼠标左键，路径将闭合。当您看到✐时，松开鼠标左键以闭合路径。

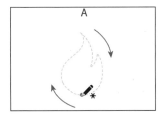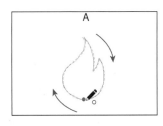

图 6-35

> 💡注意　如果鼠标指针是╳形状而不是✐形状，则 Caps Lock 键处于激活状态。按 Caps Lock 键，鼠标指针会变成╳，可以提高精度。

请注意，在绘制时，路径可能看起来并不完美。松开鼠标左键后，Adobe Illustrator 将根据"铅笔工具选项"对话框中设置的"保真度"值对路径进行平滑处理。接下来将使用"铅笔工具"✐重新绘制部分路径。

⑦将鼠标指针移动到需重绘的路径上或路径附近。当鼠标指针上的星号消失后，按住鼠标左键拖动以重绘路径，使图形底部与之前不同。最后要确保回到原来的路径上结束重绘，如图 6-36 所示。

⑧在选中火焰图形的情况下，在"属性"面板中将"填色"更改为红色，效果如图 6-37 所示。

图 6-36   图 6-37

6.4.2 使用"铅笔工具"绘制直线

除了绘制更多形式自由的路径之外，还可以使用"铅笔工具" ✐创建成 45° 角倍数的直线。本小节将使用"铅笔工具" ✐绘制火焰附着的原木图形。请注意，虽然我们可以通过绘制矩形和圆化角部来创建要绘制的形状，但是我们希望绘制出来的原木看起来更像是手工绘制的，这就是要使用"铅笔工具" ✐绘制它的原因。

❶ 将鼠标指针移动到标有 B 的模板左侧的红点上，按住鼠标左键向上拖动到图形顶部附近，在到达蓝点时松开鼠标左键，如图 6-38 所示。

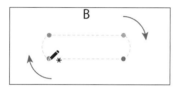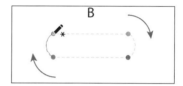

图 6-38

使用"铅笔工具" ✐进行绘制时，您可以轻松地绘制路径中的直线。

❷ 将鼠标指针移到第 1 步绘制的路径的末端。当鼠标指针变为✐形状时，表明您可以继续绘制该路径。按住 Option 键（macOS）或 Alt 键（Windows）并按住鼠标左键向右拖动到橙点；当到达橙点时，松开 Option 键（macOS）或 Alt 键（Windows），但不要松开鼠标左键，如图 6-39 所示。

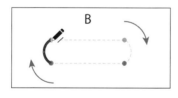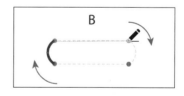

图 6-39

使用"铅笔工具" ✐进行绘制时，按住 Option 键（macOS）或 Alt 键（Windows），可在任意方向上创建直线路径。

❸ 继续按照模板进行绘制，到达紫点时，在不松开鼠标左键的情况下，按住 Option 键（macOS）或 Alt 键（Windows），向左绘制，直到到达红点；当鼠标指针变为✐形状时，松开鼠标左键，松开 Option 键（macOS）或 Alt 键（Windows）以闭合路径，如图 6-40 所示。

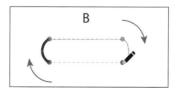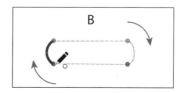

图 6-40

④ 在路径被选中的情况下，在"属性"面板中将"填色"更改为棕色。

⑤ 选择"选择工具" ▶，然后将火焰图形向下拖动到原木图形上，如图 6-41（a）所示。

⑥ 单击"属性"面板中的"排列"按钮，选择"置于顶层"命令，将火焰图形置于原木图形的上层，如图 6-41（b）和图 6-41（c）所示。

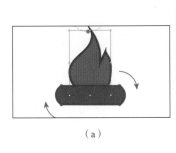  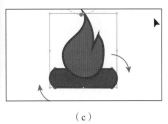

（a） （b） （c）

图 6-41

⑦ 按住鼠标左键框选这两个图形。

⑧ 选择"编辑">"复制"，复制这两个图形。

⑨ 在文档窗口下方的状态栏中单击"下一项"按钮 ▶，切换到下一个画板。

⑩ 选择"编辑">"粘贴"，粘贴所复制的图形。

⑪ 将图形拖到图稿上，如图 6-42 所示。

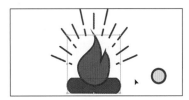

图 6-42

6.5 使用"连接工具"连接路径

4.2.2 小节使用了"连接"命令（选择"对象">"路径">"连接"）来连接和闭合路径。本节将使用"连接工具" ✂️ 来连接路径。使用"连接工具" ✂️，可以通过擦除手势来连接交叉、重叠或末端开放的路径。

① 选择"直接选择工具" ▷，在画板上单击黄色圆形。

② 选择"视图">"放大"，重复操作几次，以放大视图。

③ 选择与"橡皮擦工具" ◆ 在同一组的"剪刀工具" ✂️。

④ 将鼠标指针移动到黄色圆形的顶部锚点上。当看到"锚点"提示时，单击以切断该处的路径，如图 6-43 所示。

文档窗口顶部将显示一条消息，表示形状已经扩展。在默认情况下，该圆形是实时形状，而切断路径后，它不再是实时形状。

⑤ 选择"直接选择工具" ▷，按住鼠标左键向右上方拖动顶部锚点，如图 6-44 所示。

⑥ 将路径另一端的锚点拖动到左侧，当该锚点与第 5 步中拖动的锚点对齐时，将出现一条洋红色对齐参考线，如图 6-45 所示。

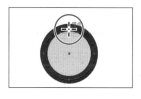

图 6-43　　　　　　　　　　　　　　　　　图 6-44

现在连接这两个锚点的路径是弯曲的，但是我们需要它是笔直的。

7 在选择"直接选择工具" ▷ 的情况下，框选这两个锚点，如图 6-46 所示。

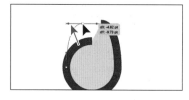
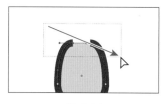

图 6-45　　　　　　　　　　　　　　　　　图 6-46

8 在"属性"面板中单击"将所选锚点转换为尖角"按钮 ﾄ，拉直路径的两端，如图 6-47 所示。第 7 课将学习有关转换锚点的更多内容。

9 单击工具栏底部的"编辑工具栏"按钮 ⋯，在弹出的"所有工具"面板中向下拖动滚动条，将"连接工具" ✍ 拖入左侧的工具栏中，放在"铅笔工具" ✎ 上，如图 6-48 所示。

图 6-47　　　　　　　　　　　　　　　　　图 6-48

> **注意** 按 Esc 键可隐藏"所有工具"面板。

10 选择"连接工具" ✍，按住鼠标左键拖过路径顶部的两端，如图 6-49 所示，确保在靠近尖端附近拖过。

当拖过（也称为"擦过"）路径时，路径将被扩展并连接或修剪并连接。在本例中，路径的两端已被扩展并连接。此外，可取消选择生成的连接图形，以便继续在其他路径上进行连接操作。

图 6-49

💡提示 按 Caps Lock 键会将"连接工具" ✘的鼠标指针变成更精确的光标-¦-,这将使您更容易确定连接发生的位置。

💡注意 如果通过按 Command + J 组合键(macOS)或 Ctrl + J 组合键(Windows)来连接开放路径的末端,则会以直线连接末端。

⑪ 选择"视图">"画板适合窗口大小"。

⑫ 选择"选择工具"▶,确保黄色图形仍处于选中状态。

⑬ 单击"属性"面板中的"排列"按钮,选择"置于顶层"命令,将黄色图形置于其他图形的顶层。

⑭ 将黄色图形拖到火焰图形上,并使其与火焰图形的底部对齐。

⑮ 将画板底部的 Camp 文本拖到 Logo 上。

⑯ 单击"属性"面板中的"排列"按钮,选择"置于顶层"命令,将文本放置在其他图形的上层,效果如图 6-50 所示。

⑰ 选择"选择">"取消选择",然后选择"文件">"存储",保存文件。

图 6-50

6.6 为路径添加箭头

Adobe Illustrator 中有许多不同的箭头样式及箭头编辑选项可供选择。您可以使用"描边"面板将箭头添加到路径的两端。本节将把箭头应用于一些路径以完成 Logo 的绘制。

❶ 在文档窗口下方的"画板导航"下拉列表中选择 4 logo 3 选项,以切换画板。

❷ 选择"选择工具"▶,选择左侧的粉红色弯曲路径。按住 Shift 键,选择右侧的粉红色弯曲路径。

💡注意 当绘制一条路径时,"起点"是绘制开始的位置,"终点"是绘制结束的位置。如果需要交换箭头的位置,可以单击"描边"面板中的"互换箭头起始处和结束处"按钮▣。

❸ 保持路径的选中状态,单击"属性"面板中的"描边"文本以打开"描边"面板。在"描边"面板中,更改以下选项,如图 6-51 所示。

· 将描边粗细更改为 3 pt。

· 在右侧的"箭头"下拉列表中选择"箭头 5"选项。这将在两条粉红色弯曲路径的末尾各添加一个箭头。

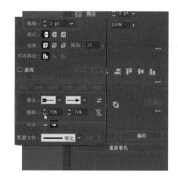

图 6-51

- 缩放（选择"箭头 5"的位置的正下方）设置为 70%。

- 在左侧的"箭头"下拉列表中选择"箭头 17"选项。这将在两条粉红色弯曲路径的起点各添加一个箭头。

- 缩放（选择"箭头 17"的位置的正下方）设置为 70%。

您可以尝试其他一些箭头设置。如更改"缩放"值或尝试使用其他箭头样式。

④ 保持路径的选中状态，在"属性"面板中将描边颜色更改为白色，最终效果如图 6-52 所示。

图 6-52

⑤ 选择"选择">"取消选择"。

⑥ 选择"文件">"存储"，然后选择"文件">"关闭"。

复习题

1. 默认情况下,"曲率工具"✍️创建的是曲线路径还是直线路径?
2. 当使用"曲率工具"✍️时,如何创建角锚点?
3. 如何更改"铅笔工具"✏️的工作方式?
4. 如何使用"铅笔工具"✏️重新绘制路径中的某些部分?
5. 如何使用"铅笔工具"✏️绘制直线路径?
6. "连接工具"✂️与"连接"命令(选择"对象">"路径">"连接")有何不同?

参考答案

1. 使用"曲率工具"✍️绘制路径时,默认情况下会创建曲线路径。
2. 使用"曲率工具"✍️绘制路径时,可以双击路径上的现有锚点将其转换为角锚点,或者在绘制时按住 Option 键(macOS)或 Alt 键(Windows)单击,以创建新的角锚点。
3. 要更改"铅笔工具"✏️的工作方式,可以双击工具栏中的"铅笔工具"✏️,或在选择"铅笔工具"✏️的情况下,单击"属性"面板中的"工具选项"按钮,以打开"铅笔工具选项"对话框,在其中更改"保真度"和其他选项。
4. 选择路径后,选择"铅笔工具"✏️,然后将鼠标指针移动到路径上,再重绘部分路径,最后回到原来的路径上结束重绘。
5. 使用"铅笔工具"✏️创建的路径默认情况下为自由形式路径。要使用"铅笔工具"✏️绘制直线路径,可以按住 Option 键(macOS)或 Alt 键(Windows),同时按住鼠标左键拖动来创建一条直线。
6. 与"连接"命令不同,"连接工具"✂️可以在连接时修剪重叠的路径,而不是简单地在要连接的锚点之间创建一条直线。"连接工具"✂️考虑了要连接的两条路径之间的角度。

使用"钢笔工具"绘图

本课概览

在本课中，您将学习以下内容。

- 使用"钢笔工具"绘制曲线和直线。
- 编辑曲线和直线。

- 删除和添加锚点。
- 在平滑锚点和角锚点之间转换。

学习本课大约需要 **60**分钟

在之前的课程中，您使用的是 Adobe Illustrator 的基本绘图工具。在本课中，您将学习使用"钢笔工具" ✒️创建和修改图稿。

▍7.1　开始本课

本课将主要使用"钢笔工具" ✐来创建路径。您将先通过练习文件来学习"钢笔工具" ✐的基本功能，然后使用"钢笔工具" ✐来绘制一只天鹅。

① 为了确保工具的功能和默认值完全如本课所述，请删除或停用（通过重命名）Adobe Illustrator首选项文件。具体操作请参阅本书"前言"中的"还原默认首选项"部分。

② 启动 Adobe Illustrator。

③ 选择"文件">"打开"，选择 Lessons>Lesson07 文件夹中的 L7_practice.ai 文件，单击"打开"按钮，效果如图 7-1 所示。

④ 选择"文件">"存储为"。

⑤ 如果弹出云文档对话框，单击"保存在您的计算机上"按钮。

⑥ 在"存储为"对话框中，定位到 Lesson07 文件夹并打开它，将文件 PenPractice.ai（macOS）或 PenPractice（Windows）。

从"格式"下拉列表中选择"Adobe Illustrator（ai）"选项（macOS）或从"保存类型"下拉列表中选择"Adobe Illustrator（*.AI）"选项（Windows），单击"保存"按钮。

⑦ 在"Illustrator 选项"对话框中，保持默认设置，单击"确定"按钮。

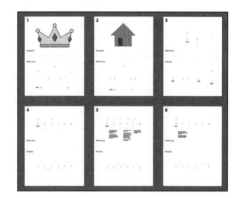

图 7-1

⑧ 选择"视图">"全部适合窗口大小"。

⑨ 选择"窗口">"工作区">"重置基本功能"。

> 💡 注意　如果在菜单中看不到"重置基本功能"选项，请在选择"窗口">"工作区">"重置基本功能"之前，选择"窗口">"工作区">"基本功能"。

▍7.2　了解"钢笔工具"

在第 6 课中，您使用"曲率工具" ✐和"铅笔工具" ✐创建了曲线和直线路径。您也可以使用"钢笔工具" ✐创建曲线和直线路径，而且使用"钢笔工具" ✐可以更好地控制绘制的路径的形状。

"钢笔工具" ✐能够用来创建要求更高精度的矢量图形，并且能够和其他绘图工具一起编辑已有图稿。

Adobe Photoshop 和 Adobe InDesign 等其他应用中也有"钢笔工具" ✐。了解如何利用"钢笔工具" ✐创建和编辑路径，不仅能让您在 Adobe Illustrator 中拥有更大的创作自由，在其他软件中也是如此。学习和掌握"钢笔工具" ✐需要进行大量练习。因此，建议您根据本课中的步骤多加练习。

选择"钢笔工具" ✐，单击可以创建角锚点。如果您创建了两个角锚点，就可以绘制出一条直线路径。

要使用"钢笔工具"✐创建曲线路径，您需要在单击时按住鼠标左键拖动来创建具有方向线的锚点。方向线用于控制锚点前后路径的长度和斜率。具体说明如图 7-2 所示。

您在使用"曲率工具" ✐或"铅笔工具" ✐绘制曲线路径时，其实也在创建方向线，但是使用这些工具进行绘制的时候您看不到方向线，也不能（也没必要）调整方向线。

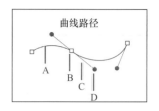

A. 路径段
B. 锚点
C. 方向线
D. 方向点
方向线和方向点合称为"方向手柄"。
图 7-2

7.3　开始使用"钢笔工具"

本节将打开一个练习文件并在设定的工作区练习使用"钢笔工具" ✐绘图。

❶ 如果尚未选择画板，请在文档窗口左下角的"画板导航"下拉列表中选择 1 选项。

如果画板没有适合文档窗口大小，请先选择"视图">"画板适合窗口大小"。

❷ 在工具栏中选中"缩放工具" Q，在画板的下半部分单击，进行放大。

❸ 选择"视图">"智能参考线"，关闭智能参考线。

智能参考线在其他绘图方式中非常有用，它可以帮您对齐锚点，但现在不需要它。

7.3.1　创建直线路径来绘制皇冠图形

本小节将按照第 1 块画板顶部的皇冠图形，使用"钢笔工具" ✐来创建皇冠图形的主要路径。

❶ 选择工具栏中的"钢笔工具" ✐。

❷ 在"属性"面板中，单击"填色"框，在弹出的面板中，确保选择了"色板"选项 ▤，并选择"无"色板。

❸ 单击"描边"框，选择 Black 色板。确保"属性"面板中的描边粗细为 1 pt，如图 7-3 所示。

当您开始使用"钢笔工具" ✐绘图时，最好不要在您创建的路径上填色，因为填色会覆盖路径的某些部分。如确有必要，可以在稍后进行填色。

图 7-3

> 💡 注意　如果您看到的鼠标指针是 × 形状而不是 ✎.形状，则 Caps Lock 键处于激活状态。
> Caps Lock 键被激活，可以提高精度。
> 开始绘图后，如果 Caps Lock 键处于激活状态，鼠标指针会变为 ⊹ 形状。

❹ 将鼠标指针移动到画板上标有 Work Area（工作区）的区域，并注意鼠标指针为 ✎.形状，如图 7-4 所示，这表示如果开始绘图，将创建新路径。

❺ 在标记为 1 的点（点 1）上单击，设置第一个锚点，如图 7-5（a）所示。

❻ 将鼠标指针从第 5 步创建的锚点上移开，无论将鼠标指针移动到何处，您都会看到一条连接第一个锚点和鼠标指针的直线段，如图 7-5（b）所示。

 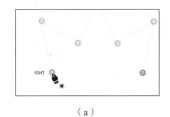 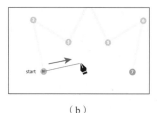

图 7-4　　　　　　　　　　　　　　（a）　　　　　（b）
　　　　　　　　　　　　　　　　　　图 7-5

这条线称为"钢笔工具预览线"或 Rubber Band（橡皮筋）线。当您需要创建曲线路径时，它会使绘制变得更容易，因为它可以显示路径的外观。此外，当鼠标指针上的星号消失时，表示您正在绘制路径。

⑦ 在点 2 上单击，创建另一个锚点，如图 7-6 所示。

您创建了一条由两个锚点和连接锚点的路径段组成的直线路径。您刚刚创建的锚点为角锚点。角锚点不像平滑锚点，锚点处会有一个角度。与"曲率工具" ✐ 不同，使用"钢笔工具" ✐ 单击默认创建的是角锚点和直线。

⑧ 继续依次单击点 3 ～ 7，每次单击后都将创建一个锚点，如图 7-7 所示。

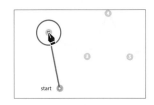 

图 7-6　　　　　　　　　　　　　　　图 7-7

⑨ 选择"选择工具" ▶，保持皇冠图形的选中状态。

⑩ 在"属性"面板中，单击"填色"框。在弹出的面板中，选择一个色板作为填充颜色，如图 7-8 所示。

请注意，即使皇冠图形是开放路径（端点未连接），仍然可以用颜色填充它。

⑪ 选择"文件"＞"存储"，保存文件。

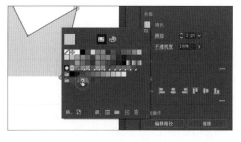

图 7-8

7.3.2　选择和编辑皇冠图形的路径

第 2 课介绍了使用"选择工具" ▶ 和"直接选择工具" ▷ 来选择内容的一些技巧。本小节将介绍使用这两种选择工具选择图稿的其他技巧。

① 选择"直接选择工具" ▷。

② 将鼠标指针移动到路径中标记为 4 的锚点（锚点 4）上，此锚点会变得比其他锚点稍大，且鼠标指针将变为 ▷ 形状，如图 7-9 所示。这表示如果单击，将选择该锚点。单击锚点，选中的锚点会变为实心的，而其他锚点还是空心的（未被选中）。

③ 按住鼠标左键将所选锚点向上拖动一点，重新定位它，如图 7-10 所示。所选锚点移动，而其他锚点保持静止，如第 2 课所述，这是编辑路径的一种方法。

④ 在画板的空白区域单击，取消路径的选择。

⑤ 将鼠标指针移动到锚点 5 和锚点 6 之间的路径段上，当鼠标指针变为▷形状时，单击，将该路径段选中。

⑥ 选择"编辑">"剪切"。

这将删除锚点 5 和锚点 6 之间的路径段，此时由于形状没有闭合，黄色只填充部分区域，如图 7-11 所示。

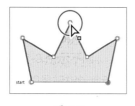

图 7-9

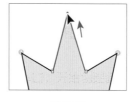

图 7-10

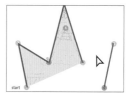

图 7-11

💡 **注意** 如果整个路径消失，请选择"编辑">"还原剪切"，然后再次尝试选择路径段。

接下来介绍如何再次连接路径。

⑦ 选择"钢笔工具" ✐，并将鼠标指针移动到锚点 5 上。请注意，鼠标指针会变为▷形状，如图 7-12 所示。这表示如果单击，将继续从该锚点开始绘制。

⑧ 单击。

⑨ 将鼠标指针移动到锚点 6 上，鼠标指针会变为▷形状，如图 7-13（a）所示，这表示如果单击，就会连接到另一条路径。单击以重新连接路径，如图 7-13（b）所示。

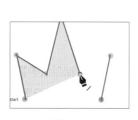

图 7-12

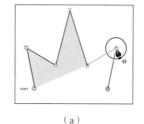

（a）

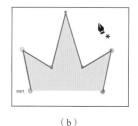

（b）

图 7-13

⑩ 选择"选择">"取消选择"。保持文件为打开状态，以备 7.3.3 小节使用。

7.3.3 使用"钢笔工具"绘制房子图形

前面介绍了在使用形状工具创建形状时，结合使用 Shift 键和智能参考线均可约束对象的形状。"钢笔工具" ✐也可结合 Shift 键和智能参考线使用，可将创建直线路径时的角度限制为 45°的整数倍。

本小节将使用"钢笔工具" ✐绘制直线路径并限制其角度。

① 在文档窗口左下角的"画板导航"下拉列表中选择 2 选项。

② 在工具栏中选择"缩放工具" Q，单击画板标有 Work Area 的区域进行放大。

③ 选择"视图">"智能参考线"，开启智能参考线。

④ 选择"钢笔工具" ✐，在"属性"面板中，确保填充颜色为"无"，描边颜色为黑色，描边粗

细为 1 pt。

⑤ 在标有 Work Area 的区域中，单击标记为 1 的点（点 1），以绘制第一个锚点，如图 7-14 所示。

⑥ 将鼠标指针从第一个锚点向上移动到点 2 位置，此时灰色测量标签会显示，因为已经开启了智能参考线，单击以添加另一个锚点，如图 7-15 所示。

如前面的课程所述，测量标签和对齐参考线是智能参考线的一部分。某些情况下，在使用"钢笔工具" ✏️ 绘图时，显示距离的测量标签是很有用的。

⑦ 将鼠标指针向左移动到点 3 上，当鼠标指针与点 2 对齐时，会直接"吸附"到位。您可能需要围绕此处多次移动鼠标指针才能看到这种"吸附"，单击以添加第 3 个锚点，如图 7-16 所示。

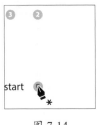

图 7-14

图 7-15

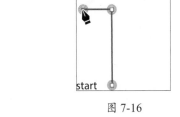

图 7-16

> 💡 **注意** 您可能会看到一条洋红色对齐参考线，指示该点与其他内容对齐，这是智能参考线的一部分。

⑧ 依次单击以添加第 4 个、第 5 个锚点，如图 7-17 所示。

智能参考线会试图把即将创建的锚点与画板上的其他内容对齐（"吸附"），这可能会使您很难准确地将锚点添加到所需位置。

⑨ 选择"视图">"智能参考线"，关闭智能参考线。

关闭智能参考线后，您需要按住 Shift 键来对齐锚点，这是您接下来要执行的操作。同样，关闭智能参考线后，测量标签也不会显示。

⑩ 按住 shift 键，单击添加第 6 个和第 7 个锚点，如图 7-18 所示，然后松开 Shift 键。

⑪ 将鼠标指针移动到第一个锚点上，当鼠标指针变为 ✏️ 形状时，单击以闭合路径，如图 7-19 所示。

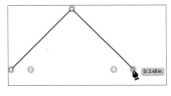

图 7-17

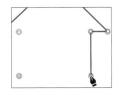

图 7-18

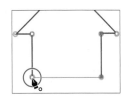

图 7-19

⑫ 在"属性"面板中，单击"填色"框。在弹出的面板中，选择一个色板作为填充颜色，如图 7-20 所示。

⑬ 单击"描边"框，选择"无"色板。

⑭ 选择"选择">"取消选择"。

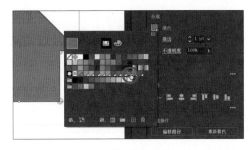

图 7-20

7.3.4 从曲线路径开始

您已经学习了使用"钢笔工具" ✐绘制角锚点，本小节将讲解如何绘制曲线路径，如图 7-21 所示。要创建路径，您需要在创建锚点时按住鼠标左键拖出方向手柄来确定曲线的形状。这种带有方向手柄的锚点，称为"平滑锚点"。

以这种方式绘制曲线，可以在创建路径时获得最大的可控性和灵活性。当然，掌握这个技巧需要一定的时间。本小节练习的目的不是创建任何具体的内容，而是让您习惯创建曲线路径的感觉。接下来将讲解如何创建一条曲线路径。

❶ 在文档窗口左下角的"画板导航"下拉列表中选择 3 选项。

❷ 在工具栏中选择"缩放工具" Q，在画板的下半部分单击两次以放大视图。

❸ 在工具栏中选择"钢笔工具" ✐。在"属性"面板中，确保填充颜色为"无"，描边颜色为Black，描边粗细为 1 pt。

❹ 选择"钢笔工具" ✐后，在画板的空白区域单击以创建起始锚点，然后将鼠标指针移开，如图 7-22 所示，此时会显示"钢笔工具预览线"，这是再次单击后绘制的路径的外观。

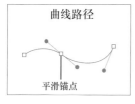

图 7-21

图 7-22

❺ 在空白区域单击，同时按住鼠标左键拖动创建一条曲线路径，如图 7-23 所示，松开鼠标左键。

当按住鼠标左键从锚点处向外拖动时，就会出现方向手柄。方向手柄是末端带有圆形方向点和方向线的组合，其角度和长度决定了曲线的形状和大小。

❻ 将鼠标指针拖离刚创建的锚点，观察前一段路径，如图 7-24 所示。将鼠标指针移开一点，观察曲线是如何变化的。

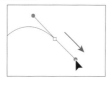

图 7-23

图 7-24

❼ 继续在不同区域中按住鼠标左键并拖动鼠标，创建一系列平滑锚点。

❽ 选择"选择">"取消选择"。保持此文件的打开状态，以便 7.3.5 小节使用。

7.3.5 使用"钢笔工具"绘制曲线

本小节将使用在 7.3.4 小节中学习到的曲线路径绘制知识，使用"钢笔工具" ✐来描摹弯曲的形状。这需要您仔细对照模板路径。

❶ 按住空格键切换到"抓手工具" ✋，按住鼠标左键向下拖动，直到看到当前画板顶部有 1 和 2 的曲线。

❷ 选择"钢笔工具" ✐后，单击标记为 1 的点（点 1），并按住鼠标左键向上拖动到红色点处，

松开鼠标左键，如图 7-25 所示。

到目前为止，您还没绘制任何内容，只是简单地创建了一条与模板路径在方向（向上）上大致相同的方向手柄。在第一个锚点上就拖出方向手柄，有助于绘制弯曲程度更大的路径。

❸ 在点 2 上按住鼠标左键向下方的红色点拖动，四处移动鼠标指针以查看路径的变化。方向手柄越长，曲线越陡峭；方向手柄越短，曲线越平坦。当鼠标指针到达红色点时，松开鼠标左键。两个锚点之间会沿着灰色弧线创建一条路径，如图 7-26 所示。

 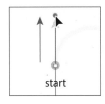

图 7-25

 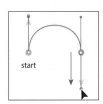

图 7-26

如果您创建的路径与模板路径没有完全对齐，请选择"直接选择工具" ▷，每次选择一个锚点以显示方向手柄。然后拖动方向点，直到您绘制的路径与模板路径完全对齐为止。

❹ 选择"选择工具" ▶，单击画板空白区域，或选择"选择">"取消选择"。

取消路径的选择将允许您新建另一条路径。如果在选中路径的情况下，使用"钢笔工具" ✐单击画板上某处，生成的新路径会连接到您绘制的前一个锚点上。

如果需要绘制相同的形状以进行更多练习，请向下滚动到同一画板中标有 Practice 的区域并在那里描摹形状。请确保先取消路径的选择。

7.3.6 使用"钢笔工具"绘制系列曲线路径

您已经学习了使用"钢笔工具" ✐绘制曲线路径，接下来将绘制一个包含多条连续曲线路径的形状。

❶ 在文档窗口左下角的"画板导航"下拉列表中选择 4 选项。选择"缩放工具" 🔍，在画板的上半部分单击几次进行放大。

❷ 选择"钢笔工具" ✐。在"属性"面板中，确保填充颜色为"无"，描边颜色为 Black，描边粗细为 1 pt。

❸ 在标记为 1 的点（点 1）上按住鼠标左键沿着弧线的方向（向上）拖动，然后停在红色点处，松开鼠标左键。

❹ 将鼠标指针移动到点 2（点 1 右边）上，按住鼠标左键向下拖动到红色点（点 2 下方）处，使用方向手柄调整第一个圆弧（在点 1 和 2 点之间），然后松开鼠标左键，如图 7-27 所示。

当使用平滑锚点（生成曲线）时，您会发现您花了很多时间在正在创建的当前锚点之后的路径段上。请牢记，默认情况下，锚点有两个方向手柄，使用方向手柄可以控制路径段的形状。

⑤ 交替执行按住鼠标左键向上或向下拖动的操作，继续绘制这条路径。在标有数字的地方添加锚点，并在标记为 6 的点处结束绘制，如图 7-28 所示。

如果您在绘制过程中出错，可以通过选择"编辑">"还原钢笔"来撤销操作，然后重新绘制。如果您的方向线与图 7-28 所示不一致也没问题。

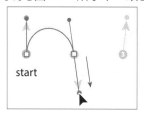

图 7-27

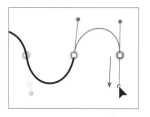

图 7-28

⑥ 路径绘制完成后，选择"直接选择工具"▷，然后单击路径中的任意一个锚点。

选择锚点后，其方向手柄将显示，如有必要，您可以重新调整路径的曲率。选择曲线后，还可以修改曲线的描边和填色。修改之后，绘制的下一条线段将具有与之相同的属性。如果想要练习形状绘制，请在该画板的下半部分（标有 ractice 的区域）描摹形状。

⑦ 选择"选择">"取消选择"，然后选择"文件">"存储"，保存文件。

7.3.7 将平滑锚点转换为角锚点

创建曲线路径段时，方向手柄有助于确定曲线路径的形状和大小。如果您想在直线路径之后接着创建曲线路径，可以移除锚点的方向手柄将平滑锚点转换为角锚点。本小节将练习平滑锚点和角锚点的转换，如图 7-29 所示。

① 在文档窗口左下角的"画板导航"下拉列表中选择 5 选项。

在画板顶部，您将看到要描摹的路径。您将使用该路径作为练习模板，直接在这些模板路径上创建路径。

② 选择"缩放工具"🔍，在画板顶部单击几次进行放大。

③ 选择"钢笔工具"✒。在"属性"面板中，确保填充颜色为"无"，描边颜色为 Black，描边粗细仍为 1 pt。

④ 按住 Shift 键，并按住鼠标左键从标记为 1 的点（点 1）向上朝着圆弧方向拖动，到红色点处停止拖动，松开鼠标左键和 Shift 键，如图 7-30 所示。

拖动时按住 Shift 键可将方向手柄的角度限制为 45° 的整数倍。接下来将绘制标记为 2 的锚点（锚点 2）。

⑤ 在点 2（点 1 右边）上按住鼠标左键向下拖动到橙色点处。拖动时，按住 Shift 键。当曲线正确时，松开鼠标左键，松开 Shift 键。保持路径为选中状态。

现在，您需要切换曲线方向并创建另一个圆弧。接下来将拆分方向手柄，或者说将两条方向线移动到不同方向，从而使平滑锚点转换为角锚点。当使用"钢笔工具"✒按住鼠标左键拖动来创建平滑锚点时，您将创建前导方向线和后随方向线，如图 7-31 所示。在默认情况下，这两条方向线成对且等长。

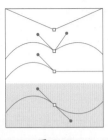

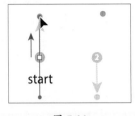

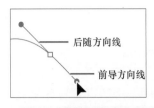

图 7-29   图 7-30   图 7-31

> **注意** 按住 Option 键（macOS）或 Alt 键（Windows）可为对应锚点创建一个独立的新方向手柄。如果不按住 Option 键（macOS）或 Alt 键（Windows），将不会拆分方向手柄，该锚点仍会是一个平滑锚点。

⑥ 按住 Option 键（macOS）或 Alt 键（Windows），将鼠标指针移动到您在第 5 步创建的锚点 2 上。当鼠标指针变为▶，形状时，按住鼠标左键将下方的那个方向手柄向上拖动到红色点处，如图 7-32 所示。松开鼠标左键，松开 Option 键（macOS）或 Alt 键（Windows）。如果鼠标指针上没显示转换点图标 ^，您最终可能会创建一个环。

您还可以按住 Option 键（macOS）或 Alt 键（Windows），按住鼠标左键拖动方向点。任何一种方法都可以"拆分"方向手柄，使它们指向不同的方向。

⑦ 将鼠标指针移动到模板路径右侧的点 3 上，按住鼠标左键向下拖动到橙色点处。当路径类似于模板路径时，松开鼠标左键。

⑧ 按住 Option 键（macOS）或 Alt 键（Windows），将鼠标指针移动到您在第 7 步创建的锚点 3 上。当鼠标指针变为▶，形状时，按住鼠标左键将下方的那个方向手柄向上拖动到红色点处。松开鼠标左键，松开 Option 键（macOS）或 Alt 键（Windows）。

对于下一个锚点，将不松开鼠标左键来拆分其方向手柄。

⑨ 在点 4 位置，按住鼠标左键向下拖动到橙色点处，直到路径看起来正确为止。这一次，在不松开鼠标左键的情况下，按住 Option 键（macOS）或 Alt 键（Windows），向上拖动到红色点处，如图 7-33 所示。松开鼠标左键，松开 Option 键（macOS）或 Alt 键（Windows）。

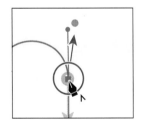

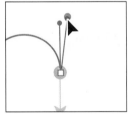

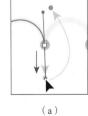

（a）   （b）

图 7-32   图 7-33

⑩ 按照上述方法继续，直到路径完成。

⑪ 使用"直接选择工具"▷微调路径，然后取消选择路径。

7.3.8　组合曲线路径和直线路径

在实际绘图中使用"钢笔工具"✎时，常常需要在绘制曲线路径和直线路径之间切换。本小节将介绍如何从绘制曲线路径切换到绘制直线路径，又如何从绘制直线路径切换到绘制曲线路径。

① 在文档窗口左下角的"画板导航"下拉列表中选择6选项。选择"缩放工具"🔍，在画板的上半部分单击几次，放人视图。

② 选择"钢笔工具"✒️，单击标记为1的点（点1），按住鼠标左键向上拖动到红色点处，松开鼠标左键。

到目前为止，您一直在模板中拖动鼠标到橙色点处或红色点处。在实际绘图中，这些点显然是不存在的，所以创建下一个锚点时不会有点作为参考。不过别担心，您可以随时选择"编辑">"还原钢笔"，然后进行多次尝试。

③ 单击点2并按住鼠标左键向下拖动，当路径与模板大致匹配时松开鼠标左键，如图7-34所示。

现在您应该已经熟悉这种创建曲线路径的方法了。

如果单击点3继续绘制，甚至按住Shift键（生成直线路径）单击，则路径都是弯曲的。因为您创建的最后一个锚点是平滑锚点，并且有一个前导方向手柄。图7-35显示了如果使用"钢笔工具"✒️单击点3时，创建的路径的大致形状。接下来将通过移除前导方向手柄，以绘制直线路径的形式继续该路径。

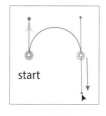

图 7-34

图 7-35

④ 将鼠标指针移动到第3步创建的标记为2的锚点（锚点2）上。当鼠标指针变为✒️形状时，单击该锚点，如图7-36（a）所示。这将从锚点中删除前导方向手柄（而不是后随方向手柄），结果如图7-36（b）所示。

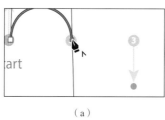

（a）

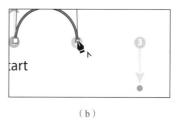

（b）

图 7-36

⑤ 按住Shift键，在模板路径右侧的点3上单击以添加下一个锚点。松开Shift键，创建一条直线路径，如图7-37所示。

⑥ 对于下一条弧线，将鼠标指针移动到第5步创建的锚点3上，当鼠标指针变为✒️形状时，按住鼠标左键向下拖动到红色点处。这将创建一个新的、独立的方向手柄，如图7-38所示。

图 7-37

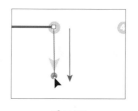

图 7-38

其余部分路径，您可以按照模板的指引自行绘制。剩余部分无图示，所以如果需要指导，请查看前面步骤的图示。

⑦ 单击点 4 并按住鼠标左键向上拖动以创建锚点 4，完成弧线绘制。

⑧ 单击第 7 步创建的锚点 4，删除前导方向手柄。

⑨ 按住 Shift 键并单击点 5，创建第二条直线路径。

⑩ 按住鼠标左键从第 9 步创建的锚点 5 向上拖动，创建一个方向路径。

⑪ 按住鼠标左键向下拖动到终点（点 6），创建最后一条弧线。

如果您想要练习绘制相同的形状，请向下滚动到同一画板中标有 Practice 的区域，在那里描摹形状。绘制前确保已取消选择之前的图稿。

⑫ 选择"文件">"存储"，然后选择"文件">"关闭"。

您可以根据需要多次打开 L7_practice.ai 文件，并在该文件中反复使用这些模板，根据自己的需求不断练习。

7.4　使用"钢笔工具"创建图稿

本节将运用所学的知识在项目中创建一些图稿。您将绘制一个结合了曲线和折角的天鹅图形。请您花时间练习绘制该图形，您可以使用本书提供的参考模板。

> 💡 提示　别忘了，您可以始终撤销已绘制的点（"编辑">"还原钢笔"），然后重新绘制。

① 选择"文件">"打开"，打开 Lessons>Lesson07 文件夹中的 L7_end.ai 文件，查看最终图稿，如图 7-39 所示。

② 选择"视图">"全部适合窗口大小"，查看最终图稿。如果您不想让该图稿保持打开状态，请选择"文件">"关闭"。

③ 选择"文件">"打开"，打开 Lessons>Lesson07 文件夹中的 L7_start.ai 文件，如图 7-40 所示。

图 7-39

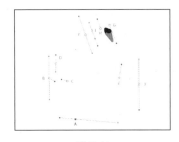

图 7-40

④ 选择"文件">"存储为"。

如果弹出云文档对话框，则单击"保存在您的计算机上"按钮。

⑤ 在"存储为"对话框中，将文件命名为 Swan，选择 Lesson07 文件夹，从"格式"下拉列表中选择 Adobe Illustrator（ai）选项（macOS）或从"保存类型"下拉列表中选择 Adobe Illustrator（*.AI）选项（Windows），单击"保存"按钮。

⑥ 在"Illustrator 选项"对话框中，保持默认设置，单击"确定"按钮。

⑦ 选择"视图">"画板适合窗口大小"，确保能看到整个画板。

⑧ 打开"图层"面板（选择"窗口 > 图层"），单击名为 Artwork 的图层，如图 7-41 所示。

⑨ 在工具栏中选择"钢笔工具" ✐。

⑩ 在"属性"面板（选择"窗口 > 属性"）中，确保填色为"无"，描边颜色为 Black，描边粗细为 1 pt。

图 7-41

绘制天鹅

现在已经打开并准备好了文件，您将基于前面几节的练习使用"钢笔工具" ✐来绘制一个美观的天鹅图形。

① 选择"钢笔工具" ✐，在天鹅主体模板上标记为 A 的蓝色正方形（点 A）上按住鼠标左键拖动到红色点处，以设置第一条曲线路径的起始锚点和方向，如图 7-42 所示。

> 💡 注意 您不必一定从标记为"A"的蓝色正方形（点 A）开始绘制，使用"钢笔工具" ✐按顺时针或逆时针方向进行绘制都可以。

② 移动鼠标指针到点 B 处，按住鼠标左键拖动到橙色点处，创建第一条曲线路径，如图 7-43 所示。

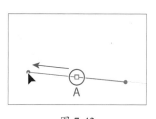

图 7-42

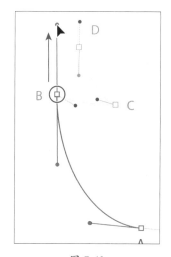

图 7-43

记住，当拖动方向手柄时，要关注路径的外观变。将鼠标指针拖动到模板上的彩色标记点处很容易，但是当您在创建自己的内容时，您需要时刻留意正在创建的路径，因为没有标记点可参考。接下来，您将创建一个平滑锚点并拆分方向手柄。

③ 将鼠标指针再次移动到点 B 上，当鼠标指针变为 ✐ᵏ形状时，按住 Option 键（macOS）或 Alt 键（Windows），按住鼠标左键向红色点处拖动，创建新的方向手柄，如图 7-44 所示。松开鼠标左键，松开 Option 键（macOS）或 Alt 键（Windows）。

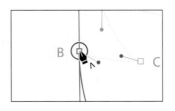 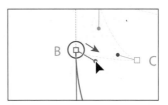

图 7-44

④ 将鼠标指针移动到点 C 上，单击以添加锚点。

⑤ 要使下一条路径为曲线路径，可将鼠标指针移动到第 4 步在点 C 处创建的锚点上，按住鼠标左键拖动到红色点处，添加方向手柄，如图 7-45 所示。

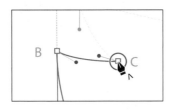 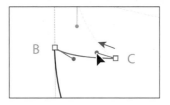

图 7-45

⑥ 将鼠标指针移到点 D 上，按住鼠标左键拖动到红色点处，如图 7-46 所示。

下一段是直线路径，因此需要删除 D 处锚点上的一个方向手柄。

⑦ 将鼠标指针移动到点 D 上，当鼠标指针变为 ⬝ 形状时，单击以删除锚点的前导方向手柄，如图 7-47 所示。

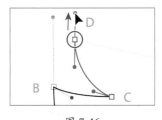

图 7-46

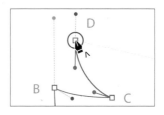

图 7-47

⑧ 在点 E 上单击，创建一条直线，如图 7-48 所示。

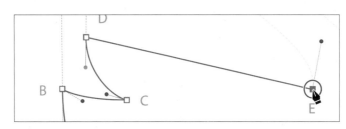

图 7-48

当使用"钢笔工具" ✒ 绘图时，您可能需要编辑您之前绘制的部分路径。选择"钢笔工具" ✒，按住 Option 键（macOS）或 Alt 键（Windows），将鼠标指针移动到要修改的路径上，按住鼠标左键并拖动，修改该路径。

⑨ 将鼠标指针移动到点 D 和点 E 之间的路径上，按住 Option 键（macOS）或 Alt 键（Windows），当鼠标指针变为 ▸ 形状时，按住鼠标左键向上拖动路径使其弯曲，如图 7-49 所示。松开鼠标左键，松

开 Option 键（macOS）或 Alt 键（Windows）。这将为线段两端的锚点添加方向手柄。

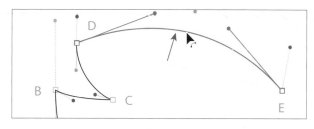

图 7-49

松开鼠标左键后，请注意，当您移动鼠标指针时，您可以看到"钢笔工具" ✍ 仍然连着"钢笔工具预览线"，这意味着您仍然在绘制路径。

💡 提示　您还可以按住 Option + Shift 组合键（macOS）或 Alt + Shift 组合键（Windows），将方向手柄限制在垂直方向，且方向手柄的长度相等。

点 E 之后的是曲线路径，因此您需要在点 E 处为锚点添加前导方向手柄。

⑩ 将鼠标指针移动到点 E 上，按住鼠标左键向上拖动到红色点处，创建新的方向手柄，如图 7-50 所示。

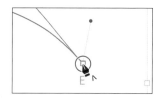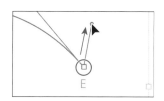

图 7-50

💡 注意　在第 9 步松开鼠标左键后，如果您把鼠标指针移开，然后把鼠标指针移回点 E 处，鼠标指针旁边将出现转换点图标 ∧。

⑪ 在点 F 处按住鼠标左键拖动到红色点处，继续绘图。

⑫ 在点 G 处按住鼠标左键拖动到红色点处。

下一段是直线路径，因此您需要删除 G 处锚点的前导方向手柄。

💡 提示　创建锚点时，您可以按住空格键来移动该锚点。

⑬ 将鼠标指针移动到点 G 上，当鼠标指针变为 ✍ 形状时，如图 7-51（a）所示，单击删除前导方向手柄，如图 7-51（b）所示。

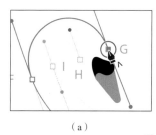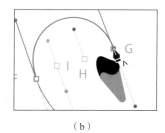

（a）　　　　　　　　　　　（b）

图 7-51

⑭ 单击点 H 以创建一个新锚点。

下一部分是曲线路径，因此您需要为 H 处的锚点添加一个前导方向手柄。

⑮ 再次将鼠标指针移动到点 H 上，当鼠标指针变为 🖊️ 形状时，按住鼠标左键向上拖动到红色点处，为锚点添加前导方向手柄，如图 7-52 所示。

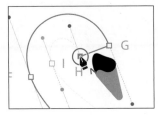 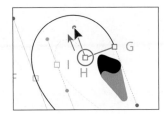

图 7-52

⑯ 将锚点 I 拖动到橙色点处，然后松开鼠标左键，如图 7-53（a）所示。

⑰ 按住 Option 键（macOS）或 Alt 键（Windows），当鼠标指针变为 🖊️ 形状时，按住鼠标左键将方向点从橙色点向下拖动到红色点处，如图 7-53（b）所示。

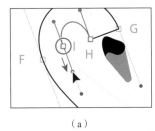 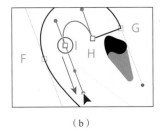

（a）   （b）

图 7-53

⑱ 在点 J 上按住鼠标左键拖动到红色点处。

接下来将闭合路径完成天鹅图形的绘制。

⑲ 将鼠标指针移动到点 A 上，但不要单击。

请注意，此时鼠标指针变为 🖊️ 形状，如图 7-54 所示。这表示如果单击该锚点（现在还不要单击），将闭合路径。如果您在该锚点处按住鼠标左键拖动，则锚点两侧的方向手柄将呈一条直线并一起移动。此时需要扩展其中一个方向手柄，使路径与模板一致。

⑳ 按住鼠标左键向左稍微偏上一点拖动，如图 7-55 所示。注意，这会在相反方向（右下方）显示方向手柄。移动鼠标指针，直到曲线看起来合适。

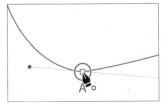

图 7-54

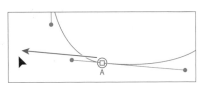

图 7-55

通常，当您在一个锚点上按住鼠标左键并拖动鼠标时，会在该锚点之前和之后显示方向手柄。如果不按住 Option 键（macOS）或 Alt 键（Windows），您在基于闭合锚点拖动鼠标时，您将重塑锚点之前和之后的路径；而按住 Option 键（macOS）或 Alt 键（Windows），您在基于闭合锚点拖动鼠标时，可以单独编辑闭合锚点之前的路径。

㉑ 单击"属性"面板中的"填色"框，在弹出的面板中选择白色色板。

㉒ 按住 Option 键（macOS）或 Alt 键（Windows），在路径以外的地方单击以取消选择，然后选择"文件">"存储"。

> 💡 **注意** 在路径以外的地方单击，这是在选择"钢笔工具" ✒️时取消路径选择的快捷方法。您也可以使用其他方法，如"选择">"取消选择"。

7.5 编辑路径和锚点

本节将编辑 7.4 节创建的天鹅图形的一些路径和锚点。

7.5.1 编辑路径

❶ 选择"直接选择工具" ▷，单击标记为 J 的锚点（锚点 J），按住鼠标左键向左拖动该锚点，大致匹配整个图形，如图 7-56 所示。

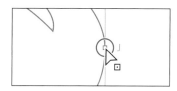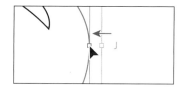

图 7-56

> 💡 **提示** 当使用"直接选择工具" ▷拖动路径时，按住 Shift 键可将方向手柄限制在垂直方向，这将确保方向手柄的长度相等。

❷ 移动鼠标指针到锚点 F 和锚点 G 之间的路径（位于天鹅颈部）上，当鼠标指针变为 ▶︎₊形状时，按住鼠标左键并朝上偏左一点拖动该路径，以改变路径的曲率，如图 7-57 所示。这是一种对曲线路径进行编辑的简便方法，因为无须编辑每个锚点的方向手柄。

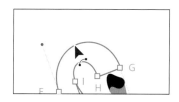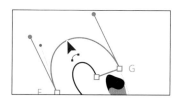

图 7-57

注意，当在路径上的鼠标指针变为 ▶︎₊形状时，意味着您可以拖动该路径，并调节锚点和方向手柄。

❸ 选择"选择">"取消选择"，然后选择"文件">"存储"，保存文件。

7.5.2 删除和添加锚点

大多数情况下，使用"钢笔工具" ✒️或"曲率工具" ✒️等绘制路径是为了避免出现不必要的锚点。

您可以删除不必要的锚点来降低路径的复杂度或调整其整体形状（从而使形状更可控），也可以通过向路径添加锚点来扩展路径。本小节将删除和添加天鹅图形不同部分的锚点。

❶ 打开"图层"面板（选择"窗口">"图层"）。在"图层"面板中，单击名为 Bird template 图层的眼睛图标👁，如图 7-58 所示，隐藏图层内容。

❷ 选择"直接选择工具"▷，单击天鹅图形将其选择。

您将删除天鹅尾部的几个锚点，以简化路径。

❸ 在工具栏中选择"钢笔工具"✎，并将鼠标指针移动到图 7-59（a）红圈所示的锚点上，当鼠标指针变为✎_形状时，单击以删除锚点。

❹ 将鼠标指针移动到图 7-59（b）红圈所示的锚点上，当鼠标指针变为✎_形状时，单击以删除锚点。

图 7-58

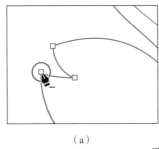 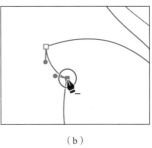

（a）　　　　　　　　　（b）

图 7-59

💡 **提示**　选择锚点后，您也可以单击"属性"面板中的"删除所选锚点"按钮✎来删除选择的锚点。

接下来将重新调整剩余路径。在选择"钢笔工具"✎的情况下，您可以按住 Command 键（macOS）或 Ctrl 键（Windows），切换到"直接选择工具"▷，以便编辑路径。松开 Command 键（macOS）或 Ctrl 键（Windows），即可继续用"钢笔工具"✎进行绘制。

❺ 按住 Command 键（macOS）或 Ctrl 键（Windows），切换到"直接选择工具"▷。移动鼠标指针到图 7-60 红圈所示的锚点上，当鼠标指针变为▷形状时，单击选中锚点。

❻ 不松开 Command 键（macOS）或 Ctrl 键（Windows），按住鼠标左键从选中锚点向左下方拖动方向点调整路径形状，如图 7-61 所示。松开鼠标左键和 Command 键（macOS）或 Ctrl 键（Windows）。

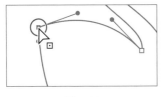 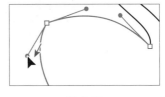

图 7-60　　　　　　　　　　　图 7-61

在调整过的路径上，您可以添加新的锚点来进一步调整路径的形状。

💡 **注意**　如果您不小心取消选择，可以按住 Command 键（macOS）或 Ctrl 键（Windows），单击该路径，然后单击锚点查看其方向手柄。

❼ 移动鼠标指针到天鹅图形左边、第 5 步所选锚点的下方，当鼠标指针变为✎₊形状时，单击以

添加锚点，如图 7-62 所示。

⑧ 按住 Command 键（macOS）或 Ctrl 键（Windows），切换到"直接选择工具" ，选择第 6 步添加的锚点并按住鼠标左键朝左下方拖动，调整路径形状，如图 7-63 所示。松开鼠标左键和 Command 键（macOS）或 Ctrl 键（Windows）。

最后，您将在天鹅图形的底部添加一个新锚点，以便在 7.5.3 小节中能够重新调整天鹅图形的底部路径。

⑨ 移动鼠标指针到天鹅图形的底部路径上，当鼠标指针变为 形状时，单击以添加锚点，如图 7-64 所示。

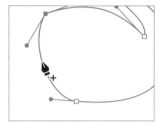
图 7-62

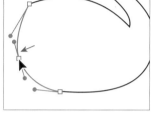
图 7-63

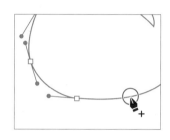
图 7-64

7.5.3 在平滑锚点和角锚点之间转换

为了更精确地控制创建的路径，您可以使用多种方法将平滑锚点转换为角锚点，以及将角锚点转换为平滑锚点。

① 选择"直接选择工具" ，选择上一小节最后添加的锚点，按住 Shift 键并单击其左侧的锚点（之前的锚点 A），同时选择这两个锚点，如图 7-65 所示。

② 在"属性"面板中，单击"将所选锚点转换为尖角"按钮 ，将平滑锚点转换为角锚点，如图 7-66 所示。

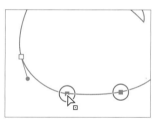
图 7-65

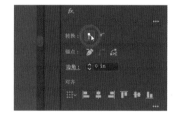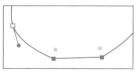
图 7-66

③ 单击"属性"面板中的"垂直底对齐"按钮 ，将选择的第 1 个锚点与选择的第 2 个锚点对齐，如图 7-67 所示。

图 7-67

先选择的锚点将与最后选择的锚点（称为关键锚点）对齐。

④ 选择"选择">"取消选择"，然后选择"文件">"存储"，保存文件。

7.5.4 使用"锚点工具"完成天鹅头部的绘制

另一种将锚点在平滑锚点和角锚点之间转换的方法是使用"锚点工具"。本小节将使用"锚点工具"来完成天鹅头部的绘制。

① 选择"选择工具"，选择天鹅图形。

② 在工具栏中的"钢笔工具"上长按鼠标左键，在工具菜单中选择"锚点工具"。

如果使用"锚点工具"在平滑锚点上单击，锚点上的方向手柄将被移除，对应锚点将成为角锚点。"锚点工具"可以用于删除锚点的两个或其中一个方向手柄，将平滑锚点转换成角锚点；或者为锚点创建方向手柄。如果锚点的方向手柄被拆分了，从锚点重新拖出方向手柄是一种非常方便的方法。

③ 将鼠标指针移动到图 7-68（a）红圈所示的锚点上，当鼠标指针变为形状时，按住鼠标左键从该锚点向左上方拖动到颈部，拖出方向手柄，如图 7-68（b）所示。拖动方向取决于之前路径绘制的方向，在反方向上拖动会反转方向手柄。

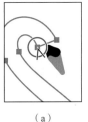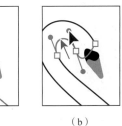

（a） （b）

图 7-68

④ 将鼠标指针移动到第 3 步编辑过的锚点右侧的锚点上。当鼠标指针变为形状时，按住鼠标左键向右下方拖动。确保天鹅头部看起来真实，如图 7-69 所示。

⑤ 选择"直接选择工具"，向左上方拖动第 4 步选择的锚点的底部方向点，使路径更短、弯曲程度更小，如图 7-70 所示。

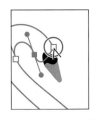

图 7-69

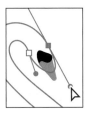

图 7-70

当使用"锚点工具" ⊾ 创建锚点上的方向手柄时，方向手柄是拆分的，这意味着您可以单独移动它们。接下来将使平滑锚点（带方向手柄）转换为角锚点。

7.5.5 使用"锚点工具"完成天鹅图形的绘制

接下来将使用"锚点工具" ⊾ 完成天鹅图形的绘制。

❶ 打开"图层"面板（选择"窗口">"图层"）。在"图层"面板中，单击 Wing 图层和 Background 图层的眼睛图标位置，如图 7-71 所示，显示这两个图层的内容。

您现在应该能看到天鹅图形的翅膀了。它由一系列相互重叠的简单路径组成。您需要把翅膀右边缘的锚点变成角锚点，而非平滑锚点。

❷ 在工具栏中选择"直接选择工具" ▷，单击天鹅翅膀，您会看到翅膀上的锚点，如图 7-72 所示。

图 7-71

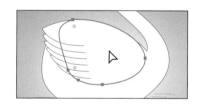

图 7-72

❸ 在工具栏中选择"锚点工具" ⊾，将鼠标指针移动到图 7-73（a）红圈所示位置。单击可将该锚点从平滑锚点（带方向手柄）转换为角锚点，如图 7-73（b）所示。

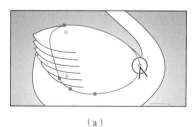

（a）

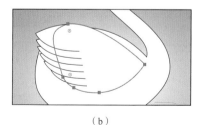

（b）

图 7-73

❹ 选择"直接选择工具" ▷，按住鼠标左键拖动第 3 步转换的锚点，把它贴合到天鹅颈部底部的锚点上，如图 7-74 所示。

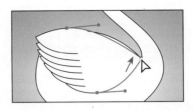

图 7-74

⑤ 将鼠标指针移动到翅膀顶部锚点右侧的方向手柄末端，按住鼠标左键拖动以更改路径的形状，如图 7-75 所示。

⑥ 选择"选择">"取消选择"。

⑦ 选择"视图">"画板适合窗口大小"，最终效果如图 7-76 所示。

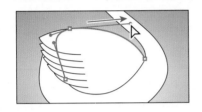

图 7-75

图 7-76

⑧ 选择"文件">"存储"，保存文件，选择"文件">"关闭"。

1. 描述如何使用"钢笔工具" ✒ 绘制垂直线段、水平线段以及对角线。
2. 如何使用"钢笔工具" ✒ 绘制曲线?
3. "钢笔工具" ✒ 可以创建哪两种锚点?
4. 简述两种将曲线上的平滑锚点转换成角锚点的方法。
5. 哪种工具可以用于编辑曲线路径?

参考答案

1. 要绘制一条直线,可以使用"钢笔工具" ✒ 在画板上单击,然后移动鼠标指针后再次单击。第一次单击设置线段的起始锚点,第二次单击设置线段的结束锚点。要限制线段为垂直线段、水平线段或对角线,可以在使用"钢笔工具" ✒ 单击创建第二个锚点时按住 Shift 键。
2. 要使用"钢笔工具" ✒ 绘制曲线,可单击创建起始锚点,再按住鼠标左键拖动以设置曲线的方向,然后单击设置曲线的终止锚点。
3. "钢笔工具" ✒ 可以创建角锚点和平滑锚点。角锚点没有方向手柄或者具有拆分的方向手柄,可以使路径改变方向。平滑锚点则具有成对方向手柄。
4. 若要将曲线上的平滑锚点转换为角锚点,可使用"直接选择工具" ▷ 选择锚点,然后使用"锚点工具" ⅃ 拖动方向手柄更改方向。另一种方法是使用"直接选择工具" ▷ 选择一个或多个锚点,然后单击"属性"面板中的"将所选锚点转换为尖角"按钮 ⌐。
5. 要编辑曲线路径,可选择"直接选择工具" ▷,然后按住鼠标左键拖动路径使其移动,或按住鼠标左键拖动锚点上的方向手柄,调整路径的长度和形状。按住 Option 键(macOS)或 Alt 键(Windows)并使用"钢笔工具" ✒ 拖动路径段是调整路径的另一种方法。

使用颜色优化图稿

本课概览

在本课中，您将学习以下内容。

- 了解颜色模式和主要颜色控件。
- 使用多种方法创建、编辑和应用颜色。
- 命名和存储颜色。
- 将外观属性从一个对象复制并粘贴给另一个对象。
- 使用颜色组。
- 使用"颜色参考"面板获得创意灵感。
- 了解"重新着色图稿对话框"。
- 使用实时上色工具。

学习本课大约需要 75 分钟

您可以利用 Adobe Illustrator 中的颜色控件，为图稿增添色彩。

在内容丰富的本课中，您将学习如何创建和应用填充颜色和描边颜色、使用"颜色参考"面板获取灵感，以及使用颜色组、重新着色图稿等功能。

8.1 开始本课

本课将通过"色板"面板等来创建和编辑滑雪区图稿的颜色，从而学习颜色的基础知识。

① 为了确保工具的功能和默认值完全如本课所述，请删除或停用（通过重命名）Adobe Illustrator 首选项文件。具体操作请参阅本书"前言"中的"还原默认首选项"部分。

② 启动 Adobe Illustrator。

③ 选择"文件">"打开"，打开 Lessons>Lesson08 文件夹中的 L8_end1.ai 文件，查看最终图稿，如图 8-1 所示。

④ 选择"视图">"全部适合窗口大小"。您可以使文件保持打开状态以供参考，也可以选择"文件">"关闭"，将其关闭。

⑤ 选择"文件">"打开"，在"打开"对话框中定位到 Lessons>Lesson08 文件夹，选择 L8_start1.ai 文件，单击"打开"按钮，打开文件。该文件已经包含了所有图稿内容，只需要上色。

图 8-1

⑥ 在弹出的"缺少字体"对话框中，确保勾选"激活"列中的每种字体对应的复选框，然后单击"激活字体"按钮，如图 8-2 所示。一段时间后，字体会被激活。您应该会在"缺少字体"对话框中看到一条激活成功的提示消息。单击"关闭"按钮。

⑦ 选择"视图">"全部适合窗口大小"，效果如图 8-3 所示。

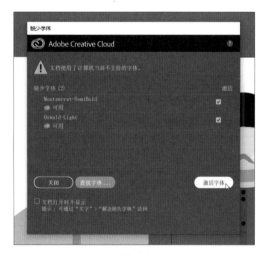

图 8-2

图 8-3

⑧ 选择"文件">"存储为"。如果弹出云文档对话框，请单击"保存在您的计算机上"按钮。

⑨ 在"存储为"对话框中，定位到 Lesson08 文件夹，并将文件命名为 Snowboarder。从"格式"下拉列表中选择 Adobe Illustrator（ai）选项（macOS）或从"保存类型"下拉列表中选择 Adobe Illustrator（*.AI）选项（Windows），单击"保存"按钮。

⑩ 在"Illustrator 选项"对话框中，保持默认设置，单击"确定"按钮。

⑪ 选择"窗口">"工作区">"重置基本功能"。

8.2 了解颜色模式

在 Adobe Illustrator 中，有多种方法可以将颜色应用到图稿中。在使用颜色时，您需要考虑将在哪种媒介中发布图稿，例如，是 Web 还是"打印"。您创建的颜色需要符合相应的媒介的要求，这通常要求您使用正确的颜色模式和颜色定义。下面将介绍各种颜色模式。

在创建一个新文件之前，您应该确定作品应该使用哪种颜色模式："CMYK 颜色"还是"RGB 颜色"。

· CMYK 颜色：青色、洋红色、黄色和黑色，是四色印刷中使用的油墨颜色；这 4 种颜色以点的形式组合和重叠，创造出大量其他颜色。

· RGB 颜色：红色、绿色和蓝色的光以不同方式叠加在一起合成一系列颜色；如果图稿需要在屏幕上演示，在互联网或移动应用程序中使用，请选择此颜色模式。

当您选择"文件">"新建"创建新文件时，每个预设（如 Web 或"打印"）都有一个特定的颜色模式。例如，"打印"配置文件使用"CMYK 颜色"。展开"新建文档"对话框中的"高级选项"栏，您可以通过在"颜色模式"下拉列表选择不同的选项来轻松更改颜色模式，如图 8-4 所示。

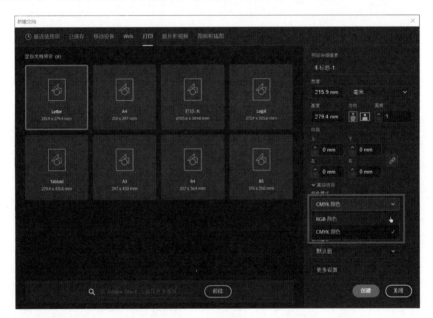

图 8-4

一旦选择了一种颜色模式，文档就将以该颜色模式显示和创建颜色。创建文件后，可以选择"文件">"文档颜色模式">"CMYK 颜色"或"RGB 颜色"，更改文档的颜色模式。

8.3 使用颜色

本节将介绍在 Adobe Illustrator 中使用面板和工具为对象着色（也称为"上色"）的常用方法，如"属性"面板、"色板"面板、"颜色参考"面板、拾色器和工具栏中的上色工具。

💡 **注意** 您看到的工具栏可能是两列的，具体取决于屏幕的分辨率。

在前面的课程中，您了解了 Adobe Illustrator 中的对象可以有"填色""描边"属性有之。请注意工具栏底部的"填色"框和"描边"框，"填色"框是白色的（本例），而"描边"框为黑色，如图 8-5 红色箭头所示。如果您单击其中一个框，单击的框（被选中）将切换到另一个框的前面。选择一种颜色后，它将应用于所选对象的填色或描边。当您对 Adobe Illustrator 有了一定了解后，您将在其他许多地方看到这些"填色"框和"描边"框，如"属性"面板、"色板"面板等。

Adobe Illustrator 提供了很多方法来让您获取所需的颜色。您可以先将现有颜色应用到形状，然后通过一些方法来创建和应用颜色。

图 8-5

8.3.1 应用现有颜色

Adobe Illustrator 中的每个新文件都有其默认的一系列颜色，可供您在"色板"面板中以色板的形式应用到图稿中。您要学习的第一种上色方法就是将现有颜色应用到形状。

💡 **注意** 本课将在颜色模式为"CMYK 颜色"的文件中操作。这意味着，您创建的颜色默认将由青色、洋红色、黄色和黑色组成。

💡 **注意** 色板默认是根据它们的颜色值命名的。如果您更改了色板名称，新名称将出现在提示标签中。

① 在打开的 Snowboarder.ai 文档中，在文档窗口左下角的"画板导航"下拉列表中选择 1 Badge 选项（如果尚未选择），然后选择"视图">"画板适合窗口大小"。

② 选择"选择工具"▶，单击红色滑雪板形状，将其选中。

③ 单击"属性"面板中的"填色"框■以弹出面板。如果尚未选择面板中的"色板"选项■，请选择该选项以显示默认色板（颜色）。当您将鼠标指针移动到任意色板上时，提示标签中会显示每个色板的名称。单击粉红色色板来更改所选图稿的填充颜色，如图 8-6 所示。

图 8-6

④ 按 Esc 键隐藏"色板"面板。

8.3.2 创建自定义颜色

在 Adobe Illustrator 中，您有很多方法可以创建自定义颜色。使用"颜色"面板（选择"窗口 >
颜色"）或"颜色混合器"面板，您可以将创建的自定义颜色应用于对象的填色和描边，还可以使用不
同的颜色模式（例如"CMYK 颜色"）编辑和混合颜色。

"颜色"面板和"颜色混合器"面板会显示所选内容的当前填充颜色和描边颜色，您可以直观地
在面板底部的色谱条中选择一种颜色，也可以以各种方式混合自己想要的颜色。本小节将通过"颜色
混合器"面板创建自定义颜色。

① 选择"选择工具" ▶，选择滑雪板上的绿色条纹形状。

② 单击"属性"面板中的"填色"框以弹出面板，选择该面板顶部的"颜色混合器"选项 。

③ 在面板底部的色谱条中选择黄橙色，并将其应用于"填色"，如图 8-7（a）所示，效果如图 8-7
（b）所示。

由于色谱条很小，您可能很难获得与书中完全相同的颜色。这没关系，稍后您可以编辑颜色让它
与本书所述完全一致。

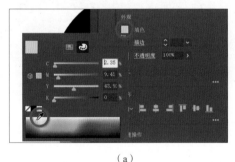

（a）   （b）

图 8-7

> 💡 **提示** 若要放大色谱条，可以打开"颜色"面板（选择"窗口" > "颜色"）并按住鼠标左键向下拖动
> 面板底边。

④ 在"颜色混合器"面板中将 C、M、Y、K 值更改为 0%、20%、65%、0%，这将确保您使
用与本书所述相同的颜色，如图 8-8 所示。按 Enter 键确认更改并关闭该面板，保持条纹形状的选中
状态。

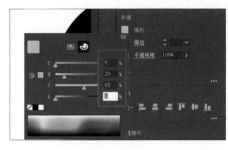

图 8-8

在"颜色混合器"面板中创建的颜色仅保存在所选图稿的填色或描边中，如果您想轻松地在本文件的其他位置重复使用创建的颜色，可以将其保存在"色板"面板中。

8.3.3　将颜色存储为色板

您可以为文件中不同类型的颜色和图案命名并将其保存为色板，以便稍后应用和编辑它们。"色板"面板按创建顺序列出色板，您也可以根据需要重新排序或编组色板。所有新建文件都以默认的色板顺序开始。默认情况下，您在"色板"面板中保存或编辑的任何颜色仅适用于当前文件，因为每个文件都有自己的自定义色板。

本小节会将 8.3.2 小节创建的颜色保存为色板，以便重复使用。

❶ 在选中条纹形状的情况下，单击"属性"面板中的"填色"框▨，显示面板。

❷ 选择面板顶部的"色板"选项▨以查看色板，如图 8-9（a）所示。单击面板底部的"新建色板"按钮▣，这将根据所选图稿的填充颜色创建新色板，如图 8-9（b）所示。

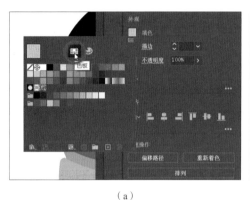 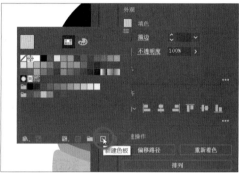

（a）　　　　　　　　　　　　　　　　（b）

图 8-9

> 💡提示　颜色命名是一种艺术。您可以根据它们的数值（C=45……）、外观（Light　Orange）、用途（如"文本标题"）或其他属性来命名。

❸ 在弹出的"新建色板"对话框中，将色板名称改为 Light Orange，如图 8-10 所示。

图 8-10

请注意，此处默认会勾选"全局色"复选框，即您创建的新色板默认是全局色。这意味着，如果以后编辑此色板，则无论是否选中图稿，应用此色板的位置的颜色都会自动更新。此外，"颜色模式"下拉列表允许您将指定颜色的颜色模式更改为 RGB、CMYK、灰度或其他颜色模式。

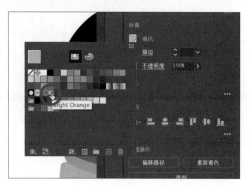

图 8-11

④ 单击"确定"按钮，保存色板。

请注意，新建的 Light Orange 色板会在"色板"面板中高亮显示（它周围有一个白色边框），这是因为它已自动应用于所选形状。这里还要注意色板右下角的白色小三角形，如图 8-11 红圈所示，它表明这是一个全局色板。

保持条纹形状的选中状态和"色板"面板的显示状态，以便 8.3.4 小节使用。

8.3.4 创建色板副本

创建颜色并将其保存为色板的一种简单方法是制作已有色板的副本并编辑该副本。本小节将通过复制和编辑 Light Orange 色板来创建另一个色板。

① 在滑雪板中的条纹形状处于选中状态且"色板"面板仍显示的情况下，在面板底部单击"新建色板"按钮 ▣，如图 8-12 所示。

> 💡 提示　您也可以通过面板菜单（单击面板菜单按钮 ☰）来创建所选色板的副本。

这将创建 Light Orange 色板的副本并打开"新建色板"对话框。

② 在"新建色板"对话框中，将色板名称更改为 Orange，并将 C、M、Y、K 值更改为 0%、45%、90%、0%，使橙色稍深，单击"确定"按钮，如图 8-13 所示。

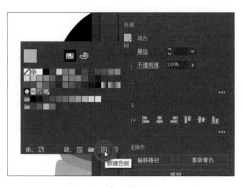

图 8-12

图 8-13

③ 在"色板"面板中单击 Light Orange 色板，将其应用于所选形状，如图 8-14 所示。

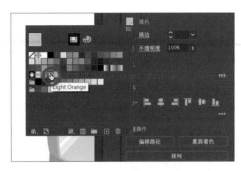

图 8-14

④ 选择"选择工具" ▶，选中文本 NORTH，然后按住 Shift 键选中文本 CASCADES，如图 8-15（a）所示。

⑤ 在"属性"面板中单击"填色"框，然后单击 Orange 色板，将其应用于所选文本，如图 8-15（b）所示，效果如图 8-15（c）所示。

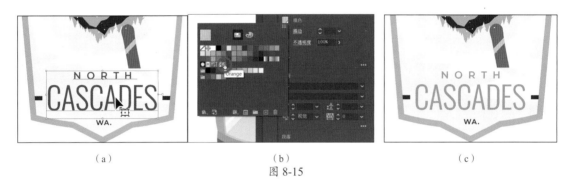

（a）   （b）   （c）

图 8-15

⑥ 按 Esc 键隐藏"色板"面板。

⑦ 选择"选择">"取消选择"。

8.3.5　编辑全局色板

本小节将编辑全局色板。当编辑对象是全局色板时，无论是否选中相应图稿，都会更新应用了该色板的所有图稿的颜色。

① 选择"选择工具" ▶，单击天空中云层后面的黄色形状，如图 8-16（a）所示。

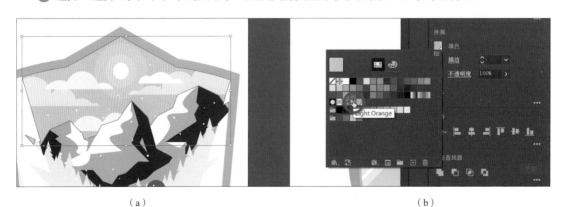

（a）   （b）

图 8-16

本小节将应用 Light Orange 色板到该形状以改变它的颜色。

❷ 单击"属性"面板中的"填色"框，单击 Light Orange 色板以应用该色板颜色，如图 8-16（b）所示。

❸ 双击 Light Orange 色板进行编辑。在弹出的"色板选项"对话框中，勾选"预览"复选框以查看更改。将 C（青色）值更改为 80%（您可能需要在对话框另一个字段中单击来查看更改），如图 8-17 所示。您可能需要拖动对话框才能看到滑雪板上的条纹形状和天空中云层后面的形状。

应用了全局色的所有形状其颜色都将更新，即使它们未被选中（滑雪板上的条纹形状）。

❹ 将 C（青色）值更改为 3%，单击"确定"按钮，如图 8-18 所示。

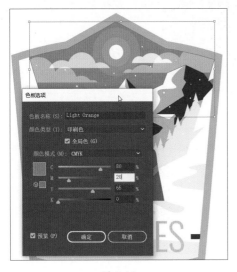

图 8-17

图 8-18

8.3.6 编辑非全局色板

默认情况下，每个 AI 文件附带的默认色板都是非全局色板。因此，当您编辑其中一个颜色色板时，只有选择了该图稿，才会更新其使用的颜色。本小节将编辑应用于滑雪板形状的非全局粉红色色板。

❶ 选择"选择工具"▶，单击之前更改了颜色的粉红色滑雪板形状。

❷ 单击"属性"面板中的"填色"框，您将看到粉红色色板已应用于滑雪板形状，如图 8-19 所示。这是在本课开始时应用给对象的第一种颜色。

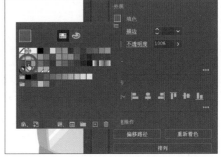

图 8-19

可以看出，此处应用的粉红色色板不是全局色板，因为在"色板"面板中该色板的右下角没有白色小三角形。

③ 按 Esc 键隐藏"色板"面板。

④ 单击 CASCADES 文本左侧或右侧的蓝色形状以选择它们（因为它们已编组在一起），如图 8-20（a）所示。

⑤ 单击"属性"面板中的"填色"框，单击应用给滑雪板的粉红色色板来更改两个形状的填色，如图 8-20（b）所示，效果如图 8-20（c）所示。

（a）

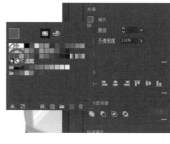
（b）

（c）

图 8-20

⑥ 选择"选择">"取消选择"。

⑦ 选择"窗口">"色板"，打开"色板"面板。双击第 5 步选择的粉红色色板进行编辑，如图 8-21 所示。

您在"属性"面板中能找到的大多数格式选项也可以在浮动的面板中找到。例如，打开"色板"面板是一种无须选择图稿即可使用颜色的有效方法。

> 💡 **注意** 您可以将现有色板更改为全局色板，但这需要更多的操作。您需要在编辑色板之前选择应用了该色板的所有形状，使其成为全局形状，然后再编辑色板；或者先编辑色板使其成为全局色板，然后将色板重新应用到所有形状。

⑧ 在"色板选项"对话框中，将名称更改为 Snowboard pink，将 C、M、Y、K 值更改为 0%、76%、49%、0%，勾选"全局色"复选框以确保它是全局色板，然后勾选"预览"复选框，如图 8-22 所示。

请注意，此时滑雪板形状和文本两侧的形状的颜色不会改变。这是因为在将色板应用于它们时，未在"色板选项"对话框中勾选"全局色"复选框。更改非全局色板后，您需要将其重新应用于编辑时未选择的图稿。

⑨ 单击"确定"按钮。

⑩ 单击"色板"面板组顶部的"关闭"按钮 ⊠ 将其关闭。

图 8-21

⑪ 单击粉红色滑雪板形状，按住 Shift 键，单击应用了相同粉红色色板的两个形状，如图 8-23（a）所示。单击"属性"面板中"填色"框，注意这里要应用的不再是粉红色色板，如图 8-23（b）所示。

⑫ 单击您在第 8 步编辑的 Snowboard pink 色板以应用它，如图 8-23（c）所示。

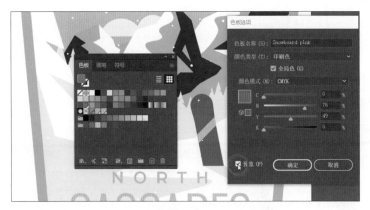

图 8-22

（a）

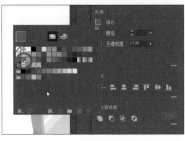

（b）

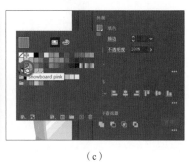

（c）

图 8-23

⑬ 选择"选择">"取消选择"，然后选择"文件">"存储"，保存文件。

8.3.7　使用拾色器创建颜色

另一种创建颜色的方法是使用拾色器，您可以使用拾色器在色域、色谱条中直接拾取颜色，输入色值来定义颜色，或者单击色板来选择颜色。在 Adobe 的其他软件（如 Adobe InDesign 和 Adobe Photoshop）中也可以找到拾色器。本小节将使用拾色器创建一种颜色，然后在"色板"面板中将该颜色存储为色板。

① 在文档窗口左下角的"画板导航"下拉列表中选择 2 Snowboarder 选项。

② 选择"选择工具" ▶，单击绿色夹克形状。

③ 双击文档窗口左侧工具栏底部的绿色"填色"框，如图 8-24 所示，打开"拾色器"对话框。

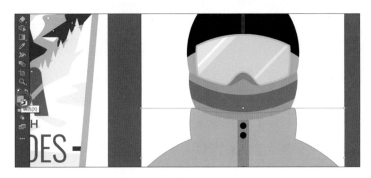

图 8-24

在"拾色器"对话框中，较大的色域显示饱和度（水平方向）和亮度（垂直方向），而色域右侧的色谱条则显示色相，如图 8-25 所示。

④ 在"拾色器"对话框中，按住鼠标左键向上或向下拖动色谱条滑块，更改颜色范围。确保滑块最终停在紫色处，位置大概如图 8-25 红圈所示。

图 8-25

⑤ 在色域中按住鼠标左键拖动，至图 8-26 红圈所示位置。当您左右拖动时，可以调整饱和度；当您上下拖动时，可以调整亮度。如果您单击（此处先不要单击）"确定"按钮，创建的颜色将显示在"新建颜色"矩形中，如图 8-26 红色箭头所示。

图 8-26

⑥ 更改 C、M、Y、K 的值为 50%、90%、5%、0%，如图 8-27 所示。

⑦ 单击"确定"按钮，您会看到紫色应用到了夹克形状，如图 8-28 所示。

⑧ 要将颜色保存为色板以便重复使用，请在"属性"面板中单击"填色"框，在弹出的"色板"面板底部单击"新建色板"按钮▣，并更改"新建色板"对话框中的以下选项，如图 8-29 所示。

- "色板名称"：Purple。
- "全局色"复选框：勾选（默认设置）。

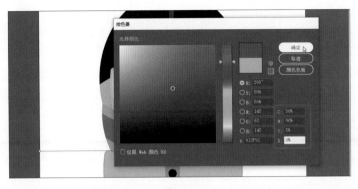

图 8-27　　　　　　　　　　　　　　　　　　　　图 8-28

❾ 单击"确定"按钮，可以看到颜色在"色板"面板中显示为新色板，如图 8-30 所示。

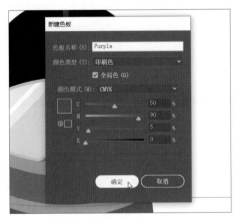
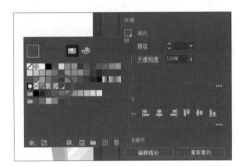

图 8-29　　　　　　　　　　　　　　　　　　　　图 8-30

❿ 选择"选择">"取消选择"。

⓫ 选择"文件">"存储"，保存文件。

8.3.8　使用默认色板库

色板库是预设的颜色组（如 PANTONE、TOYO）和主题库（如"大地色调""冰淇淋"）的集合。当您打开 Adobe Illustrator 默认色板库时，这些色板库将显示为独立面板，并且不能被编辑。将色板库中的颜色应用于图稿时，颜色将随当前文档一起保存在"色板"面板中。色板库是创建颜色的一个很好的起点。

本小节将使用 PANTONE+ 库创建一种专色，该库中的颜色需要使用专色油墨进行打印，然后将此颜色应用于图稿。在 Adobe Illustrator 中定义的颜色在后期打印时，颜色外观可能会有所不同。因此，大多数打印机和设计人员会使用如 PANTONE 这样的颜色匹配系统，以保持颜色的一致性，并在某些情况下为专色提供更多种颜色。

> 💡注意　在实际工作中，您有时可能需要同时使用印刷色（通常是 CMYK）和专色（例如 PANTONE）。例如，您可能需要在一份用印刷色打印照片的年度报告上，使用某种专色来打印公司徽标，也可能需要用一种专色在某印刷色作业上涂一薄层。在这两种情况下，您要完成打印工作将需要使用总共 5 种油墨——4 种标准印刷色油墨和 1 种专色油墨。

8.3.9 添加专色

本小节将介绍如何打开颜色库（如 PANTONE 颜色系统），以及如何将 PANTONE 配色系统（PANTONE MATCHING SYSTEM，PMS）中的颜色添加到"色板"面板中并将其应用于滑雪板形状。

① 选择"窗口">"色板库">"色标簿">PANTONE+ Solid Coated。PANTONE + Solid Coated 库出现在独立面板中，如图 8-31 所示。

② 在 PANTONE + Solid Coated 库面板的搜索框中输入 7562。

随着输入，Adobe Illustrator 会对色板列表进行筛选，显示越来越少的色板。

③ 单击"查找"字段下方的色板 PANTONE 7562 C，如图 8-32 所示，将其添加到此文档的"色板"面板中。

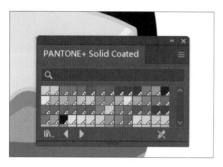

图 8-31

图 8-32

> 💡 **注意** 如果在 PANTONE + Solid Coated 库面板打开的情况下退出并重启 Adobe Illustrator，该面板不会重新打开。若要使 Adobe Illustrator 重启后自动打开该面板，请单击 PANTONE+Solid Coated 面板菜单按钮▤并在菜单中选择"保持"命令。

④ 单击搜索框右侧的×按钮停止筛选。

⑤ 关闭 PANTONE+ Solid Coated 库面板。

⑥ 选择"选择工具"▶，单击覆盖滑雪运动员嘴部的深灰色形状。

⑦ 单击"属性"面板中的"填色"框，显示面板，选择 PANTONE 7562 C 色板填充到所选形状，如图 8-33 所示。

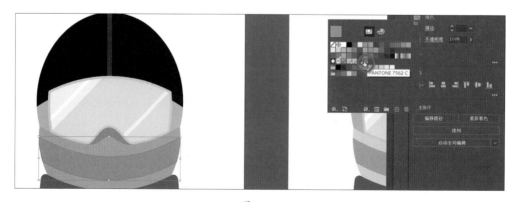

图 8-33

在"色板"面板中，当面板显示为列表视图时，可以通过专色图标◨来识别专色色板，或通过面板的缩览图视图中的角点▣来识别专色色板，而印刷色没有专色图标或角点。

⑧ 选择"选择">"取消选择"，然后选择"文件">"存储"。

8.3.10 创建和保存淡色

淡色是把一种颜色与白色混合后形成的颜色，颜色更浅（更亮）。您可以用全局印刷色（如 CMYK）或专色来创建淡色。本小节将使用添加到文件中的 PANTONE 7562 C 色板来创建一种淡色。

① 选择"选择工具"▶，单击 8.3.9 小节中应用了 PANTONE 7562 C 色板的形状上方和下方的浅灰色形状。

② 单击"属性"面板中的"填色"框，在弹出的面板中选择 PANTONE 7562 C 色板，填充到这两个形状，如图 8-34 所示。

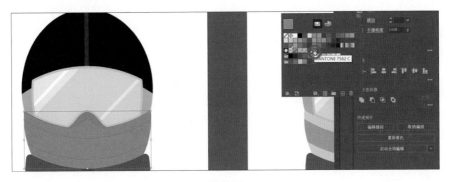

图 8-34

③ 选择面板顶部的"颜色混合器"选项🎨。

在 8.3.2 小节中，使用颜色混合器中的 C、M、Y、K 滑块创建了一种自定义颜色。现在您会看到一个标记为 T 的单色滑块，用于调整淡色。使用颜色混合器设置全局色板时，您将创建一个淡色，而不是混合 C、M、Y、K 值的颜色。

④ 向左拖动滑块，将 T 值更改为 60%，如图 8-35 所示。

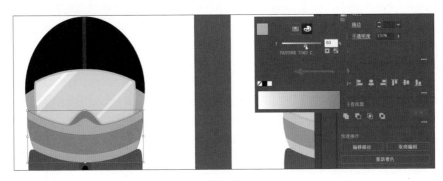

图 8-35

⑤ 选择面板顶部的"色板"选项▦，单击面板底部的"新建色板"按钮⊞，保存该淡色，如图 8-36（a）所示。

⑥ 将鼠标指针移动到色板上，提示标签将显示其名称，即 PANTONE 7562 C 60%，如图 8-36（b）所示。

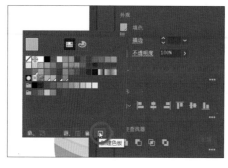 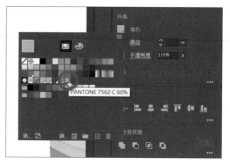

（a）　　　　　　　　　　　　　　（b）

图 8-36

⑦ 选择"选择">"取消选择"，然后选择"文件">"存储"，保存文件。

8.3.11　转换颜色

Adobe Illustrator 提供了"编辑颜色"命令（选择"编辑">"编辑颜色"），您可以通过该命令为所选图稿转换颜色模式、混合颜色、反相颜色。本小节将使用 CMYK 颜色（而不是 PANTONE 颜色）来转换滑雪运动员嘴部形状的颜色，该形状之前已经应用了 PANTONE 7562 C 色板。

> 💡 **注意**　当前"编辑颜色"菜单中的"转换为 RGB"命令是灰色的（您无法选择它）。这是因为文档的颜色模式是"CMYK 颜色"。若要使用此方法将所选内容的颜色转换为"RGB 颜色"，请先选择"文件">"文档颜色模式">"RGB 颜色"。

① 选择"选择">"现用画板上的全部对象"，选择画板上的所有内容，包括应用了 PANTONE 颜色和淡色的形状。

② 选择"编辑">"编辑颜色">"转换为 CMYK"。

所选形状中应用的 PANTONE 颜色现在都是 CMYK 颜色了。使用这种方式将颜色转换为 CMYK 颜色并不会影响"色板"面板中的 PANTONE 颜色（本例中为 PANTONE 7562 C 色板及其淡色），因为它只是将选择的图稿的颜色转换为 CMYK 颜色，而"色板"面板中的色板不再应用于图稿。

③ 选择"选择">"取消选择"。

8.3.12　复制外观属性

有时，您可能只想将外观属性（例如文本格式、填色和描边）从一个对象复制到另一个对象。这时可以通过"吸管工具" 🖋 来完成这一操作，从而加快您的创作过程。

> 💡 **提示**　在取样之前，您可以双击工具栏中的"吸管工具" 🖋，更改吸管拾色和应用的属性。

① 选择"视图">"全部适合窗口大小"。

② 选择"选择工具" ▶，按住 Shift 键，单击最右侧画板上的两个浅灰色形状。

③ 在左侧的工具栏中选择"吸管工具" 🖋，单击中间画板上应用了淡色的形状，为所选浅灰色形状应用淡色，如图 8-37 所示。

④ 在工具栏中选择"选择工具" ▶。

⑤ 选择"选择">"取消选择"，然后选择"文件">"存储"，保存文件。

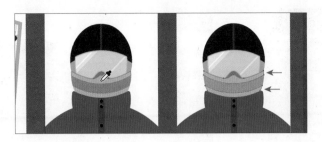

图 8-37

8.3.13 创建颜色组

在 Adobe Illustrator 中，您可以将颜色存储在颜色组中，颜色组由"色板"面板中的相关色板组成。按用途组织颜色（如徽标的所有颜色分组）可以提高组织性和效率。在"色板"面板中，默认情况下有几个颜色组，这些颜色组由文件夹图标开头。颜色组里不能包含图案、渐变、无色或注册色。注册色通常为 4 种印刷色 [青色（C）、洋红色（M）、黄色（Y）和黑色（K）] 组成的 100% 颜色，或 100% 的任何专色。本小节将为您创建的一些色板创建一个颜色组，以使它们更有条理性。

① 选择"窗口">"色板"，打开"色板"面板。在"色板"面板中，按住鼠标左键向下拖动"色板"面板底部，以查看更多内容。

② 在"色板"面板中，单击 Light Orange 色板，然后按住 Shift 键，单击 PANTONE 7562 C 60% 色板，这将选择 5 种色板，如图 8-38 所示。

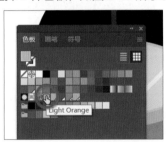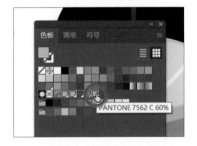

图 8-38

③ 单击"色板"面板底部的"新建颜色组"按钮▣，在"新建颜色组"对话框中将"名称"更改为 Snowboarding，单击"确定"按钮，保存颜色组，如图 8-39 所示。

> 💡 注意 如果在单击"新建颜色组"▣按钮时还选择了图稿中的对象，则会出现一个扩展的"新建颜色组"对话框。在此对话框中，您可以根据图稿中的颜色创建颜色组，并将颜色转换为全局色。

④ 选择"选择工具"▶后，单击"色板"面板的空白区域，取消选择面板中的所有内容。

⑤ 将鼠标指针移动到新颜色组的文件夹图标上，可以看到颜色组名称 Snowboarding，如图 8-40 所示。

> 💡 提示 除了将颜色拖入或拖出颜色组，您还可以重命名颜色组，重新排列组中的颜色等。

您可以通过双击颜色组中的色板并编辑"色板选项"对话框中的值，单独编辑颜色组中的每个色板。您可以通过双击颜色组的文件夹图标来编辑颜色组。

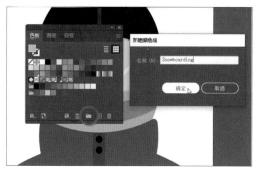

图 8-39

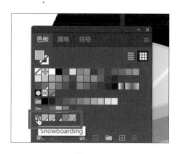

图 8-40

⑥ 按住鼠标左键，将 Snowboarding 颜色组中名为 PANTONE 7562 C 60% 的淡色色板拖到颜色列表中最后一个色板的右侧（在第一个文件夹图标之前），如图 8-41 所示。保持"色板"面板的打开状态。

您可以按住鼠标左键将颜色拖入或拖出颜色组。将颜色拖入颜色组时，请确保在该组中的色板右侧出现了一条短粗线。否则，您可能会将色板拖到错误的位置。您可以随时选择"编辑"＞"还原移动色板"，然后重试。

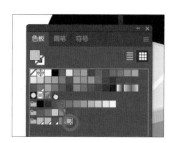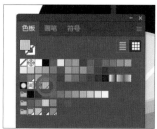

图 8-41

8.3.14　使用"颜色参考"面板激发创作灵感

"颜色参考"面板可以在您创作图稿时为您提供色彩灵感。您可以使用该面板来选取颜色淡色、近似色等，然后将这些颜色直接应用于图稿，再使用多种方法对这些颜色进行编辑，或将它们保存为"色板"面板中的一个颜色组。本小节将使用"颜色参考"面板从图稿中选择不同的颜色，然后将这些颜色存储为"色板"面板中的颜色组。

① 在文档窗口左下角的"画板导航"下拉列表中选择 3 Snowboarder Color Guide 选项。

② 选择"选择工具" ▶，单击护目镜侧面的绿色形状，如图 8-42 所示。确保在工具栏底部选中了"填色"框。

③ 选择"窗口"＞"颜色参考"，打开"颜色参考"面板。

④ 在"颜色参考"面板中，单击"将基色设置为当前颜色"按钮▣，如图 8-43 所示。

这会让"颜色参考"面板根据"将基色设置为当前颜色"按钮▣的颜色来推荐颜色。您在"颜色参考"面板中看到的颜色可能与您在图 8-43 中看到的有一定差异，这没有关系。

本小节将使用协调规则来创建颜色。

⑤ 在"颜色参考"面板中的协调规则下拉列表中选择"右补色"选项，如图 8-44（a）所示。

这在基色（此处为绿色）的右侧创建了一组颜色，并在面板中显示了这组基色的一系列暗色和淡色，如图 8-44（b）所示。这里有很多协调规则可供选择，每种规则都会根据您需要的颜色生成配色方案。设置基色（此处为绿色）是生成配色方案的基础。

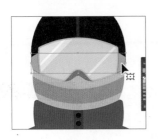

图 8-42

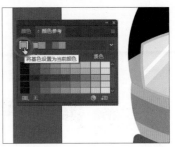

图 8-43

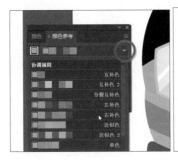

（a）

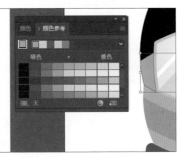

（b）

图 8-44

💡 提示　您也可以单击"颜色参考"面板菜单按钮 ▤ 来选择不同的颜色搭配方式（不同于默认"显示淡色 / 暗色"），例如"显示冷色 / 暖色"或"显示亮光 / 暗光"。

⑥ 单击"颜色参考"面板底部的"将颜色保存到'色板'面板"按钮 ▥，如图 8-45 所示，将"色板"面板中的这些基色（顶部的 6 种颜色）存储为一个颜色组。

⑦ 选择"选择">"取消选择"。

此时在"色板"面板中，您应该会看到添加了一个新组，如图 8-46 所示。您可能需要在面板中向下滚动进度条来查看您新创建的颜色组。

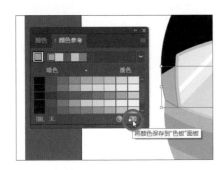

图 8-45

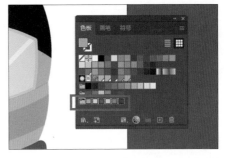

图 8-46

⑧ 关闭"色板"面板组。

8.3.15 从"颜色参考"面板应用颜色

在"颜色参考"面板中创建颜色之后，您可以应用"颜色参考"面板中的某种颜色，也可以应用以颜色组形式保存在"色板"面板中的颜色。本小节将从颜色组中选择一种颜色应用到滑雪运动员图稿并编辑该颜色。

① 单击第三个画板上的紫色夹克形状以将其选中。

② 单击"颜色参考"面板中的绿色，如图 8-47 所示。

③ 选择夹克形状中心的矩形，上面有黑色纽扣，单击为其应用浅绿色，如图 8-48 所示。

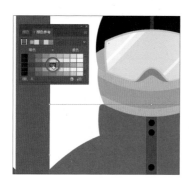

图 8-47

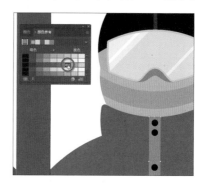

图 8-48

选择一种颜色后，它就成为基色。如果您单击基色，则面板中的颜色将基于该颜色以您之前设置的"右补色"规则生成一组颜色（此处不要单击），如图 8-49 所示。

④ 关闭"颜色参考"面板。

⑤ 选择"文件">"存储"，保存文件。

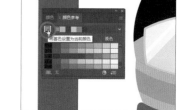

图 8-49

8.3.16 使用"重新着色图稿"对话框编辑图稿颜色

您可以使用"重新着色图稿"对话框编辑所选图稿的颜色。这在图稿不能使用全局色板的时候特别有用。如果不在图稿中使用全局色板，更新一系列颜色可能需要很多时间。而使用"重新着色图稿"对话框，您可以使用编辑颜色、改变颜色数量、将已有颜色匹配为新颜色，以及其他更多功能。

本小节将打开一个新文件并准备进行处理。

① 选择"文件">"打开"，打开 Lessons>Lesson08 文件夹中的 L8_start2.ai 文件。

② 选择"文件">"存储为"。如果弹出云文档对话框，单击"保存在您的计算机上"按钮（很可能不会弹出，因为您上次保存文档时已经单击了"保存在您的计算机上"按钮）。

③ 在"存储为"对话框中，定位到 Lesson08 文件夹并打开它，将文件命名为 Snowboards.ai（macOS）或 Snowboards（Windows）。从"格式"下拉列表中选择 Adobe Illustrator（ai）选项（macOS）或从"保存类型"下拉列表中选择 Adobe Illustrator（*.AI）选项（Windows），单击"保存"按钮。

④ 在"Illustrator 选项"对话框中，保持默认设置，单击"确定"按钮。

⑤ 在文档窗口左下角的"画板导航"下拉列表中选择 1 Snowboard Recolor 选项。选择"视图">"画板适合窗口大小"。您应该能在画板上看到颜色鲜艳的滑雪板、水果和恐龙图稿。

8.3.17 重新着色图稿

打开文件后，您现在可以使用"重新着色图稿"对话框重新着色图稿。

① 框选左侧的滑雪板图稿，如图 8-50（a）所示。

② 选择滑雪板图稿后，单击"属性"面板中的"重新着色"按钮，打开"重新着色图稿"对话框，如图 8-50（b）所示。

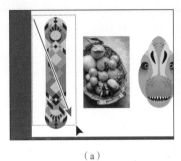 

（a）   （b）

图 8-50

💡 提示　您也可以选择"编辑">"编辑颜色">"重新着色图稿"，打开"重新着色图稿"对话框。

"重新着色图稿"对话框中的选项允许您编辑、重新指定颜色或减少所选图稿中的颜色种类，并可以将您创建的颜色保存为一个组。

💡 注意　如果您在所选图稿外单击，将关闭"重新着色图稿"对话框。

您将在"重新着色图稿"对话框中间看到色轮，所选滑雪板图稿中的颜色在色轮上以小圆圈标示，这些小圆圈称为"色标"，如图 8-51 所示。您可以单独或一起编辑这些颜色，编辑的方式可以是拖动色标或双击色标后输入精确的颜色值。

您还可以从"颜色库"中选择颜色，以及更改所选图稿中的"颜色"数量——可以使图稿成为单色系配色。

③ 确保"取消链接协调颜色"按钮处于激活状态，以便您可以独立编辑各个颜色。此时图标应该是，而不是，如图 8-52（a）红圈所示。

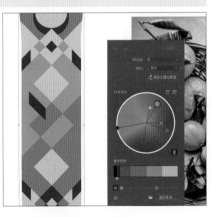

图 8-51

 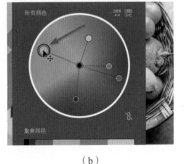

（a）   （b）

图 8-52

色标（圆）与色轮中心之间的线应该是虚线，表示可以单独编辑各个颜色。如果启用"链接协调颜色"按钮 8，那么在编辑某个颜色的时候，其他颜色也会相对于编辑的颜色而变化。

④ 单击最大的橙色标记，并按住鼠标左键将其拖入绿色区域以更改颜色，如图 8-52（b）红色箭头所示。

> **注意** 最大的色标表示基色。如果您想和之前一样在"颜色参考"面板中选择一种颜色协调规则，基色将是最终配色方案所基于的颜色。单击"重新着色图稿"对话框底部的"高级选项"按钮，您可以设置颜色协调规则。

请注意，如果您在编辑颜色时出错并想重新开始，您可以单击"重新着色图稿"对话框右上角的"重置"按钮将颜色还原为初始颜色。

⑤ 双击现在为绿色的色标，打开"拾色器"对话框，将颜色更改为其他颜色，例如蓝色，单击"确定"按钮，如图 8-53 所示。

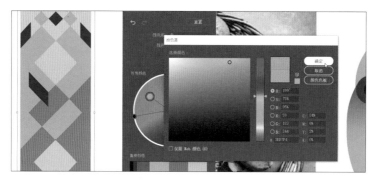

图 8-53

单击"确定"按钮后，请注意该色标会在色轮中移动，并且是唯一移动的色标，这是因为"取消链接协调颜色"按钮 8 是激活的，如图 8-54 所示。

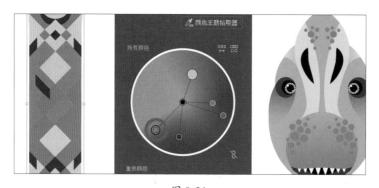

图 8-54

8.3.18　取样颜色

本小节将介绍如何从位图图像和矢量图稿中拾取颜色并将该颜色应用到滑雪板图稿。

① 单击对话框中的"颜色主题拾取器"按钮，鼠标指针变成 ✐ 形状，然后您就可以从诸如位图图像或矢量图稿中单击以拾取颜色。您可能需要将对话框拖动到画板顶部，以便查看水果和恐龙图稿。单击水果图稿以从整个图像中拾取颜色并将其应用于滑雪板图稿，如图 8-55 所示。

❷ 单击水果图稿右侧的恐龙图稿以拾取颜色并将其应用于滑雪板图稿。

如果单击单个矢量对象（如形状），则会从该对象中拾取颜色。如果单击一组对象（例如恐龙头），则会从该组的所有对象中拾取颜色。对于您从中拾取颜色的矢量图稿，您还可以选择部分图稿进行颜色拾取。您无须切换工具，只需按住鼠标左键进行框选即可在所选区域内拾取颜色。

❸ 按住鼠标左键在恐龙图稿的某个较小区域周围画圈，以仅对选择的这部分图稿进行颜色拾取，如图 8-56 所示。

根据选择区域内的取色对象，您的恐龙可能看起来不同，这没关系。

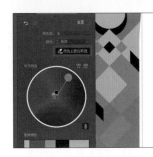

图 8-55

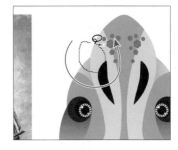

图 8-56

为确保在滑雪板图稿中能看到相同的颜色，接下来您将通过单击，再次对恐龙图稿进行颜色拾取。

❹ 单击水果图稿右侧的恐龙图稿，从该图稿采样颜色并将其应用于滑雪板图稿。

❺ 单击底部的"在色轮上显示亮度和色相"按钮 ◙，查看色轮上的亮度和色相。

❻ 向右拖动滑块以调整颜色的饱和度，拖动后颜色会发生变化，如图 8-57 所示。

滑雪板图稿中的颜色显示在色轮上，它们也显示在色轮下方的"重要颜色"选项组中。颜色区域的大小旨在让您了解每种颜色在图稿中所占的面积。在本例中，湖绿色占比更大，因此它在"重要颜色"选项组显示得更多。

❼ 在对话框的"重要颜色"选项组中，在绿色和湖绿色之间移动鼠标指针，它们之间会出现一个滑块。按住鼠标左键将该滑块向右拖动以使绿色变宽，如图 8-58 所示。这意味着更多的绿色将作为淡色和暗色应用于图稿。

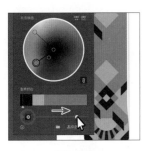

图 8-57

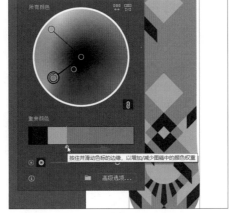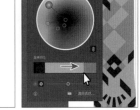

图 8-58

💡 提示　"重要颜色"选项组中展示的是图稿中突出的颜色，并根据颜色的淡色和暗色进行分类。

最后，您将在"重新着色图稿"对话框中将颜色保存为一个颜色组。

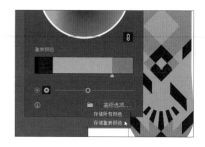

图 8-59

⑧ 单击对话框底部的文件夹图标，选择"保存重要颜色"命令，将重要颜色保存为"色板"面板中的一个颜色组，如图 8-59 所示。如果"色板"面板打开，可以将其关闭。

⑨ 选择"选择">"取消选择"，然后选择"文件">"存储"，保存文件。

8.4 实时上色工具

> 💡 注意 要了解更多关于"实时上色工具" 🎨 及其功能的内容，可以在"Illustrator 帮助"（选择"帮助">"Illustrator 帮助"）中搜索"实时上色"。

"实时上色工具" 🎨 能够自动检测和纠正可能影响填色和描边应用的间隙，从而直观地给矢量图形上色。"实时上色工具" 🎨 中的路径将图稿表面划分为可以上色的不同区域，而且无论该区域是由一条路径构成的，还是由多条路径构成的，都可以上色。使用"实时上色工具" 🎨 给图稿上色，就像填充色标簿或使用水彩给草图上色一样，并不会编辑底层形状。

本节将使用"实时上色工具" 🎨 应用颜色。

8.4.1 创建实时上色组

首先对滑雪板图稿进行更改，然后将其转换为实时上色组，以便您可以使用"实时上色工具" 🎨 编辑颜色。

① 在文档窗口左下角的"画板导航"下拉列表中选择 2 Snowboard live paint 选项。

您将在左侧的滑雪板图稿上操作，并以右侧滑雪板图稿作为参考。您将从复制一些形状开始，这样您就可以使用"实时上色工具" 🎨 为滑雪板图稿的各个部分添加不同的颜色。

② 选择"选择工具" ▶，选择左侧滑雪板图稿上的一个深蓝色菱形，按住 Shift 键后选择另一个菱形。

③ 选择工具栏中的"旋转工具" ⟳，按住 Option 键（macOS）或 Alt 键（Windows），单击所选形状的底部角点，即橙色小菱形的中间位置，这时很可能会出现"交叉"提示，如图 8-60（a）所示。在弹出来的"旋转"对话框中，将"角度"更改为 180°，单击"复制"按钮，如图 8-60（b）所示。最终效果如图 8-60（c）所示。

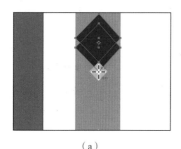

（a）

（b）

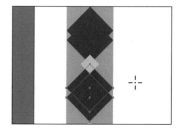

（c）

图 8-60

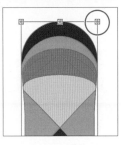

> 💡 **提示** 您也可以通过使用"实时上色工具" 🖱 单击所选对象来将对象转变为实时上色组。

④ 选择"选择工具" ▶，框选左侧滑雪板图稿。

⑤ 选择"对象">"实时上色">"建立"，整个滑雪板现在变成了实时上色组，您可以看到定界框上的锚点变成了 ⊞ 形状，如图 8-61 红圈所示。

图 8-61

8.4.2 使用"实时上色工具"

将对象转变为实时上色组之后，您就可以使用"实时上色工具" 🖱 以多种方法来为对象上色。

❶ 单击工具栏底部的"编辑工具栏"按钮 •••，在弹出的"所有工具"面板中将"实时上色工具" 🖱 拖动到左侧的工具栏中，如图 8-62 所示，将其添加到工具列表中。确保它在工具栏中被选中。

> 💡 **注意** 按 Esc 键可以关闭"所有工具"面板。

❷ 选择"窗口">"色板"，打开"色板"面板。使用"实时上色工具" 🖱 时，不必打开"色板"面板，因为您可以从"属性"面板的"填色"框中选择颜色。这里打开"色板"面板将有助于您理解使用"实时上色工具" 🖱 时颜色选择是如何进行的。

❸ 在颜色组中选择一种浅绿色，如图 8-63 所示。

图 8-62

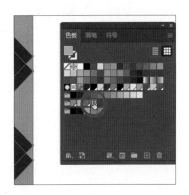

图 8-63

> 💡 **提示** 您还可以通过选择"对象">"实时上色">"建立"将选定的图稿添加到实时上色组中。

❹ 选择"实时上色工具" 🖱 后，将鼠标指针移动到画板的空白区域以查看鼠标指针上方的 3 个色板，它们代表 3 种所选颜色：中间的浅绿色、左侧的粉红色和右侧的橙色，如图 8-64 所示。

❺ 单击将颜色应用到图 8-65 所示的区域中。

这将对一个封闭区域进行填色，颜色会自动找到该封闭区域的路径边缘。

❻ 单击将颜色应用到图 8-66 所示的区域中。

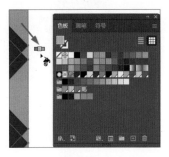

图 8-64

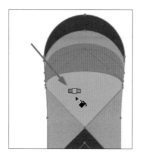

图 8-65

图 8-66

您可以从"色板"面板中选择另一种颜色进行上色，也可以利用键盘方向键快速切换到另一种颜色。

⑦ 按向右箭头键一次，切换到鼠标指针上方的橙色色板，如图 8-67（a）所示。

⑧ 再按向右箭头键一次，切换到鼠标指针上方的浅橙色色板，如图 8-67（b）所示。

⑨ 单击将浅橙色应用到图 8-67（c）所示的区域中。

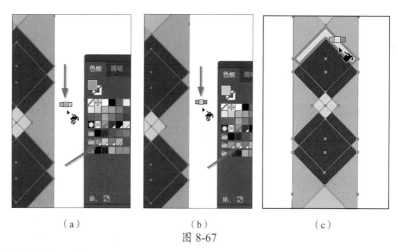

（a）　　　　　　　　（b）　　　　　　　（c）

图 8-67

⑩ 单击将浅橙色应用到图 8-68 所示区域。

⑪ 关闭"色板"面板，上色之后的效果如图 8-69 所示。

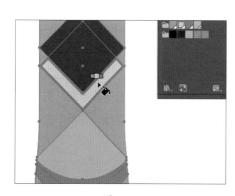

图 8-68

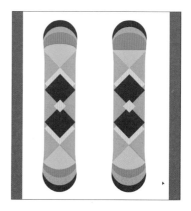

图 8-69

⑫ 选择"选择">"取消选择"，然后选择"文件">"存储"，保存文件。

8.4.3 修改实时上色组

当建立实时上色组后，每条路径都处于可编辑状态。当您移动或调整路径时，以前应用的颜色并不会停留在原来的区域。相反，颜色会自动重新应用于由编辑后的路径形成的新区域。本小节将在实时上色组中编辑路径。

❶ 选择"选择工具" ▶，双击左侧滑雪板图稿以进入隔离模式。

实时上色组类似于常规的编组对象。当双击进入隔离模式后，图稿中的各个对象仍可访问。进入隔离模式后，还可以移动、变换、添加或删除形状。

❷ 选择"直接选择工具" ▷。

❸ 将鼠标指针移动到图稿顶部的粉色和浅绿色图形之间的路径上，如图 8-70（a）所示。

❹ 单击该路径，当鼠标指针变为 ▶ 形状时，按住鼠标左键向下拖动该路径，如图 8-70（b）所示，效果如图 8-70（c）所示。

❺ 按 Esc 键退出隔离模式。

❻ 选择"选择">"取消选择"。

❼ 选择"视图">"画板适合窗口大小"，最终效果如图 8-71 所示。

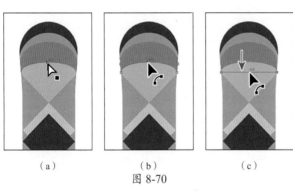

（a） （b） （c）
图 8-70

图 8-71

❽ 选择"文件">"存储"，然后根据需要多次选择"文件">"关闭"以关闭所有打开的文件。

1. 什么是全局色板?
2. 如何保存颜色?
3. 什么是淡色?
4. 如何选择协调规则以激发色彩灵感?
5. "重新着色图稿"对话框允许哪些操作?
6. "实时上色工具" ⚲能够做什么?

参考答案

1. 全局色板是一种颜色色板,当您编辑全局色板时,系统会自动更新应用了它的所有图稿的颜色。所有专色色板都是全局色板,作为色板保存的印刷色默认是全局色板,但它们也可以是非全局色板。

2. 您可以将颜色添加到"色板"面板保存,以便使用它给图稿中的其他对象上色。选择要保存的颜色,并执行以下操作之一。

   - 将颜色从"填色"框中拖动到"色板"面板中。
   - 单击"色板"面板中的"新建色板"按钮⊞。
   - 在"色板"面板菜单中选择"新建色板"命令。
   - 在"颜色"面板菜单中选择"创建新色板"命令。

3. 淡色是混合了白色的较淡的颜色。您可以用全局印刷色(如 CMYK)或专色创建淡色。

4. 您可以从"颜色参考"面板中选择颜色协调规则。颜色协调规则可根据选择的基色生成配色方案。

5. 您可以使用"重新着色图稿"对话框更改所选图稿中使用的颜色、创建和编辑颜色组、重新指定或减少图稿中的颜色数等。

6. "实时上色工具" ⚲能够自动检测和纠正可能影响填色和描边应用的间隙,用它可直观地给矢量图形上色。路径将图稿表面划分为多个区域,不管区域是由一条路径还是由多条路径所构成,任何一个区域都可以上色。

第 9 课

为项目添加文本

本课概览

在本课中，您将学习以下内容。

- 创建和编辑点状文字和区域文字。
- 置入文本。
- 更改文本格式。
- 使用修饰文字工具修改文本。
- 垂直对齐区域文字。

- 创建列文本。
- 创建和编辑段落样式和字符样式。
- 使文本绕排对象。
- 沿路径创建文本。
- 使用变形改变文本形状。
- 创建文本轮廓。

学习本课大约需要 **75**分钟

文本是插图中重要的设计元素。与其他对象一样，您可以对文字进行上色、缩放、旋转等操作。在本课中，您将学习创建基本文本并添加有趣的文本效果的方法。

9.1 开始本课

本课将为两个广告卡片添加文本，但在此之前，请还原 Adobe Illustrator 的默认首选项，然后打开本课已完成的图稿文件，查看最终插图效果。

① 为了确保工具的功能和默认值完全如本课所述，请删除或停用（通过重命名实现）Adobe Illustrator 首选项文件，具体操作请参阅本书"前言"中的"还原默认首选项"部分。

② 启动 Adobe Illustrator。

③ 选择"文件">"打开"，在 Lessons>Lesson09 文件夹中找到名为 L9_end.ai 的文件，单击"打开"按钮，效果如图 9-1 所示。

由于文件使用了特定的 Adobe 字体，因此您很可能会看到"缺少字体"对话框，只需在"缺少字体"对话框中单击"关闭"按钮即可。在本课的后面部分，您将学习关于 Adobe 字体的内容。

如果有需要，您可使该文件保持为打开状态，以便您在学习本课时作为参考。

④ 选择"文件">"打开"，在"打开"对话框中，找到 Lessons>Lesson09 文件夹，选择 L9_start.ai 文件。单击"打开"按钮，打开该文件，如图 9-2 所示。

图 9-1

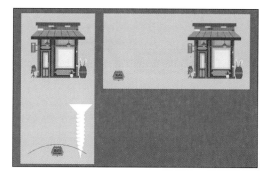
图 9-2

您将添加文本和设置文本格式以完成此广告卡片。

⑤ 选择"文件">"存储为"，如果弹出云文档对话框，单击"保存在您的计算机上"按钮。

⑥ 在"存储为"对话框中，定位到 Lesson09 文件夹，并将文件命名为 HardwareStore_ads，从"格式"下拉列表中选择 Adobe Illustrator（ai）选项（macOS）或从"保存类型"下拉列表中选择 Adobe Illustrator（*.AI）选项（Windows），单击"保存"按钮。

⑦ 在"Illustrator 选项"对话框中，保持默认设置，单击"确定"按钮。

⑧ 选择"窗口">"工作区">"重置基本功能"。

> ♀ **注意**　如果在"工作区"菜单中没有看到"重置基本功能"选项，请在选择"窗口">"工作区">"重置基本功能"之前，先选择"窗口">"工作区">"基本功能"。

9.2 添加文本

文字功能是 Adobe Illustrator 中最强大的功能之一。与 Adobe InDesign 一样，在 Adobe Illustrator

中，您可以创建文本列和行、置入文本、随形状或沿路径排列文本、将字母用作图形对象等。

在 Adobe Illustrator 中，您可以通过 3 种主要方式创建文本对象。

- 添加点状文字。
- 添加区域文字。
- 添加路径文字。

9.2.1　添加点状文字

点状文字是从单击处开始，在输入字符时展开的一行或一列文本。每一行（列）文本都是独立
的——当您编辑它时，行（列）会扩展或收缩，除非手动
添加段落标记或换行符，否则不会切换到下一行（列）。
您需要在作品中添加标题或为数不多的几个字时，可以使
用这种方式创建文本。本小节将使用点状文字添加一些标
题文本。

图 9-3

❶ 在文档窗口左下角的"画板导航"下拉列表中选
择 1 Vertical Ad 选项。选择"视图">"画板适合窗口大小"，
如图 9-3 所示。

您将在建筑图稿下方添加一些文本。

❷ 在工具栏中选择"文字工具"**T**，在建筑图稿下方单击（不要拖动），在占位符文本上输入
RJ Hardware 文本，如图 9-4 所示。

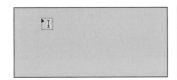
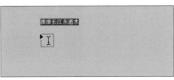
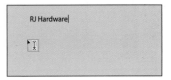

图 9-4

文本框中的"滚滚长江东逝水"是可被替换的占位符文本。

❸ 选择"选择工具"▶，按住 Shift 键，然后按住鼠标左键拖动文本框右下角的定界点，使文本
变大，如图 9-5 所示。

如果不按住 Shift 键缩放点状文字，文本会被拉伸。

再次选择"文字工具"**T**，单击添加更多文本来进行练习，输入文本 Making your home beautiful。

❹ 选择"选择工具"▶，按住 Shift 键，按住鼠标左键并拖动文本框的一个角，使之与其他文本
字体大小相同，如图 9-6 所示。

图 9-5　　　　　　　　　　　　　　　　　　图 9-6

在阅读本课的过程中，您将设置此文本的外观并将其放到合适的位置。

9.2.2 添加区域文字

区域文字使用对象（如矩形）的边界来控制字符的流动，文本可以是水平方向的，也可以是垂直方向的。当文本到达边界时，它会自动换行以适应定义的区域，如图 9-7 所示。当您想要创建一个或多个段落文本（例如应用于海报或小册子）时，可以使用这种方式输入文本。

要创建区域文字，可以使用"文字工具"**T**单击需要添加文本的位置，然后按住鼠标左键拖动以创建区域文字对象（也称为"文本对象""文本框""文字区域""文字对象"）。

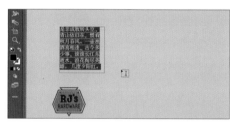

在文本框内流动的文本
图 9-7

> 💡 **提示** 是否使用占位符文本填充文本对象可以在首选项里进行更改。选择 Illustrator>"首选项"（macOS）或"编辑">"首选项"（Windows），选择"文字"，取消勾选"用占位符文本填充新文字对象"复选框。

接下来将创建一些区域文字并在广告卡片中添加标题。

① 在文档窗口下方的"画板导航"下拉列表中选择 2 Horizontal ad 选项。

② 选择"文字工具"**T**，将鼠标指针移动到浅绿色框中。按住鼠标左键拖动以创建一个宽约 100 px、高约 100 px 的小型对象，如图 9-8 所示。

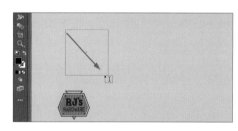

图 9-8

默认情况下，区域文字对象填充有处于选中状态的占位符文本，您可以将其替换为需要的文本。

③ 选择"视图">"放大"，重复操作几次，放大视图。

④ 选择占位符文本，输入 Your local home repair specialists，如图 9-9 所示。

⑤ 选择"选择工具" ▶，按住鼠标左键将文本框右下角的定界点向左拖动，如图 9-10 所示，然后向右拖动，查看文本在文本框中是如何换行的，这个过程不会改变文本的字体大小。

图 9-9

图 9-10

您可以通过拖动文本框 8 个定界点中的任意一个来调整文本框的大小，而不仅是右下角的定界点。

⑥ 拖动同一点使文本框变短，但您仍然可以看到所有文本，并且文本会进行换行，如图 9-11 所示。

⑦ 双击文本以切换到"文字工具"**T**。

⑧ 将光标放在单词 repair 之前，按 Shift + Return 组合键（macOS）或 Shift + Enter 组合键（Windows），使用软回车来换行，如图 9-12 所示。

软回车将文本行保持为单个段落，而不是将其分成两段。稍后，当您应用段落格式的时候，这可以使格式化应用更容易。

⑨ 选择"选择工具"▶，然后将文本对象拖动到湖绿色框的上方，如图 9-13 所示。

图 9-11

图 9-12

图 9-13

9.2.3 转换点状文字和区域文字

您可以轻松地将文本对象在区域文字和点状文字（见图 9-14）之间进行转换。如果您通过单击（创建点状文字）输入标题，但稍后希望在不拉伸文本的情况下调整文本对象的大小并添加更多文本，这将非常有用。

本小节将文本对象从点状文字转换为区域文字。

① 选择"文字工具"**T**，在同一画板左下角 RJ's HARDWARE 的右侧单击，添加一些点状文字。

② 输入 215 Grand Street • Hometown USA 555-555-5555，如图 9-15 所示。

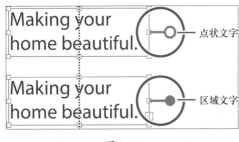

图 9-14

图 9-15

> 💡 **提示** 如果需要添加项目符号，请将光标放在您想要添加项目符号的位置，然后选择"文字">"插入特殊字符">"符号">"项目符号"。

> 💡 **提示** 要转换文本对象类型，您还可以在选择文本对象后，选择"文字">"转换为点状文字"或"转换为区域文字"，具体取决于所选文本对象的类型。

请注意文本没有自动换行。我们需要以不同的方式对文本进行换行，在这种情况下，区域文字可能是更好的选择。

③ 按 Esc 键，然后选择"选择工具"▶。

④ 将鼠标指针移动到文本对象右边缘的注释器—○上，如图 9-16（a）所示，注释器—○的端点是

空心的，表示这是点状文字。当鼠标指针变为▸▤形状时，双击注释器━●将点状文字转换为区域文字，如图 9-16（b）所示。

现在注释器━●的端点变成了实心的，表示文本对象是区域文字。

⑤ 拖动文本框右下角的定界点，将文本换行收缩在文本框中，直到如图 9-17 所示。

（a） （b）

图 9-16

图 9-17

9.2.4　导入纯文本文件

您可以将在其他软件中创建的文本导入 AI 文件中。和复制粘贴相比，从文件导入文本的优点之一是导入的文本会保留其字符和段落格式（默认情况下）。例如，在 Adobe Illustrator 中，除非您在导入文本时选择删除格式，否则来自 RTF 文件中的文本将保留其字体和样式规范。

本小节将把纯文本文件中的文本导入设计中，以获取广告卡片中的大部分文本。

① 在文档窗口下方的"画板导航"下拉列表中选择 1 Vertical Ad 选项，切换到另一个画板。

② 选择"选择">"取消选择"。

③ 选择"文件">"置入"，找到 Lessons>Lesson09 文件夹，选择 L9_text.txt 文件，如图 9-18 所示。

④ 单击"置入"按钮。

图 9-18

在弹出的"文本导入选项"对话框中，您可以在导入文本之前设置一些选项，如图 9-19 所示。

⑤ 保持默认设置，单击"确定"按钮。

⑥ 将加载文本图标移动到画板左下角的湖绿色框中，按住鼠标左键从左上角向右下角拖动以创建文本框，如图 9-20 所示。

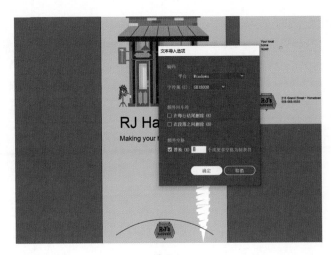

图 9-19

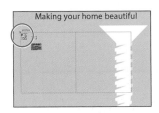  

图 9-20

如果仅单击，则将创建一个比画板小的区域文字对象。

⑦ 选择"文件">"存储"，保存文件。

9.2.5 串接文本

当使用区域文字（不是点状文字）时，每个区域文字对象都包含一个输入端口和一个输出端口，如图 9-21 所示。您可以通过端口链接区域文字并在端口之间使文本流动。

- 空输出端口▯，如图 9-22 所示，表示所有文本都是可见的，且区域文字对象尚未链接。
- 输出端口中的箭头▣，如图 9-23 所示，表示将区域文字对象链接到另一个区域文字对象。

 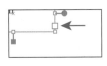 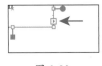

图 9-21　　　　　　　　　图 9-22　　　　　　　　　图 9-23

- 输出端口中的红色加号⊞，如图 9-24 所示，表示文本对象包含额外的文本，称为"溢出文本"。要显示所有溢出文本，您可以将文本串接到另一个文本对象，然后调整文本对象的大小或调整文本。

若要将文本从一个对象串接到另一个对象，您必须链接这些对象。链接文本的对象可以是任意形状，但文本必须输入对象中或沿路径输入，而不能是点状文字（仅单击而创建的文本）。

本小节将在两个区域文字对象之间串接文本。

① 选择"视图">"全部适合窗口大小"。

② 选择"选择工具"▶，单击在 9.2.4 小节创建的文本对象右下角的输出端口⊞，如图 9-25 红

色箭头所示。松开鼠标左键后，将鼠标指针移开，如图 9-25 所示。

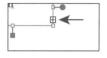

图 9-24

图 9-25

当鼠标指针从原始文本对象移开时，鼠标指针会变为"加载文本"图标 ▤。

> **注意** 双击输出端口 ⊞，会出现一个新文本对象。如果发生这种情况，您可以按住鼠标左键拖动新文本对象到您希望放置的地方，或者选择"编辑">"还原链接串接文本"，"加载文本"图标 ▤ 将重新出现。

③ 将鼠标指针移动到横向广告卡片上湖绿色框的左上角，按住鼠标左键向右下角拖出一个文本框，以创建区域文字对象，如图 9-26 所示。

图 9-26

在仍选择第二个文本对象的情况下，请注意连接这两个文本对象的线条。此线条（不会打印出来）是告诉您这两个对象是相连的串接文本。如果看不到此线条，请选择"视图">"显示文本串接"。

画板底部区域文字对象的输出端口 ▶ 和顶部区域文字对象的输入端口 ▶ 中有箭头，指示文本如何从一个对象流向另一个对象。

④ 单击左侧的第一个串接文本对象。

⑤ 将文本对象右侧中部的定界点向右拖动，使其宽度与图 9-27（a）所示相等。向上拖动该文本对象的底边，直到有部分文本流入右侧的文本对象，如图 9-27（b）所示。使文本保持选中状态。

（a）　　　　　　　　　　（b）

图 9-27

> **提示** 在对象之间对文本进行串接处理的另一种方法是选择区域文字对象，再选择要链接到的一个或多个文本对象，然后选择"文字">"串接文本">"创建"。

文本将在文本对象之间流动。如果删除第二个文本对象，则文本将作为溢出文本被拉回到原始文本对象中。尽管溢出文本不可见，但并不会被删除。

调整文本对象的大小后，在右侧画板的文本区域中看到的文本可能比在图 9-27（b）中看到的更多或更少，这没关系。

9.3 格式化文本

您可以通过多种创造性的方式设置文本格式，并将格式应用于单个字符、系列字符或所有字符。选择区域文字对象（而不是选择其中的文本），您可将格式设置选项应用于对象中的所有文本，包括"字符"和"段落"面板中的选项、"填色"和"描边"属性及透明度设置。

本节将介绍如何更改文本属性（如字体大小），随后将介绍如何将该格式存储为文本样式。

9.3.1 更改字体系列和字体样式

本小节将对文本应用字体样式。除了本地字体外，Adobe Creative Cloud 会员还可以访问在线字体库，获取字体并用于桌面应用程序（如 Adobe InDesign 或 Microsoft Word）和网站。Adobe Creative Cloud 试用会员也可以从 Adobe 官网获取部分字体。您选择的字体被激活后，它将与其他本地安装的字体一起显示在 Adobe Illustrator 的字体列表中。Adobe 字体功能默认在 Adobe Creative Cloud 桌面应用程序中开启，以便您可以激活字体并在桌面应用程序中使用它们。

> 💡 注意　您必须在计算机上安装 Adobe Creative Cloud 桌面应用程序，并且必须联网才能激活字体。当您安装第一个 Adobe Creative Cloud 应用程序（例如 Adobe Illustrator）时，安装程序将自动安装 Adobe Creative Cloud 桌面应用程序。

9.3.2 激活 Adobe 字体

本小节将选择并激活 Adobe 字体，以便可以在项目中使用它们。

❶ 确保已启动 Adobe Creative Cloud 桌面应用程序，并且已使用 Adobe ID 登录（这需要联网），如图 9-28 所示。

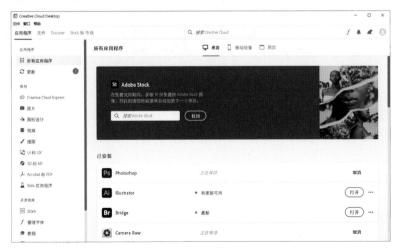

图 9-28

② 选择"文字工具" **T**，将鼠标指针移动到左侧串接文字对象中的文本上，单击以插入光标。

③ 选择"选择">"全部"，或者按 Command + A 组合键（macOS）或 Ctrl + A 组合键（Windows）全选两个串接文本对象中的所有文本，如图 9-29 所示。

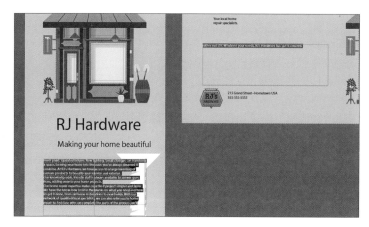

图 9-29

④ 在"属性"面板中，单击"设置字体系列"下拉按钮 ，注意菜单中显示的字体，如图 9-30 所示。

默认情况下，您看到的字体都是安装在本地的字体。在字体列表中，字体名称右侧会显示一个图标，指示它是何种字体（ 是激活的 Adobe 字体、 是 OpenType、 是可变字体、 是 SVG 字体、 是 TrueType、 是 Adobe PostScript）。

⑤ 单击"查找更多"选项卡查看可供选择的 Adobe 字体列表，如图 9-31 所示。

菜单内容可能需要一点时间来进行初始化。由于 Adobe 会不断更新可用字体，因此您看到的内容可能与图 9-31 所示并不一样。

图 9-30   图 9-31

⑥ 单击"过滤字体"按钮 您可以通过选择"分类"和"属性"条件来过滤字体列表，选择"分类"下的"无衬线字体"选项对字体进行过滤，如图 9-32 所示。

⑦ 在字体列表中向下滚动找到 Rajdhani 字体，如图 9-33 所示。单击 Rajdhani 左侧的折叠按钮 以查看字体样式。

⑧ 单击 SemiBold 最右侧的激活按钮 ，如图 9-34 所示。

💡 提示　字体会在已安装 Adobe Creative Cloud 桌面应用程序的所有计算机上激活。要查看已激活的字体，请打开 Adobe Creative Cloud 桌面应用程序，然后单击右上角的"字体"按钮 ƒ。

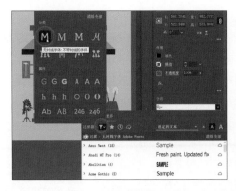

图 9-32

图 9-33

图 9-34

如果您在最右侧看到按钮☁，或者将鼠标指针放在列表中的字体名称上时看到按钮☁，表示对应字体已被激活，这里无须执行任何操作。

⑨ 在弹出的对话框中单击"确定"按钮，如图 9-35 所示。

⑩ 单击 Bold 最右侧的"激活"按钮☁，在弹出的对话框中单击"确定"按钮。

激活字体后（请耐心等待，可能需要一些时间），就可以开始使用它们。

⑪ 激活字体后，单击"清除全部"按钮以删除"无衬线字体"过滤，再次查看所有字体，如图 9-36 所示。

图 9-35

图 9-36

9.3.3　对文本应用字体

现在 Adobe 字体已被激活，您可以在任何应用程序中使用它们。对文本应用字体是您接下来要执行的操作。

❶ 在仍然选择串接文本且仍显示"设置字体系列"菜单的情况下，单击"显示已激活的字体"按钮⭕过滤字体列表，仅显示激活的 Adobe 字体，如图 9-37 所示。

图 9-37 所示的列表可能与您实际操作中看到的不一样，但只要能找到 Rajdhani 字体即可。

❷ 将鼠标指针移动到列表中的字体选项上，您会在所选文本上看到其应用鼠标指针所指字体的预览效果。单击 Rajdhani 左侧的折叠按钮▯，然后选择 SemiBold（或直接选择 Rajdhani SemiBold），如图 9-38 所示。

图 9-37

图 9-38

❸ 选择"选择工具"▶，单击 RJ Hardware... 文本，按住 Shift 键，单击 Making your home beautiful 和 Your local home repair specialists 文本以选择这 3 个文本对象，如图 9-39 所示。

如果要将相同的字体应用于点状文字或区域文字对象中的所有文本，只需选择对象（而不是文本），然后应用相应字体即可。

❹ 选择文本对象后，单击"属性"面板中的字体名称，输入字母 raj（您可能需要按照 Rajdhani 输入更多字母），如图 9-40 所示。

图 9-39

图 9-40

输入框的下方会出现一个菜单。Adobe Illustrator 会在该菜单中的字体列表中筛选并显示包含 raj 的字体名称，而不考虑 raj 在字体名称中所处的位置和是否大写。"显示已激活的字体"按钮⭕当前仍处于激活状态，因此您要将其关闭。

> 💡 提示　将光标置于字体名称字段中，您还可以单击位于字体名称字段右侧的"×"按钮，来清除搜索字段。

⑤ 在弹出的菜单中单击"清除过滤器"按钮 ，查看所有可用字体而不仅是 Adobe 字体，如图 9-41 所示。

⑥ 在输入框下方出现的菜单中，将鼠标指针移动到列表中的字体选项上方，如图 9-42 所示（您的页面可能与图 9-42 所示不同，因为激活的字体可能不一样），Adobe Illustrator 将实时显示所选文本的字体预览效果。

图 9-41

图 9-42

⑦ 单击 Rajdhani Bold 以应用字体。

⑧ 单击横向广告卡片上的文本对象 215 Grand Street • Hometown，USA...。

⑨ 在"属性"面板中单击字体名称，然后输入 raj（表示 Rajdhani）。选择 Rajdhani SemiBold 字体以应用它。

9.3.4 更改字体大小

默认情况下，字体大小以 pt 为单位（1 pt 等于 1/72 英寸）。本小节将更改文本的字体大小，并查看对点状文字进行缩放会出现什么变化。

① 选择"选择工具" ，单击左侧画板上的 RJ Hardware 标题。

在"属性"面板的"字符"选项组中，您将看到字体大小可能不是整数，如图 9-43 所示。这是因为您之前通过拖动缩放了点状文字。

② 在"属性"面板的"设置字体大小"下拉列表中选择 60 pt，如图 9-44（a）所示，效果如图 9-44（b）红色箭头所示。

图 9-43

（a）

（b）

图 9-44

③ 单击 Making your home beautiful 文本，以选择文本对象。

④ 在"设置字体大小"下拉列表中选择 24 pt，如图 9-45（a）所示，效果如图 9-45（b）红色箭头所示。

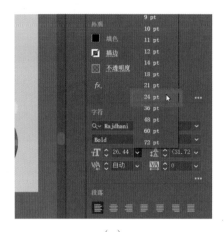

（a）

（b）

图 9-45

⑤ 字体有点小，因此请单击向上箭头按钮，直到 30 pt，如图 9-46 所示。

⑥ 单击右侧画板上的 Your local home repair specialists 文本，将字体大小更改为 54 pt。

除了单击字体大小字段旁边的箭头按钮外，还可以选择字段值并输入 54，按 Enter 键以确定更改。

⑦ 如果文本消失，是因为它太大而无法被纳入文本框中。按住鼠标左键拖动文本对象一角，直到可以看到完整文本，然后将其拖动到湖绿色框上方，如图 9-47 所示。

图 9-46

图 9-47

9.3.5　更改文本颜色

您可以通过"填色""描边"等属性来更改文本的外观。本小节通过选择文本对象来更改所选文本的颜色。您还可以使用"文字工具"T选择文本，对文本应用不同的填充颜色和描边颜色。

❶ 选择文本 Your local home repair specialists 后，按住 Shift 键，单击 Making your home beautiful 文本。

❷ 单击"属性"面板中的"填色"框，在弹出的面板中选择"色板"选项，然后选择 White 色板，如图 9-48 所示。

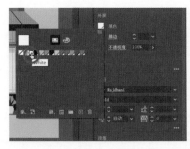

图 9-48

❸ 单击文本 RJ Hardware，单击"属性"面板中的"填色"框，然后选择深灰色色板，如图 9-49
所示。

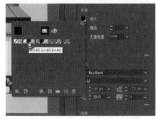

图 9-49

❹ 选择"选择"＞"取消选择"，然后选择"文件"＞"存储"，保存文件。

9.3.6　更改其他字符格式

在 Adobe Illustrator 中，除了字体、字体大小和颜色之外，您还可以更改很多文本属性。与 Adobe
InDesign 一样，Adobe Illustrator 的文本属性分为字符格式和段落格式，您可以在"属性"面板、"控制"
面板和"字符"面板、"段落"面板中找到相关设置选项。

您可以通过单击"属性"面板"字符"选项组中的"更多选项"按钮●●●或选择"窗口"＞"文字"＞"字
符"来访问完整的"字符"面板，该面板包含所选文本的格式，如字体、字体大小、字距等。本小节
将应用其中一些属性来尝试各种不同的设置文本格式的方法。

> ♀提示　默认情况下，文字行距会设置为自动行距。在"属性"面板中查看行距时，可以看到该值带有括
> 号"（ ）"，这就是自动行距。要将行距恢复为默认的自动值，请在行距下拉列表中选择"自动"选项。

❶ 选择"选择工具"▶，单击文本 Your local home repair specialists。

❷ 在"属性"面板中，设置行距▤为 54 pt（或者其他外观良好的值），按 Enter 确认该值，如
图 9-50 所示。使文本保持选中状态。

图 9-50

行距是文本行与文本行之间的垂直距离。调整行距有助于文本适应文本区域。接下来将使所有标题都大写。

③ 按住 Shift 键并单击 RJ Hardware 和 Making your home beautiful 文本，加选这两个文本对象。

④ 选择文本对象后，在"属性"面板的"字符"选项组中单击"更多选项"按钮 ●●●，显示更多选项，单击"全部大写字母"按钮 TT，将标题设置为大写字母，如图 9-51 所示。

图 9-51

如果右侧画板上的标题 YOUR LOCAL HOME REPAIR SPECIALISTS 文本一部分消失，这是因为它不适应文本区域。选择"选择工具" ▶，拖动文本框的一角就可以显示所有文本，如图 9-52 所示。

图 9-52

点状文字与区域文字的区别之一是，无论点状文字应用了何种格式，其所在的文本框都会自动调整大小以显示所有文本。

9.3.7 更改段落格式

与字符格式一样，您可以在输入新文本或更改现有文本的外观之前就设置段落格式，如对齐或缩进。段落格式适用于整个段落，而不仅是当前选择的内容。大多数的段落格式可以在"属性"面板、"控制"面板或"段落"面板中设置。您可以通过单击"属性"面板"段落"选项组中的"更多选项"按钮 ●●●，或选择"窗口">"文字">"段落"来访问"段落"面板中的选项。

① 选择"文字工具" T，单击左侧画板中的串接文本。

② 按 Command + A 组合键（macOS）或 Ctrl + A 组合键（Windows），全选两个文本对象之间的所有文字，如图 9-53 所示。

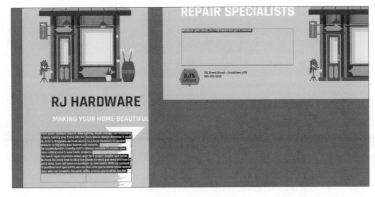

图 9-53

③ 选择文本后，单击"属性"面板"段落"选项组中的"更多选项"按钮▪▪▪，显示更多选项。

④ "段后间距" ▣更改为 9 pt，如图 9-54 所示。

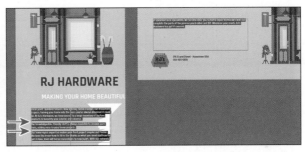

图 9-54

通过设置段后间距，而不是按 Enter 键换行，有助于保持文本的一致性，方便以后编辑。

⑤ 选择"选择工具"▶，单击右侧广告卡片上的 YOUR LOCAL HOME REPAIR SPECIALISTS 文本对象以将其选中。

⑥ 单击"属性"面板"段落"选项组中的"居中对齐"按钮▤，将文本居中对齐，如图 9-55 所示。

⑦ 选择"选择">"取消选择"，然后选择"文件">"存储"，保存文件。

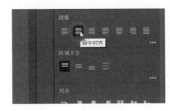

图 9-55

9.3.8 垂直对齐区域文字

当您使用区域文字时，您可以垂直（或水平）地对齐（或分布）文本框内的文本行。您可以通过设置段落行距和段落间距将文本与文本框的顶边、中心或底边对齐。您还可以垂直对齐文本对象，无论文本对象内部的行距和段落间距如何，都可以均匀地间隔行。图 9-56 所示是可以应用于文本对象进行垂直对齐的不同方式。

Our home repair expertise makes your projects easier.
Our home repair expertise makes your projects easier.
Our home repair expertise makes your projects easier.
Our home repair
expertise makes your
projects easier.

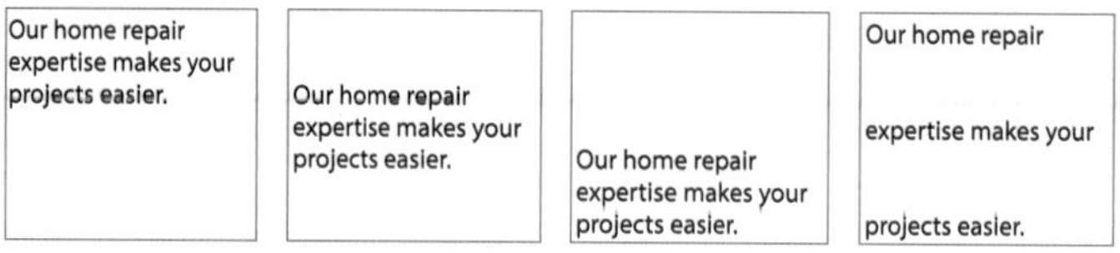

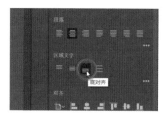

图 9-56

接下来将垂直对齐其中一个标题，以便更轻松地设置它与文本段落之间的间距。

❶ 选择“选择工具”▶，单击标题 YOUR LOCAL HOME REPAIR SPECIALISTS。

❷ 在“属性”面板的“区域文字”选项组中，单击“底对齐”按钮，将文本与文本区域的底部对齐，如图 9-57 所示。

注意 您还可以在“区域文字选项”对话框（选择“文字”>“区域文字选项”）中访问垂直文本对齐选项。

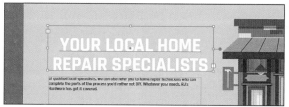

段落
区域文字
底对齐
对齐
YOUR LOCAL HOME
REPAIR SPECIALISTS

图 9-57

❸ 拖动文本对象到图 9-58 所示位置。

YOUR LOCAL HOME
REPAIR SPECIALISTS

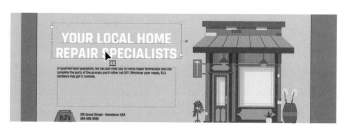

图 9-58

9.4 调整文本对象

Adobe Illustrator 中有多种方法可以重新调整文本对象的形状和创建独特的文本对象形状，包括使用“直接选择工具”▷给区域文字对象添加列或重新调整文本对象的形状。开始操作之前，您需要在 Artboard 1 画板上导入一些文本，这样就有更多的文本可以处理。

9.4.1 创建列文本

使用“区域文字选项”命令，您可以轻松地创建列和行文本，如图 9-59 所示。对于创建具有多列的单文本对象，或组织了表格或简图的文本对象来说，该命令非常有用。本小节将向文本对象添加列。

❶ 选择“选择工具”▶，单击横向广告卡片（右侧画板）中的文字段落。

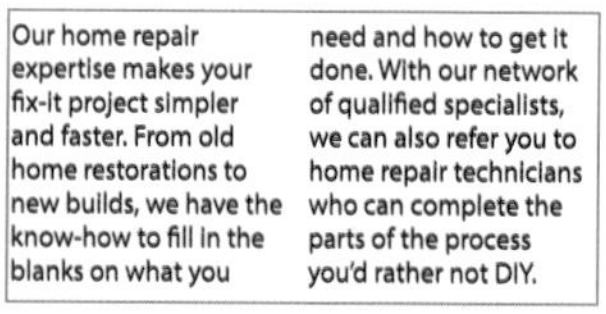

Our home repair expertise makes your fix-it project simpler and faster. From old home restorations to new builds, we have the know-how to fill in the blanks on what you
need and how to get it done. With our network of qualified specialists, we can also refer you to home repair technicians who can complete the parts of the process you'd rather not DIY.

区域文字中的列文本

图 9-59

② 选择"文字">"区域文字选项"。在"区域文字选项"对话框中,将"列"选项组中的"数量"更改为 2,勾选"预览"复选框,单击"确定"按钮,如图 9-60 所示。

文本并不会拆分为两列,很可能是没有足够多的文本来填充第二列,稍后将解决此问题。

③ 如有必要,向下拖动底边中心的定界点,使区域文字对象与画板上湖绿色框的大小相同,如图 9-61 所示。

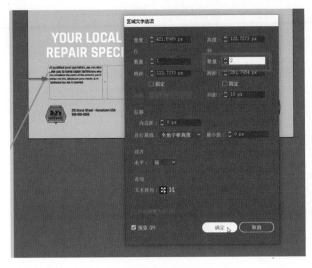

图 9-60

图 9-61

> 💡 注意 您可能会在文本区域中看到比图 9-61 中更多或更少的文本,这没关系。

9.4.2　调整文本对象的大小和形状

本小节将调整文本对象的形状和大小,以更好地展示文本。

① 选择"选择工具"▶,单击带有 215 Grand Street... 的文本对象。

② 按 Command + + 组合键(macOS)或 Ctrl + + 组合键(Windows),重复操作几次,放大选择的文本对象视图。

③ 选择"直接选择工具"▷,单击文本对象的左下角,选择定界点。

④ 按住鼠标左键将该点向右拖动,调整路径的形状,使文本围绕 RJ's HARDWARE 排列,如图 9-62 所示。

⑤ 如有必要,选择"选择工具"▶,将文本拖到靠近 Logo 的位置,如图 9-63 所示。

图 9-62　　　　　　　　　　　　　　　　图 9-63

9.4.3 吸取文本格式

使用"吸管工具" ✐，您可以快速采集文本属性并将其复制到其他文本中。

① 在文档窗口下方的"画板导航"下拉列表中选择 1 Vertical Ad 选项以切换到另一个广告卡片。

② 在工具栏中选择"文字工具" T，在画板底部的黑色曲线上方单击，输入 FAMILY-OWNED SINCE 1918，如图 9-64 所示。

> 💡 **注意** 如果您输入的文本现在是小写，并且选择了 family-owned... 文本对象，请选择"文字">"更改大小写">"大写"。

③ 按 Esc 键选择文本对象和"选择工具" ▶。

图 9-64

> 💡 **注意** 您输入的文本大小可能与图 9-64 所示的不同，没关系，因为您即将改变它。

④ 要从其他文本中吸取并应用格式设置，先选择"吸管工具" ✐，然后单击 MAKING YOUR HOME BEAUTIFUL 文本中的某个字母，将相同的格式应用于所选文本对象，如图 9-65 所示。

 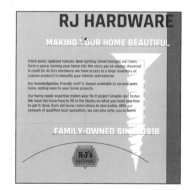

图 9-65

⑤ 选择"选择">"取消选择"，然后选择"文件">"存储"，保存文件。

9.5 创建和应用文本样式

文本样式允许您保存文本格式，以便对文本进行一致应用和全局更新。创建样式后，您只需要编辑保存的样式，应用了该样式的所有文本都会自动更新。Adobe Illustrator 有如下两种文本样式。

- 段落样式：包含字符和段落属性，并将相关设置应用于整个段落。
- 字符样式：只有字符属性，并将相关设置应用于所选文本。

9.5.1 创建和应用段落样式

本小节将为正文创建段落样式。

① 选择"选择工具"▶，在左侧的画板上双击串接文本的段落以切换到"文字工具"T并插入光标。

② 选择"窗口">"文字">"段落样式"，在"段落样式"面板的底部单击"创建新样式"按钮▣，如图 9-66 所示。

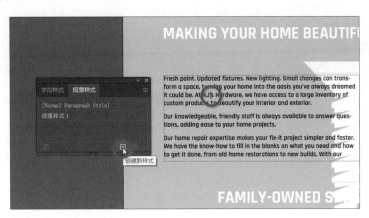

图 9-66

这将在面板中创建一个新的段落样式，名为"段落样式 1"。光标所在段落的字符样式和段落样式已被"捕获"，并保存在新建样式中。为文本创建段落样式，不必先选择文本对象，您可以简单地将光标插入文本中，这将保存光标所在段落的格式属性。

③ 直接在样式列表中双击样式名称"段落样式 1"，将样式名称更改为 Body，按 Enter 键确认名称修改，如图 9-67 所示。

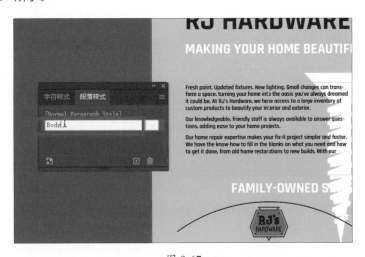

图 9-67

通过双击样式来编辑名称，您可以将新样式应用到段落（光标所在的段落）。这意味着，如果您编辑 Body 样式，这一段的样式也将更新。

接下来将把样式应用给串接框中的所有文本。

④ 将光标放在段落文本中，选择"选择">"全部"将文本全部选中。

⑤ 在"段落样式"面板中单击 Body 样式以将其应用给所选文本，如图 9-68 所示。

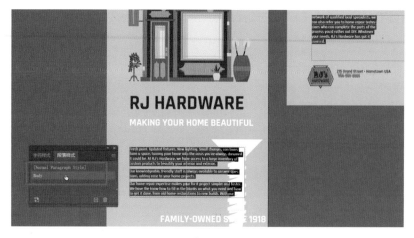

图 9-68

9.5.2 段落样式练习

本小节将通过在所选文本中为标题创建另一个段落样式来进行练习。

① 选择"选择">"取消选择"。

② 选择"选择工具"▶，单击横向广告卡片中的
215 Grand Street... 文本。

③ 在"属性"面板中，单击"填色"框，选择
深绿色色板，如图 9-69 所示。

> ⚪ **注意** 如果您在文本对象的输出端口中看到溢出文
> 本图标⊞，则可以在选择"选择工具"▶的情况下，
> 拖动文本对象的定界框使其变大，以便看到所有文本。

④ 在"段落样式"面板的底部单击"创建新样式"
按钮⊞，创建新的段落样式。

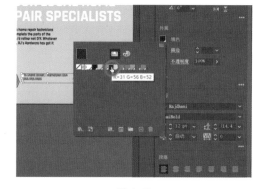

图 9-69

⑤ 在样式列表中双击新样式名称"段落样式 2"（或其他样式名称），将样式名称更改为 Blurb，
如图 9-70 所示，按 Enter 键确认名称修改。

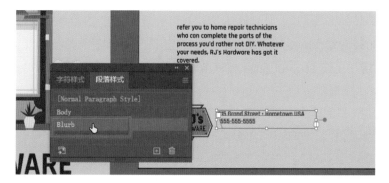

图 9-70

⑥ 在纵向广告卡片中，单击画板底部的 FAMILY-OWNED... 文本。

⑦ 单击"段落样式"面板中的 Blurb 样式，将 Blurb 样式应用给文本，如图 9-71 所示。

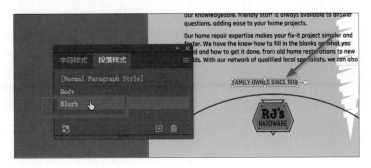

图 9-71

Blurb 样式将更适合该文本，因为之后会将其添加到黑色的曲线路径中。

9.5.3　编辑段落样式

创建段落样式后，您可以轻松地编辑段落样式，同时，应用了相应段落样式的任何位置，其段落样式都将自动更新。本小节将编辑 Body 样式，以说明使用段落样式为什么可节省创作时间并使图稿保持一致。

> 💡 **提示**　段落样式选项还有很多，其中大部分都可以在"段落样式"面板菜单中找到，包括复制、删除和编辑段落样式。若要了解有关这些选项的详细信息，请在"Illustrator 帮助"（选择"帮助"＞"Illustrator 帮助"）中搜索"段落样式"。

① 在任意一画板应用了 Body 样式的文本段落中双击以插入光标并切换到"文字工具"**T**。

② 要编辑正文样式，请在"段落样式"面板中双击样式名称 Body 的右侧，如图 9-72 所示。

③ 在"段落样式选项"对话框中，单击"基本字符格式"选项卡。

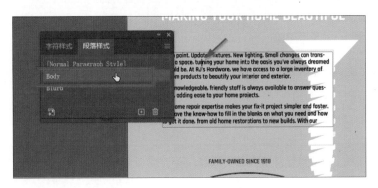

图 9-72

④ 将字体大小更改为 14 pt，然后在"行距"下拉列表中选择"自动"选项，如图 9-73 所示。默认情况下，字体大小选项和行距选项很可能是空白的。

由于默认情况下已勾选"预览"复选框，因此您可以将对话框移开，实时查看应用 Body 样式后的文本变化。

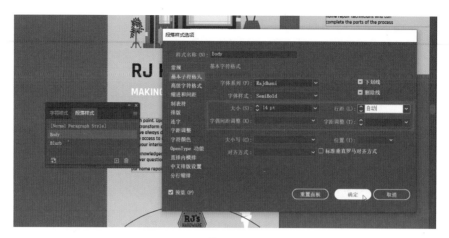

图 9-73

⑤ 单击"确定"按钮。将光标留在段落中,以便您可以放大视图查找光标所在位置。

9.5.4 创建和应用字符样式

与段落样式不同,字符样式只能应用于选择的文本,并且只能包含字符格式。本小节将从文本中创建字符样式。

① 确保光标仍在段落中,选择"视图">"放大",重复操作几次,以放大文本视图。

② 选择 RJ's Hardware 文本。

③ 在"属性"面板中,单击"填色"框,选择 Salmon 色板,如图 9-74 所示。

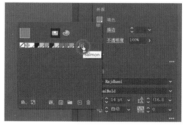
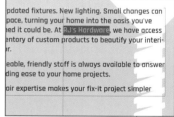

图 9-74

④ 将"属性"面板中的字体样式更改为 Bold。

⑤ 在"段落样式"面板组中,切换到"字符样式"面板。

⑥ 在"字符样式"面板中,按住 Option 键(macOS)或 Alt 键(Windows),单击面板底部的"创建新样式"按钮▣,如图 9-75 所示。

按住 Option 键(macOS)或 Alt 键(Windows)单击"字符样式"面板中的"创建新样式"按钮▣,可以在将样式添加到"字符样式"面板之前编辑此样式的相关选项。

⑦ 在弹出的对话框中,更改以下选项,如图 9-76 所示。

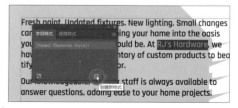

图 9-75

• 样式名称: Biz name。

- "添加到我的库"复选框：取消勾选（如果有的话）。

⑧ 单击"确定"按钮，样式已记录应用于所选文本的属性。

⑨ 在文本仍处于选中状态的情况下，在"字符样式"面板中单击名为 Biz name 的字符样式，将该字符样式应用于选中的文本，如图 9-77 所示。如果修改字符样式，则该文本样式也将随之改变。

图 9-76

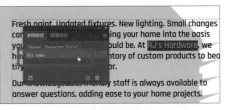

图 9-77

> 💡注意　如果应用字符样式时有"+"显示在样式名称旁边，则表明应用到文本的样式与系统样式不同，您可以通过按住 Option 键（macOS）或 Alt 键（Windows）并单击样式名称的方式来应用该字符样式。

⑩ 在文档窗口左下角的"画板导航"下拉列表中选择 2 Horizontal ad 选项。

⑪ 在文本段落中，选择 RJ's Hardware 文本，在"字符样式"面板中单击 Biz name 以应用该样式，如图 9-78 所示。

⑫ 选择"选择">"取消选择"。

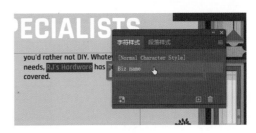

图 9-78

9.5.5　编辑字符样式

创建字符样式后，您可以轻松对其进行编辑，并且应用该样式的任何文本的样式都会自动更新。

❶ 在"字符样式"面板中 Biz name 样式名称右侧（注意不是名称本身）双击，如图 9-79 所示。

❷ 在"字符样式选项"对话框中，更改以下内容，如图 9-80 所示。

- 单击"基本字符格式"选项卡，将"字体样式"更改回 SemiBold。

- "添加到我的库"复选框：取消勾选（如果有的话）。

- "预览"复选框：勾选。

❸ 单击"确定"按钮，关闭"字符样式"面板组。

图 9-79

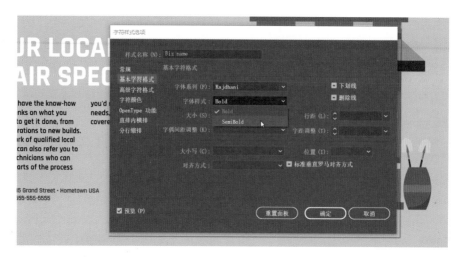

图 9-80

9.6 文本绕排

在 Adobe Illustrator 中，您可以轻松地将文本环绕在对象（如文本对象、置入的图像和矢量图）周围，以避免文本与这些对象重叠，或以此创建有趣的设计效果，如图 9-81 所示。本小节将围绕部分图稿绕排文本。与 Adobe InDesign 一样，在 Adobe Illustrator 中您可以设置文本基于某个对象绕排。

❶ 在文档窗口下方的"画板导航"下拉列表中选择 1 Vertical Ad 选项以切换到纵向广告卡片。

❷ 选择"选择工具"▶，单击画板中的白色螺钉图形，如图 9-82 所示。

Our home repair expertise makes your fix-it project simpler and faster. From old home restorations to new builds, we have the know-how to fill in the blanks on what you need and how to get it done. With our network of qualified specialists, we can also refer you to home repair

Logo 周围的文本绕排
图 9-81

图 9-82

❸ 选择"对象">"文本绕排">"建立"，如果出现对话框，请单击"确定"按钮。

若要将文本环绕在对象周围，则该对象必须与环绕对象的文本位于同一图层，且在图层层次结构中，该对象还必须位于文本之上。

❹ 选择白色螺钉图形后，单击"属性"面板中的"排列"按钮，选择"置于顶层"命令，如图 9-83 所示。

💡 提示　尝试拖动白色螺钉图形以查看文本的排列方式。

图 9-83

现在，白色螺钉图形按堆叠顺序位于文本的上层，并且文本环绕该图形排布。

⑤ 选择"对象">"文本绕排">"文本绕排选项"。在"文本绕排选项"对话框中，将"位移"更改为 15 pt，勾选"预览"复选框以查看更改效果，单击"确定"按钮，如图 9-84 所示。

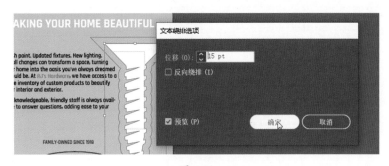

图 9-84

9.7 使用路径文字

除了在点状文字和区域文字中排列文本外，您还可以沿路径排列文本。文本可以沿着开放路径或闭合路径排列，形成一些独具创意的效果，如图 9-85 所示。本小节将基于开放路径添加一些文本。

沿路径排列的文本
图 9-85

① 选择"选择工具"▶，选择左侧画板底部的黑色弯曲路径。

② 按 Command ++ 组合键（macOS）或 Ctrl ++ 组合键（Windows），重复操作几次，放大视图。

③ 选择"文字工具"T，将鼠标指针移动到黑色弯曲路径的左端，直到看到带有交叉波浪形路径的插入点时单击，如图 9-86（a）所示。

单击的位置将沿路径出现占位符文本，如图 9-86(b)所示。您看到的文本格式可能与图 9-86(b)所示的不同，这没关系。

下面将复制 FAMILY-OWNED SINCE 1918 文本到路径上。

④ 单击 FAMILY-OWNED SINCE 1918 文本对象，按 Command + A 组合键（macOS）或 Ctrl + A 组合键（Windows）以全选所有文本。

⑤ 选择"编辑">"复制"。

⑥ 在路径上的占位符文本中单击，按 Command + A 组合键（macOS）或 Ctrl + A 组合键（Windows）全选所有文本。

⑦ 选择"编辑">"粘贴"，替换占位符文本，如图 9-87 所示。

（a）

（b）

图 9-86

图 9-87

对于接下来的操作，您可能需要进一步放大视图。

⑧ 选择"选择工具"▶，将鼠标指针移动到文本左边缘的上方（恰好为 FAMILY 中 F 的左侧）。当您看到鼠标指针变为 形状时，按住鼠标左键向右拖动，使文本尽可能在路径上居中，如图 9-88 所示。

图 9-88

⑨ 选择不在路径上的文本对象 FAMILY-OWNED...，如图 9-89 所示，将其删除。

图 9-89

9.8　文本变形

通过使用封套将文本变成不同的形状，您可以创建一些出色的设计效果，如图 9-90 所示。您可以使用画板上的对象制作封套，也可以使用预设的变形形状或网格制作封套。

变形的文本
图 9-90

9.8.1　使用预设封套扭曲文本形状

Adobe Illustrator 附带了一系列预设的变形形状，您可以利用这些形状来变形文本。本小节将应用 Adobe Illustrator 提供的一个预设变形形状来制作创意标题。

① 选择"视图">"画板适合窗口大小"。

② 选择"选择工具"▶，单击 RJ HARDWARE 文本对象。

③ 按 Command + + 组合键（macOS）或 Ctrl + + 组合键（Windows），重复操作几次，放大视图。

④ 选择"对象">"封套扭曲">"用变形制作"。

⑤ 在弹出的"变形选项"对话框中勾选"预览"复选框，确保在"样式"下拉列表中选择了"上

弧形"选项。

⑥ 分别拖动"弯曲"、"水平"和"垂直"滑块，查看其值对文本变形的影响。

您可能需要取消勾选，然后再次勾选"预览"复选框。

最终确保"扭曲"为0%、"弯曲"为50%，单击"确定"按钮，如图9-91所示。

图 9-91

9.8.2　编辑封套扭曲对象

如果要对封套扭曲对象进行任何更改，您可以分别编辑组成封套扭曲对象的文本和形状。本小节将先编辑文本，然后编辑形状。

❶ 在仍选择封套扭曲对象的情况下，单击"属性"面板顶部的"编辑内容"按钮▣，如图9-92所示。

❷ 选择"文字工具"**T**，将鼠标指针移动到变形的文本上。请注意，文本未变形时显示为蓝色。将文本 RJ 更改为 RJ'S，如图9-93所示。

图 9-92

图 9-93

还可以编辑预设形状，这是接下来要进行的操作。

❸ 选择"选择工具"▶，并确保封套扭曲对象仍处于选中状态，在"属性"面板顶部单击"编辑封套"按钮▣，如图9-94所示。

> 💡提示　如果使用"选择工具"▶而不是"文字工具"**T**双击，则会进入隔离模式。这是编辑封套扭曲对象中的文本的另一种方法。如果出现这种情况，请按 Esc 键退出隔离模式。

❹ 单击"属性"面板中的"变形选项"按钮，弹出"变形选项"对话框，将"弯曲"更改为25%，单击"确定"按钮，如图9-95所示。

提示 若要将文本从扭曲形状中取出，请使用"选择工具" ▶ 选择文本，然后选择"对象">"封套扭曲">"释放"。该操作将为您提供两个对象：文本对象和上弧形形状。

图 9-94   图 9-95

⑤ 选择"选择工具" ▶，按住鼠标左键拖动扭曲的文本，然后拖动 MAKING YOUR.... 白色标题，将它们置于文本段落上方，如图 9-96 所示。

图 9-96

⑥ 选择"选择">"取消选择"，然后选择"文件">"存储"，保存文件。

9.9 创建文本轮廓

将文本转换为轮廓，意味着将文本转换为矢量形状，您可以像对待任何其他图形对象一样编辑和操作它。但文本轮廓化之后，该文本就不可再作为文本进行编辑。当您不能或不想发送字体时，文本轮廓化允许您修改大型文本的外观或将文件发送给别人。文本轮廓化对于调整大型文本的外观非常有用，但对于正文文本或其他字号较小的文本，轮廓化的用处就不大了。如果将所有文本转换为轮廓，则不需要安装相应字体就可正确打开和查看该文件。

注意 位图字体和轮廓受保护的字体不能转换为轮廓，且不建议将字号小于 10 pt 的文本轮廓化。

当文本转换为轮廓后，该文本将丢失其控制指令，这些控制指令将融入轮廓中，以便在不同字体形状大小下以最佳方式显示或打印。另外，必须将所选文本对象中的文本全部转换为轮廓，而不能仅转换文本对象中的单个字母。本小节将把主标题文本转换为轮廓。

① 选择"视图">"全部适合窗口大小"。

② 选择"选择工具" ▶，单击右侧画板上的 YOUR LOCAL HOME REPAIR SPECIALISTS 文本。

③ 选择"编辑">"复制"，然后选择"对象">"隐藏">"所选对象"。

此时原始文本仍然存在，只是被隐藏起来了。如果需要对其进行更改，您可以选择"对象">"全部显示"以查看原始文本。

④ 选择"编辑">"贴在前面"。

⑤ 选择"文字">"创建轮廓"，效果如图 9-97 所示。

文本不再链接到特定字体，它现在是可编辑的图形。

⑥ 单击具有两列的文本对象并按住鼠标左键向上拖动文本对象底边中间的定界点，使文本量在两列之间保持平衡，如图 9-98 所示。

图 9-97

图 9-98

企业名被分成两行看起来很奇怪，为了解决这个问题，可以选择"文本工具"并在 RJ's 之前插入光标，然后通过软回车进行换行，按 Shift + Return 组合键（macOS）或 Shift + Enter 组合键（Windows）。

⑦ 选择"选择">"取消选择"。

⑧ 选择"文件">"存储"，然后选择"文件">"关闭"。

复习题

1. 列举几种在 Adobe Illustrator 中创建文本的方法。
2. 什么是溢出文本?
3. 什么是文本串接?
4. 字符样式和段落样式之间有什么区别?
5. 将文本转换为轮廓有什么优点?

参考答案

1. 在 Adobe Illustrator 中可以使用以下方法来创建文本。

- 选择"文字工具" **T**,在画板中单击,并在光标出现后开始输入,这将创建一个点状文字对象以容纳文本。
- 选择"文字工具" **T**,按住鼠标左键拖动以创建区域文字对象,在出现光标后输入文本。
- 选择"文字工具" **T**,单击路径或闭合形状,将其转换为路径文字或文本对象。这里有一个小技巧:按住 Option 键(macOS)或 Alt 键(Windows),单击闭合路径的描边,将沿形状路径创建绕排文本。

2. 溢出文本是指不能容纳在区域文字对象或路径中的文本。文本框输出口端中的红色加号⊞表示该对象包含溢出文本。

3. 文本串接允许您通过链接文本对象,使文本从一个对象流到另一个对象。链接的文本对象可以是任意形状,但文本必须是区域文字或者路径文字(而不是点状文字)。

4. 字符样式只能应用于选择的文本,段落样式可应用于整个段落。段落样式最适合对缩进、边距和行间距进行调整。

5. 将文本转换为轮廓,就不再需要在与他人共享 AI 文件时将字体一起发送,并可添加在编辑(实时)状态时无法添加的文本效果。

使用图层组织图稿

本课概览

在本课中，您将学习以下内容。

- 使用"图层"面板。
- 创建、重排和锁定图层、子图层。
- 在图层之间移动对象。
- 将多个图层合并为单个图层。
- 在"图层"面板中定位对象。

- 将对象及其所在的图层从一个文件复制粘贴到另一个文件。
- 将外观属性应用于图层。
- 建立剪切蒙版。

学习本课大约需要 **45** 分钟

　　您可以使用图层将图稿组织为不同层级，利用这些层级单独或整体编辑和浏览图稿。每个 AI 文件至少包含一个图层。通过在图稿中创建多个图层，您可以轻松控制图稿的打印、显示、选择和编辑方式。

10.1　开始本课

本课将通讨组织一个 App 设计图稿，介绍在"图层"面板中使用图层的各种方法。

① 为了确保工具的功能和默认值完全如本课所述，请删除或停用（通过重命名）Adobe Illustrator 首选项文件。具体操作请参阅本书"前言"中的"还原默认首选项"部分。

② 启动 Adobe Illustrator。

③ 选择"文件">"打开"，打开 Lessons>Lesson10 文件夹中的 L10_end.ai 文件，如图 10-1 所示。

④ 选择"视图">"全部适合窗口大小"。

⑤ 选择"窗口">"工作区">"重置基本功能"。

> ♀ **注意**　如果在"工作区"菜单中没有看到"重置基本功能"命令，请在选择"窗口">"工作区">"重置基本功能"之前，先选择"窗口">"工作区">"基本功能"。

⑥ 选择"文件">"打开"。在"打开"对话框中，找到 Lessons>Lesson10 文件夹，选择 L10_start.ai 文件，单击"打开"按钮。

此时可能会弹出"缺少字体"对话框，表明 Adobe Illustrator 在计算机上找不到该文件使用的字体。该文件使用的 Adobe 字体很可能是您尚未激活的，因此您需要在继续进行操作之前激活缺少的字体。

⑦ 在"缺少字体"对话框中，确保勾选"激活"列中所有缺少的字体的复选框，然后单击"激活字体"按钮，如图 10-2 所示。一段时间后，字体将被激活，并且您会在"缺少字体"对话框中看到一条提示激活成功的消息，单击"关闭"按钮。

⑧ 如果弹出询问自动激活字体的对话框，单击"跳过"按钮即可。

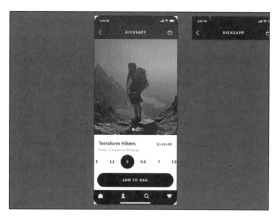

图 10-1

图 10-2

> ♀ **注意**　如果在"缺少字体"对话框中看到一条警告消息，或者无法单击"激活字体"按钮，可以单击"查找字体"按钮将字体替换为本地字体。在"查找字体"对话框中，确保在"文档中的字体"选项组中选择了缺少的字体，然后在"替换字体来自"下拉列表中选择"系统"选项。这将显示 Adobe Illustrator 所有可用的本地字体。
>
> 在"系统中的字体"选项组中选择一种字体，单击"全部更改"按钮来替换缺少的字体。对所有缺失的字体执行相同的操作，单击"完成"按钮。

⑨ 选择"文件">"存储为"，如果弹出云文档对话框，单击"保存在您的计算机上"按钮。在"存储为"对话框中，将文件命名为 TravelApp.ai（macOS）或 TravelApp（Windows），选择 Lesson10 文件夹。从"格式"下拉列表中选择 Adobe Illustrator（ai）选项（macOS）或从"保存类型"下拉列表中选择 Adobe Illustrator（*.AI）选项（Windows），单击"保存"按钮。

⑩ 在"Illustrator 选项"对话框中，保持默认设置，单击"确定"按钮。

⑪ 选择"选择">"取消选择"（如果可用）。

⑫ 选择"视图">"全部适合窗口大小"。

了解图层

图层就像不可见的文件夹，可帮助您保存和管理构成图稿的所有项目（甚至是那些可能难以选择或跟踪的对象）。如果重排这些"文件夹"，则会改变图稿中各项目的堆叠顺序。

AI 文件中的图层结构可以简单，也可以复杂。在创建新的 AI 文件时，您创建的所有内容都默认存放在一个图层中。但是，您可以像本课将要学习的那样创建新图层和子图层（如类似于子文件夹）来组织图稿。

❶ 单击文档窗口顶部的 L10_end.ai 选项卡，显示该文件。

❷ 在工作区右上角切换到"图层"面板，或选择"窗口">"图层"。

除了可以组织内容外，在"图层"面板中还可以方便地选择、隐藏、锁定和更改图稿的外观属性。图 10-3 所示的"图层"面板显示了 L10_end.ai 文件的内容。它可能与您在文件中看到的内容并不完全一致。在学习本课的过程中，您都可以参考图 10-3。

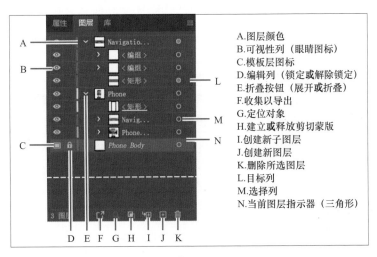

A.图层颜色
B.可视性列（眼睛图标）
C.模板层图标
D.编辑列（锁定或解除锁定）
E.折叠按钮（展开或折叠）
F.收集以导出
G.定位对象
H.建立或释放剪切蒙版
I.创建新子图层
J.创建新图层
K.删除所选图层
L.目标列
M.选择列
N.当前图层指示器（三角形）

图 10-3

❸ 浏览完"图层"面板后，选择"文件">"关闭"，关闭 L10_end.ai 文件。

> 💡 注意 图 10-3 中显示了"图层"面板的顶部和底部。"基本功能"工作区中的"图层"面板非常长，这就是为什么图 10-3 中显示的是断裂面板效果（虚线）。

10.2 创建图层和子图层

默认情况下，每个文件都以一个名为"图层 1"的图层开始。但在创建图稿时，您可以随时重命名该图层，还可以添加图层和子图层。通过将对象放置在单独的图层中，您可以更轻松地选择和编辑它们，因为您可以进行隐藏或锁定图层内容等操作。

> 💡 **提示** 请记住，没有所谓的错误层级结构，但是，随着层级使用经验的丰富，您将知道采用何种方式更有意义。

例如，将文本放置在单独的图层上，您就可以集中修改文本而不影响其他图稿内容；您还可以为某图标设置多个版本，并将不同版本置于不同图层上，从而实现显示其中一个版本而隐藏其他版本的效果。

10.2.1 创建新图层

本小节将更改默认图层名称，然后使用不同的方法创建新图层。这个练习旨在组织图稿，稍后您就可以更轻松地使用图稿。在实际情况中，在 Adobe Illustrator 中开始创建或编辑图稿之前，您要先设置图层。本项目将在创建图稿后使用图层来组织图稿，这可能更具挑战性。除了将所有内容保留在单个图层上之外，您还将创建多个图层以及子图层，以更好地组织内容使以后的选择内容操作更加容易。

① 文档窗口中显示 TravelApp.ai 文档，如果"图层"面板不可见，请在工作区右侧切换到"图层"面板，或选择"窗口">"图层"。

在"图层"面板中，Layer 1 突出显示，表明它是活动的。您在文档中创建或添加到的所有内容都会放入活动图层。

② 单击 Layer 1 名称左侧的折叠按钮，以显示该图层上的内容，如图 10-4 所示。

您创建的每个对象都在该图层下列出。Adobe Illustrator 将组对象显示为"< 编组 >"、路径显示为"< 路径 >"、图像显示为"< 图像 >"，依此类推。这样您可以更轻松地浏览并查看内容。

③ 单击 Layer 1 名称左侧的折叠按钮，隐藏该图层上的内容。

④ 在"图层"面板中，直接双击图层名称 Layer 1 对其进行编辑，输入 Phone Body，然后按 Enter 键确认修改，如图 10-5 所示。

⑤ 在"图层"面板的底部，单击"创建新图层"按钮，如图 10-6 所示。

图 10-4

图 10-5

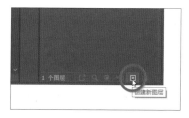

图 10-6

未命名的图层和子图层按顺序编号。例如，新图层名为"图层2"，如图10-7（a）所示。当"图层"面板中的图层或子图层中包含其他项目时，图层或子图层名称的左侧将显示一个折叠按钮▶。您可以单击折叠按钮▶/⌄显示或隐藏内容。如果没有折叠按钮出现，则表示图层内没有内容。

⑥ 双击图层名称"图层2"左侧的白色图层缩略图或在名称"图层2"的右侧双击，打开"图层选项"对话框。将"名称"更改为Navigation，并注意所有其他可用选项，单击"确定"按钮，如图10-7（b）所示。

> 💡注意 "图层选项"对话框中有很多您已经使用过的选项，如图层名称、预览、锁定、显示和隐藏等。您可以在"图层选项"对话框中取消勾选"打印"复选框，那么该图层上的任何内容都不会被打印。

默认情况下，新图层将被添加到"图层"面板中当前选择的图层（在本例中为Phone Body图层）的上方，并处于活动状态，如图10-8所示。请注意，图层名称的左侧会显示出不同的图层颜色（如浅红色）。在您选择图稿内容时，这将变得十分重要。

（a）　　　　　　　　（b）

图 10-7　　　　　　　　　　　　　　　图 10-8

接下来，您将使用修饰键创建一个新图层并对其命名。

⑦ 在"图层"面板底部，按住Option键（macOS）或Alt键（Windows），单击"创建新图层"按钮▣，在"图层选项"对话框中，将图层名称更改为Phone Content，单击"确定"按钮，如图10-9所示。

图 10-9

10.2.2　创建子图层

可以将子图层视为图层内的子文件夹，它们是嵌套在图层内的图层。子图层可用于组织图层中的内容，而无须编组或取消编组内容。本小节将创建一个子图层（Footer）来放置手机界面底部图稿内容，以便可以将它和Phone Content图层放在一起。

① 单击名为 Phone Content 的图层，单击"图层"面板底部的"创建新子图层"按钮，如图 10-10 所示。

图 10-10

这样会在 Phone Content 图层下方创建一个新的子图层并将其选中。您可以将这个新的子图层视作名为 Phone Content 的父图层的子图层。

② 双击新的子图层名称（在本例中为"图层 4"），将名称更改为 Footer，按 Enter 键确认修改，如图 10-11 所示。

创建新的子图层将展开所选图层，显示现有子图层及其内容。

③ 单击 Phone Content 图层左侧的折叠按钮以隐藏图层的内容，如图 10-12 所示。

图 10-11　　　　　　　　　　　　　　　　图 10-12

在接下来的几节中，您将添加内容到 Footer 子图层。

10.3　编辑图层和对象

重新排列"图层"面板中的图层，可以更改图稿中对象的堆叠顺序。在画板中，"图层"面板列表中顶部图层中的对象在底部图层中的对象的上层；并且在每个图层内部，图层中的对象也有堆叠顺序。图层很有用，例如它能够让您在图层和子图层之间移动对象、组织图稿，并让您更轻松地选择图稿。

10.3.1　在"图层"面板中查找内容

在处理图稿时，有时需要选择画板中的内容，然后在"图层"面板中找到该内容，以确定该内容的组织方式。

① 按住鼠标左键将"图层"面板的左边缘向左拖动，使"图层"面板变宽，如图 10-13 所示。

当图层和对象的名称足够长时，或者对象彼此之间存在嵌套时，它们的名称可能会被截断——换句话说，您看不到完整的名称。

❷ 选择"选择工具"▶，在画板上单击 Terraform Hikers 文本，如图 10-14 所示。

图 10-13

图 10-14

❸ 在"图层"面板底部单击"定位对象"按钮🔍，展示"图层"面板中选择的内容（文本组），如图 10-15 所示。

单击"定位对象"按钮🔍，将在"图层"面板中显示所选文本对象所在图层的信息。如有必要，您可以在"图层"面板中拖动滚动条以显示所选内容。您会在所选内容所在图层（Phone Body）、所在组（"＜编组＞"）以及组中对象的最右边看到选择指示器▣，如图 10-16 所示。

图 10-15

图 10-16

❹ 按住 Shift 键，在画板上单击 $ 145.00 文本，如图 10-17（a）所示。

在"图层"面板中，您将在 $145.00 文本对象的最右边看到选择指示器▣，如图 10-17（b）红色箭头所示。

（a）

（b）

图 10-17

❺ 按 Command + G 组合键（macOS）或 Ctrl + G 组合键（Windows），对所选文本进行编组。

将内容编组后，将创建一个包含内容的组对象（"< 编组 >"）。

⑥ 单击所选"< 编组 >"对象左侧的折叠按钮，显示原来编组和现在与之编组的 $ 145.00 文本对象，如图 10-18 所示。

您可以通过双击"图层"面板中的名称来重命名组对象。重命名组对象不会取消编组，但是可以让您在"图层"面板中更容易辨识组中的内容。

⑦ 双击主要组名称"< 编组 >"，输入 Description，按 Enter 键确认名称修改，如图 10-19 所示。

图 10-18

图 10-19

⑧ 单击 Description 左侧的折叠按钮，折叠该组，以隐藏内容，如图 10-20 所示。

⑨ 单击 Phone Body 图层名称左侧的折叠按钮，折叠该图层并隐藏整个图层的内容，如图 10-21 所示。

图 10-20

图 10-21

保持图层、子图层和编组折叠是使"图层"面板整齐、有条理的好方法。在图 10-21 中，Phone Content 图层和 Phone Body 图层是带有折叠按钮的，因为它们是包含内容的图层。

⑩ 选择"选择">"取消选择"。

10.3.2　在图层间移动内容

本小节将基于已创建的图层和子图层移动图稿内容。

❶ 选择"选择工具"，单击图稿中的文本 Terraform Hikers 以选择该组内容，如图 10-22（a）所示。

注意，在"图层"面板中，Phone Body 图层名称右侧出现选择指示器■，如图 10-22（b）所示。

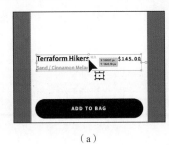
（a）

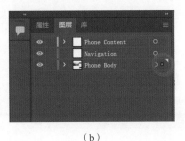
（b）

图 10-22

还要注意，所选图稿的定界框、路径和锚点的颜色与图层颜色（"图层"面板中，图层名称左侧显示的小色带▌）相同。

如果要将选择的图稿从一个图层移动到另一个图层，可以按住鼠标左键拖动选择指示器到每个图层或子图层名称右侧。

② 按住鼠标左键将 Phone Body 图层名称最右侧的选择指示器■直接拖动到 Phone Content 图层上的目标图标○右侧，如图 10-23 所示。

图 10-23

> 💡 **提示** 您还可以在按住 Option 键（macOS）或 Alt 键（Windows）的同时，按住鼠标左键将选择指示器拖动到另一个图层以复制内容。请记住先松开鼠标左键，再松开 Option 键（macOS）或 Alt 键（Windows）。

此操作会将所有选择的图稿移动到 Phone Content 图层。图稿中的定界框、路径和锚点的颜色将变为 Phone Content 图层的颜色（本例中为绿色），如图 10-24 所示。

③ 选择"选择">"取消选择"。

④ 单击 Phone Body 图层和 Phone Content 图层左侧的折叠按钮▶，显示两个图层的内容。

图 10-24

> 💡 **注意** 您不需要在画板上选择图稿，即可将内容从一个图层移动到另一个图层，在图层中以这种方式更容易找到图稿。

⑤ 选择"选择工具"▶，将鼠标指针移动到 ADD TO BAG 按钮上方。在画板底部的 ADD TO BAG 文本和黑色矩形上框选一系列对象，确保不要选择画板边缘上的矩形，如图 10-25 所示。

您可以在"图层"面板中看到该内容右侧会出现选择指示器■。另外，请注意被选中但在画板上看不到的图标，因为它们位于底部的黑色矩形下层。接下来，您将在"图层"面板中选择一些对象，并将它们移动到另一个图层。

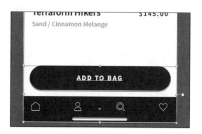

图 10-25

⑥ 在"图层"面板中，单击一个名称右侧具有选择指示器■的"＜编组＞"对象，在按住 Command
键（macOS）或 Ctrl 键（Windows）的同时单击其他两个名称右侧具有选择指示器■的"＜编组＞"对象，
如图 10-26（a）所示。

⑦ 将选择对象拖到其上方 Phone Content 图层中的 Footer 子图层中，当 Footer 子图层高亮显示
时，松开鼠标左键，如图 10-26（b）和图 10-26（c）所示。

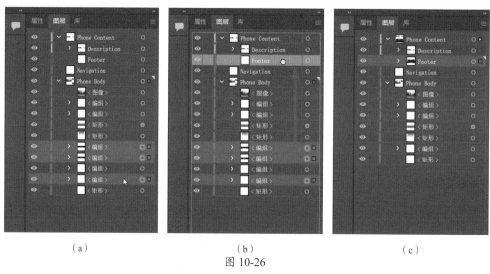

（a）　　　　　　　　　　　　（b）　　　　　　　　　　　　（c）

图 10-26

这是在图层之间移动图稿的另一种方法。拖动到另一图层或子图层的任何内容将自动位于该图层
或子图层排列顺序的顶部。注意，所选图稿的定界框、路径和锚点的颜色现在与 Footer 子图层的颜色
匹配。

⑧ 单击 Phone Body 图层左侧的折叠按钮✔以隐藏图层内容。

⑨ 选择"选择"＞"取消选择"，然后选择"文件"＞"存储"，保存文件。

10.3.3　以不同方式查看图层内容

在"图层"面板中，您可以在预览模式或轮廓模式下分别显示图层或内容。本小节将介绍如何在
轮廓模式下查看图层，这可以使图稿选择变得更简单。

❶ 选择"视图"＞"轮廓"。这将使图稿仅显示轮廓（或路径）。

此时您应该能够看到隐藏在黑色矩形下层的手机菜单图标，如图 10-27 红框所示。

请注意"图层"面板中的眼睛图标◉，它们表示该图层上的内容处于轮廓模式，如图 10-28 所示。

<table>
<tr><td>图 10-27</td><td>图 10-28</td></tr>
</table>

② 选择"视图">"预览"(或"GPU 预览"),查看绘制的图稿。

有时您可能想要查看部分图稿的轮廓,同时又保留图稿其余部分的描边和填色。轮廓模式将有助于查看指定图层、子图层或组中的所有图稿。

③ 在"图层"面板中,单击 Phone Content 图层的折叠按钮▶,显示该图层上的内容。

④ 按住 Option 键(macOS)或 Ctrl 键(Windows),在 Phone Content 图层名称的左侧单击眼睛图标◉,如图 19-29(a)所示;该图层的内容将以轮廓模式显示,如图 19-29(b)所示。

<table>
<tr><td>(a)</td><td>(b)</td></tr>
</table>

图 10-29

您将再次看到画板底部的手机菜单图标。在轮廓模式下显示图层有助于选择对象的锚点或中心点。

⑤ 选择"选择工具"▶,然后单击一个手机菜单图标以选择该图标组,如图 10-30(a)所示。

⑥ 单击 Footer 子图层左侧的折叠按钮▶,显示子图层上的内容,如图 10-30(b)所示。

此时您应该能够在 Footer 子图层中找到第 5 步选择的图标组。

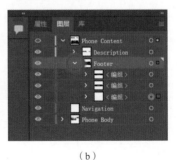

<table>
<tr><td>(a)</td><td>(b)</td></tr>
</table>

图 10-30

⑦ 选择"对象">"排列">"置于顶层",如图 10-31 所示。

"排列"命令只是简单地在单个图层的图层堆栈中上下移动所选内容,"置于顶层"命令仅将图标组移动到 Footer 子图层的顶层。如果您决定使用图层整理图稿内容,并需要将内容移到其他内容的上层，而这些内容又不在同一图层，使用"排列"命令可能会有点困难。有时，您需要将内容从一个图层移动到另一个图层或对各图层重新排序，以便某些内容可以位于其他内容的上层。

图 10-31

⑧ 单击 Phone Content 图层左侧的折叠按钮☑以隐藏该图层的内容。

⑨ 按住 Command 键（macOS）或 Ctrl 键（Windows），单击 Phone Content 图层名称左侧的眼睛图标☑，取消图层的轮廓化显示。您现在应该可以看到手机菜单图标，如图 10-32 所示。

图 10-32

⑩ 选择"选择"＞"取消选择"，然后选择"文件"＞"存储"，保存文件。

10.3.4　重新排序图层和内容

在前面的课程中，我们了解到对象具有堆叠顺序，该顺序具体取决于它们的创建时间和方式。堆叠顺序适用于"图层"面板中的每个图层。通过在图稿中创建多个图层，您可以控制重叠对象的显示方式。本小节将重新排列图层来改变其堆叠顺序。

① 选择"选择工具"▶，按住鼠标左键拖过画板顶部选择标题内容，如图 10-33 所示。

在选择标题内容后，您会发现还选择了其他内容。这是因为选区周围的定界框覆盖了画板。

② 单击 Phone Body 图层名称左侧的折叠按钮▶以显示内容，如图 10-34 所示。

图 10-33　　　　　　　　　　　　　图 10-34

此时您会看到所选内容。您需要从所选内容中删除一些项目，包括一个渐变填充的矩形和其他内容。

❸ 按住 Shift 键，在画板上单击该矩形，这将从所选内容中移除具有渐变填充的矩形，如图 10-35 所示。

所选内容中还有一个需要被删除的形状，这是一个和当前画板等大的形状。

❹ 按住 Shift 键，单击"图层"面板底部"< 矩形 >"对象右侧的选择指示器▣，将该对象从所选内容中删除，如图 10-36 所示。

图 10-35   图 10-36

在这种情况下，应该恰好取消选择。如果没有，可以再次按住 Shift 键并单击选择指示器▣。

就像在文件中一样，您可以按住 Shift 键，在"图层"面板中单击来添加或删除项目。因为在"图层"面板中选择图层或对象的名称不会在文件中选中对应图层或对象，所以您要按住 Shift 键并单击选择指示器▣而不是名称。

❺ 单击 Phone Body 图层左侧的折叠按钮▾，隐藏内容。按住鼠标左键拖动 Phone Body 图层右侧的选择指示器▣到 Navigation 图层上，松开鼠标左键，将所选内容移动到 Navigation 图层，如图 10-37 所示。

图 10-37

图层右侧的选择指示器▣指示该层上有选择的内容。它不会告诉您选择了什么或选择了多少，但是将其拖动到另一图层上时会移动当前被选中的内容到目标图层上。

❻ 选择"选择工具"▶，在远离图稿的空白区域中单击以取消选择。按住 Shift 键，按住鼠标左键将图像从画板的左边缘拖动到画板的中心位置。松开鼠标左键，然后松开 Shift 键，如图 10-38 所示。

❼ 该图像必须位于 Phone Content 图层上，因此在选择该图像后，按住鼠标左键将"图层"面板中 Phone Body 图层右侧的选择指示器▣拖动到 Phone Content 图层上，如图 10-39 所示。

图 10-38

图 10-39

现在，该图像覆盖了 Navigation 图层上的内容。接下来，您将对图层重新排序，以便您可以再次在画板中看到 Navigation 图层上的内容。

⑧ 按住鼠标左键，将 Phone Content 图层向下拖动到 Navigation 图层下方。当在 Navigation 图层下方出现一条蓝线时，松开鼠标左键，将 Phone Content 图层移动至 Navigation 图层下方，如图 10-40（a）和图 10-40（b）所示。现在，您将看到 Navigation 图层的内容，如图 10-40（c）所示，因为它位于 Phone Content 图层内容的上方。

（a）　　　　　　　　　　　（b）　　　　　　　　　　　（c）

图 10-40

⑨ 选择"选择">"取消选择"。

⑩ 选择"文件">"存储"，保存文件。

10.3.5　锁定和隐藏图层

第 2 课介绍了有关锁定和隐藏内容的知识。使用菜单命令或键盘快捷键锁定和隐藏内容，实际上是在"图层"面板中设置锁定、解锁、隐藏和显示。"图层"面板使您可以在视图中隐藏图层、子图层或单个对象。隐藏图层时，该图层上的内容也会被锁定，从而无法被选择或打印。本小节将锁定某些内容并隐藏一些内容，以使选择内容变得更加容易。

① 单击画板上的图像，在"图层"面板底部单击"定位对象"按钮，以在图层中找到它。注意"<图像>"对象名称左侧的眼睛图标，如图 10-41 所示。

② 选择"对象">"隐藏">"所选对象"。

图像将被隐藏，并且"图层"面板中"<图像>"对象名称左侧的眼睛图标消失，如图 10-42 所示。

③ 单击"图层"面板中"<图像>"对象名称左侧眼睛图标的位置，以再次显示图像，眼睛图标重新出现，如图 10-43 所示。

这与选择"对象">"显示全部"的效果相同。但是，在"图层"面板中，可以不必像"显示全部"命令一样显示所有隐藏的内容。您可以显示或隐藏图层、子图层、单个对象或编组。

图 10-41

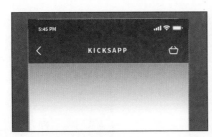

图 10-42

④ 按住 Option 键（macOS）或 Alt 键（Windows），单击 Phone Body 图层的眼睛图标◙以隐藏其他图层，如图 10-44 所示。

图 10-43　　　　　　　　　　　　　　　图 10-44

隐藏您要使用的图层以外的所有图层，可以使您更轻松地专注于当前编辑的内容。

⑤ 单击画板中心的渐变填充矩形。在"图层"面板中，按住鼠标左键将 Phone Body 图层右侧的选择指示器■向上拖动到 Phone Content 图层上，松开鼠标左键，如图 10-45 所示。

渐变填充矩形将消失，因为它现在位于隐藏的图层上。

⑥ 按 Command + Y 组合键（macOS）或 Ctrl + Y 组合键（Windows），在轮廓模式下查看图稿。您会在画板中心附近看到 4 个小圆形，它们用来显示应用程序中图像幻灯片的导航，选择它们，如图 10-46 所示。

⑦ 将"图层"面板中 Phone Body 图层右侧的选择指示器■拖动到 Phone Content 图层上，如图 10-47 所示。画板中心的 4 个小圆形消失了，因为它们现在位于隐藏的图层上。

图 10-45　　　　　　　　　　图 10-46　　　　　　　　　　图 10-47

⑧ 按 Command + Y 组合键（macOS）或 Ctrl + Y 组合键（Windows），退出轮廓模式。

⑨ 单击"图层"面板菜单按钮▤，在打开的菜单中选择"显示所有图层"命令，或按住 Option 键（macOS）或 Alt 键（Windows）并单击 Phone Content 图层左侧的眼睛图标◉，以再次显示所有图层。

⑩ 单击 Navigation 图层左侧空的编辑列，以锁定该图层上的所有内容，如图 10-48 所示。

⓫ 选择画板顶部的 KICKSAPP 文本，此时将选中下层的渐变填充的矩形，如图 10-49 所示。

图 10-48

图 10-49

锁定图层将使您无法选择该图层上的内容。如果您不想意外移动该图层上的内容，该功能将很有用。您还可以单击图层上的对象的编辑列，以锁定或解锁图层上的对象。

⓬ 选择"选择">"取消选择"，然后选择"文件">"存储"，保存文件。

10.3.6 复制图层内容

可以通过"图层"面板复制图层和其他内容。本小节将在某图层上复制内容并复制一个图层。

❶ 在"图层"面板中显示 Phone Content 图层内容，单击名为 Description 的对象。按住 Option 键（macOS）或 Alt 键（Windows），按住鼠标左键将 Description 组向下拖动，直到看到一条线正好位于 Description 组的下方时，如图 10-50 所示，松开鼠标左键，松开 Option 键（macOS）或 Alt 键（Windows）。

按住 Option 键（macOS）或 Alt 键（Windows），拖动所选内容进行复制。这与选择画板上的内容，选择"编辑">"复制"，然后选择"编辑">"就地粘贴"效果相同。

> 💡 提示 您也可以按住 Option 键（macOS）或 Alt 键（Windows），按住鼠标左键拖动选择指示器■来复制内容。您还可以在"图层"面板中选择 Description 组对象，然后在"图层"面板菜单中选择"复制'<Description>'"命令来创建其副本。

❷ 按住 Option 键（macOS）或 Alt 键（Windows），单击名为 Description 的原始组，以在画板上选择文本，如图 10-51 所示。

> 💡 注意 之所以选择原始 Description 组，是因为如果选择了副本，然后尝试将其拖动到画板上，会将堆叠在其上层的原始 Description 组拖走。不过拖走哪个组都没关系，因为它们的内容是相同的。

图 10-50

图 10-51

③ 将选择的文本拖动到画板右侧，如图 10-52 所示。

您将保留原始文本的副本，以防将画板上的文本转换为轮廓。接下来制作 Navigation 图层的副本，并该将副本的内容拖到画板上。这是备份 Navigation 图层的一种方法。

④ 单击 Navigation 图层名称并将其向下拖动到"图层"面板底部的"创建新图层"按钮□上，如图 10-53 所示。

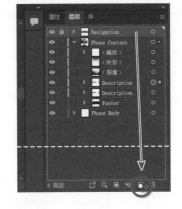

图 10-52

图 10-53

这将复制该图层，复制出的"Navigation_ 复制"图层位于原始 Navigation 图层的上方，并且被锁定。

⑤ 单击"图层"面板中"Navigation_ 复制"左侧的锁定图标■，将图层解锁，如图 10-54 所示。

⑥ 为了选择复制的内容，以便将其移出画板，可以单击"Navigation_ 复制"图层名称右侧的选择指示器■来选择该图层的所有内容，如图 10-55 所示。

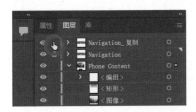

图 10-54

图 10-55

⑦ 在画板上，将选择的"Navigation_ 复制"图层的内容拖到右侧，如图 10-56 所示。

图 10-56

10.3.7　粘贴图层

本小节需要复制另一个文件中的图稿并将其粘贴到当前文件中。您可以将分层文件粘贴到另一个文件中，并保持所有图层不变。本小节还将介绍一些新内容，包括如何对图层应用外观属性和重新排列图层。

① 选择"窗口">"工作区">"重置基本功能"。

② 选择"文件">"打开"。打开 Lessons>Lesson10 文件夹中的 Sizes.ai 文件。

③ 选择"视图">"画板适合窗口大小"。

④ 在"图层"面板选择名为 Sizes 的图层，如图 10-57 所示。

⑤ 选择"选择">"全部"，然后选择"编辑">"复制"以全选 Sizes 图层中的内容并将其复制到剪贴板中。

⑥ 选择"文件">"关闭"，关闭 Sizes.ai 文件，不保存任何更改。如果弹出警告对话框，请单击"不保存"（macOS）或"否"（Windows）按钮。

⑦ 在 TravelApp.ai 文件中，单击"图层"面板菜单按钮，在打开的菜单中选择"粘贴时记住图层"命令，命令旁边的复选标记表示它已被选择，如图 10-58 所示。

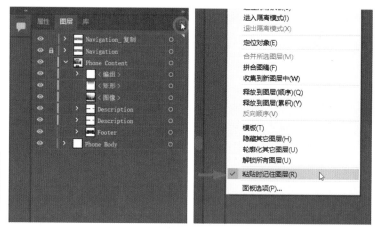

图 10-57　　　　　　　　　　　　　　　　　　图 10-58

选择"粘贴时记住图层"命令后，无论"图层"面板中的哪个图层处于活动状态，图稿都会被独立粘贴成复制时的图层。如果未选择该命令，所有对象都将被粘贴到活动图层中，并且不粘贴原始文件中的图层。

⑧ 选择"编辑">"粘贴"，将内容粘贴到文档窗口的中心，如图 10-59 所示。

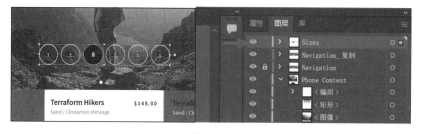

图 10-59

"粘贴时记住图层"命令将 Sizes.ai 文件中的图层粘贴为"图层"面板顶部的 Sizes 图层。接下来将把新粘贴的图层移到 Phone Content 图层中。

⑨ 按住鼠标左键将 Sizes 图层向下拖动到 Phone Content 图层上，将内容移动到 Phone Content 图层中，Sizes 图层成为 Phone Content 图层的子图层，如图 10-60 所示。

图 10-60

⑩ 按住鼠标左键将画板上选择的图稿向下拖动到合适位置，如图 10-61 所示。

⑪ 选择"选择">"取消选择"。

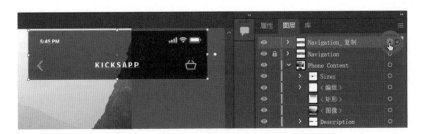

图 10-61

10.3.8　将外观属性应用于图层

您可以使用"图层"面板将外观属性（如样式、效果和透明度）应用于图层、编组和对象。将外观属性应用于图层时，该属性将应用到图层中的所有对象上。如果外观属性仅应用于图层上的特定对象，则它只影响特定对象，而不是整个图层。本小节会将效果应用到一个图层中的所有对象上。

> 💡注意　若要了解有关使用外观属性的详细内容，请参阅第 13 课。

> 💡注意　单击目标图标还会在画板上选择对象，您只需在画板上对选择内容应用效果即可。

❶ 单击"Navigation_ 复制"图层右侧目标列中的目标图标◎，结果如图 10-62 所示。

图 10-62

单击目标图标◎，表示要对该图层、子图层等应用效果、样式或透明度。换句话说，图层、子图层等都被选中了。

而在文档窗口中，其对应的内容也被选中了。当目标图标◎变成双环图标（◉或◎）时，表明该对象被选中了，而单环图标则表示该对象还未被选中。

❷ 选择"效果">"（Illustrator 效果）风格化">"投影"，为选中对象应用"投影"效果。

❸ 在"投影"对话框中，勾选"预览"复选框并更改以下选项，如图 10-63 所示。

- 模式：正片叠底（默认）。
- 不透明度：50%。
- X 位移：0 px。
- Y 位移：10 px。

- 模糊：3 px。
- "颜色"选项：选择。

图 10-63

④ 单击"确定"按钮。

在"图层"面板中，"Navigation_复制"图层的目标图标◎中的阴影表示该图层已应用了至少一个外观属性（添加了"投影"效果），该图层上的所有对象均已应用了"投影"效果。

⑤ 选择"选择">"取消选择"。

10.4　创建剪切蒙版

通过"图层"面板，您可以创建剪切蒙版，以隐藏或显示图层（或组）中的图稿。剪切蒙版是一个或一组（使用其形状）屏蔽自身同一图层或子图层下方图稿的对象，剪切蒙版只显示其形状中的图稿。第 15 课将介绍如何在不使用"图层"面板的情况下创建剪切蒙版。现在，您将通过"图层面板"创建剪切蒙版。

① 单击 Phone Body 图层左侧的折叠按钮⊿，显示其内容，单击 Phone Content 图层左侧的折叠按钮⊽，隐藏其内容。

Phone Body 图层上的"<矩形>"对象将用作蒙版。在"图层"面板中，蒙版对象必须位于它要遮罩的对象的上层。在本例的图层蒙版中，蒙版对象必须是图层中最顶层的对象。您可以为整个图层、子图层或一组对象创建剪切蒙版。此处需要遮罩 Phone Content 图层和 Navigation 图层中的所有内容，因此剪切蒙版应位于 Phone Content 图层和 Navigation 图层的上层。

② 单击"图层"面板中 Navigation 图层名称左侧的锁定图标🔒，对其进行解锁。

③ 单击"图层"面板中的 Phone Content 图层，然后按住 Shift 键并单击 Navigation 图层，如图 10-64（a）所示。

④ 展开"图层"面板菜单，选择"收集到新图层中"命令，创建一个新图层，并将 Phone Content

图层和 Navigation 图层作为子图层放置在其中，如图 10-64（b）所示。

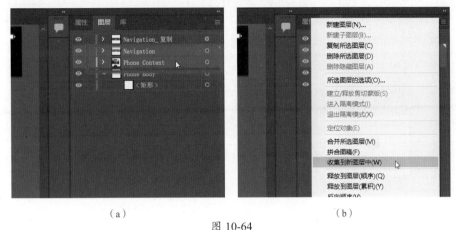

（a）   （b）

图 10-64

　　您可能已经在"图层"面板菜单中注意到了其他命令："合并所选图层"和"拼合图稿"。"合并所选图层"命令会将两个图层的内容合并到顶层（Navigation 图层）。"拼合图稿"命令会将所有图稿收集到所选择的单个图层中。

　　⑤ 双击新图层名称（本例中为"图层 7"），将图层重命名为 Phone，按 Enter 键确认更改。

　　⑥ 按住鼠标左键将名为"< 矩形 >"的对象从 Phone Body 图层拖动到新的 Phone 图层中，如图 10-65 所示。

　　该对象将被用作图层上所有内容的剪切蒙版。

　　⑦ 单击 Phone 图层左侧的折叠按钮 ❯ 以显示该图层的内容。

　　⑧ 选择 Phone 图层，使其在"图层"面板中高亮显示。在"图层"面板的底部单击"建立 / 释放剪切蒙版"按钮 ▣，如图 10-66 所示。

图 10-65

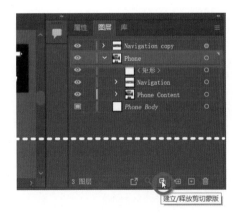

图 10-66

　　💡 **提示**　若要释放剪切蒙版，您可以选择 Phone 图层，然后单击"建立 / 释放剪切蒙版"按钮 ▣。

　　在"图层"面板中，名称带下画线的"< 矩形 >"对象表示其为蒙版形状，该对象隐藏了 Phone Content 图层中超出该矩形形状范围的部分，如图 10-67 所示。

图 10-67

现在，图稿已经完成，您可能想把所有图层合并到一个图层中，然后删除空图层，这称为"拼合图稿"。在单图层文件中交付已完成的图稿可以防止意外发生，例如，多图层文件中的隐藏图层或被忽略的部分图稿可能会打印不全。要在不删除隐藏图层的情况下拼合特定图层，可以选择要拼合的图层，然后在"图层"面板菜单中选择"合并所选图层"命令。

⑨ 选择"文件">"存储"，然后选择"文件">"关闭"。

> 💡 注意 有关可与"图层"面板一起使用的完整快捷键列表，可在"Illustrator 帮助"（选择"帮助">
> "Illustrator 帮助"）中搜索"键盘快捷键"获得。

复习题

1. 指出至少两个创建图稿时使用图层的好处。
2. 如何调整文件中图层的排列顺序?
3. 更改图层颜色有什么作用?
4. 如果将分层文件被粘贴到另一个文件中会发生什么?"粘贴时记住图层"命令有什么用处?
5. 如何创建图层剪切蒙版?

参考答案

1. 在创建图稿时使用图层的好处包括便于组织内容、便于选择内容、保护不希望被修改的图稿、隐藏不使用的图稿以免分散注意力,以及控制打印内容。
2. 在"图层"面板中选择图层名称并将图层拖动到新位置,可以对图层进行重新排序。"图层"面板中图层的顺序控制着文件中图层的顺序——位于面板顶部的对象是图稿中最上层的对象。
3. 图层颜色控制着所选锚点和方向线在图层上的显示方式,有助于识别所选对象驻留在文件的哪个图层中。
4. 默认情况下,"粘贴"命令会将从不同分层文件中复制而来的图层或对象粘贴到当前活动图层中,而选择"粘贴时记住图层"命令将保留各粘贴对象对应的原始图层。
5. 选择图层并单击"图层"面板中的"建立 / 释放剪切蒙版"按钮■,可以在图层上创建剪切蒙版。该图层中最上层的对象将成为剪切蒙版。

渐变、混合和图案

本课概览

在本课中，您将学习以下内容。

- 创建并保存渐变。
- 将渐变应用于描边并编辑描边的渐变。
- 应用和编辑径向渐变。
- 调整渐变方向。
- 调整渐变中颜色的不透明度。

- 创建和编辑任意形状渐变。
- 按指定步数混合对象。
- 在对象之间创建平滑颜色混合。
- 修改混合对象。
- 创建并应用图案色板。

学习本课大约需要 分钟

在 Adobe Illustrator 中，想要为作品增加趣味性，可以应用渐变、混合和图案。在本课中，您将了解如何使用它们来完成多个项目。

11.1 开始本课

在本课中，您将了解使用渐变、混合形状和颜色，以及创建和应用图案的各种方法。在开始本课之前，您需要还原 Adobe Illustrator 的默认首选项，然后打开已完成的图稿文件，查看您将创建的内容。

① 为了确保工具的功能和默认值完全如本课所述，请删除或停用（通过重命名）Adobe Illustrator 首选项文件。具体操作请参阅本书"前言"中的"还原默认首选项"部分。

② 启动 Adobe Illustrator。

③ 选择"文件">"打开"，打开 Lessons>Lesson11 文件夹中的 L11_end1.ai 文件，效果如图 11-1 所示。

④ 在"缺少字体"对话框中，确保在"激活"列中勾选了缺少的字体对应的复选框，单击"激活字体"按钮。一段时间后，字体就会被激活，您会在"缺少字体"对话框中看到一条激活成功的提示消息。单击"关闭"按钮。

⑤ 选择"视图">"全部适合窗口大小"。如果您不想在工作时让文档保持打开状态，请选择"文件">"关闭"。接下来将打开一个需要完成的图稿文件。

⑥ 选择"文件">"打开"，在"打开"对话框中，定位到 Lessons>Lesson11 文件夹，选择 L11_start1.ai 文件，单击"打开"按钮，打开文件，效果如图 11-2 所示。

图 11-1

图 11-2

⑦ 选择"视图">"全部适合窗口大小"。

⑧ 选择"文件">"存储为"。如果弹出云文档对话框，单击"保存在您的计算机上"按钮。

⑨ 在"储存为"对话框中，将文件命名为 FoodTruck.ai（macOS）或 FoodTruck（Windows），然后选择 Lessons>Lesson11 文件夹。从"格式"下拉列表中选择 Adobe Illustrator(ai)选项(macOS)或从"保存类型"下拉列表中选择 Adobe Illustrator（*.AI）选项（Windows），单击"保存"按钮。

⑩ 在"Illustrator 选项"对话框中，保持默认设置，单击"确定"按钮。

⑪ 选择"窗口">"工作区">"重置基本功能"命令。

> **注意** 如果在"工作区"菜单中没有看到"重置基本功能"命令，请在选择"窗口">"工作区">"重置基本功能"之前，选择"窗口">"工作区">"基本功能"。

▌11.2 使用渐变

渐变是由两种或两种以上的颜色组成的过渡混合，它通常包含一个起始颜色和一个结束颜色。您可以在 Adobe Illustrator 中创建 3 种不同类型的渐变，如图 11-3 所示。

- 线性渐变：其起始颜色沿直线混合到结束颜色。
- 径向渐变：其起始颜色从中心点向外辐射到结束颜色。
- 任意形状渐变：您可以在形状中按一定顺序或随机顺序创建渐变颜色混合，使颜色混合看起来平滑且自然。

您可以使用 Adobe Illustrator 提供的渐变，也可以自行创建渐变，并将其保存为色板供以后使用（任意形状渐变除外）。您可以使用渐变创建颜色之间的混合，为画面效果塑造立体感，或为您的作品添加光影效果。本节将介绍每种渐变类型的应用示例，并说明使用每种渐变类型的原因。

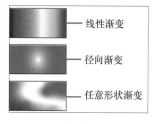

图 11-3

您可以使用"渐变"面板（选择"窗口">"渐变"）或工具栏中的"渐变工具" ▣ 应用、创建和修改渐变。在"渐变"面板中，"填色"框或"描边"框显示了应用于当前对象的填色或描边的渐变颜色和渐变类型。"渐变"面板如图 11-4 所示。

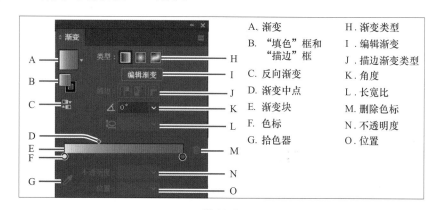

A. 渐变	H. 渐变类型
B. "填色"框和"描边"框	I. 编辑渐变
C. 反向渐变	J. 描边渐变类型
D. 渐变中点	K. 角度
E. 渐变块	L. 长宽比
F. 色标	M. 删除色标
G. 拾色器	N. 不透明度
	O. 位置

图 11-4

> 💡 **注意** 您在操作时看到的"渐变"面板可能与图 11-4 所示不同，这没关系。

在"渐变"面板中，渐变块（在图 11-4 中的标记为 E）下方的圆圈（在图 11-4 中的标记为 F）称为色标。左侧的色标表示渐变的起始颜色，右侧的色标表示渐变的结束颜色。色标是渐变从一种颜色完全变为另一种颜色的界点。色标之间是渐变从一种颜色到另一种颜色的混合或过渡状态。您可以通过在渐变块下方单击来添加色标。双击色标将打开一个面板，您可以在其中通过色板或颜色滑块来选择颜色。

11.2.1 将线性渐变应用于填色

本小节将使用最简单的双色线性渐变，起始颜色（最左侧的色标）沿直线混合到结束颜色（最右侧的色标）。本小节将使用 Adobe Illustrator 自带的线性渐变，并将其应用于棕色背景形状，以绘制出日落效果。

① 选择"选择工具"▶，单击背景中位于食品卡车后面的棕色矩形。

② 单击"属性"面板中的"填色"框，在弹出的面板中选择"色板"选项▦，然后选择 White, Black 色板，如图 11-5 所示。保持"色板"面板的显示状态。

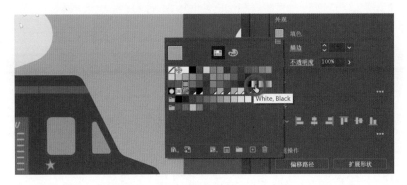

图 11-5

默认情况下，黑白渐变会作为所选形状的填充颜色。

11.2.2 编辑渐变

本小节将编辑 11.2.1 小节应用的黑白渐变。

① 如果"色板"面板未显示，请再次单击"属性"面板中的"填色"框以显示"色板"面板。单击面板底部的"渐变选项"按钮，如图 11-6 所示，打开"渐变"面板（或选择"窗口">"渐变"）。然后执行以下操作。

- 确保"填色"框仍处于选中状态，如图 11-7 上方红圈所示，以便编辑填充颜色而不是描边颜色。

- 双击渐变块最右侧的黑色色标，编辑渐变的结束颜色。在弹出的面板中，选择"颜色混合器"选项🎨，如图 11-7 下方红圈所示，打开"颜色混合器"面板。

- 如果 C、M、Y、K 选项未显示，请单击菜单按钮▤，然后在菜单中选择 CMYK 命令。

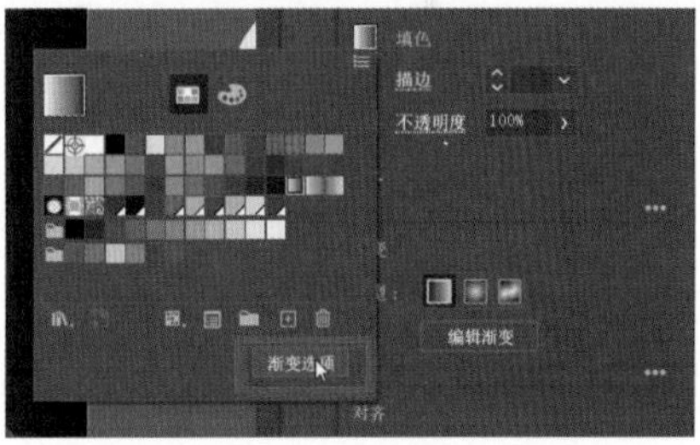

图 11-6

- 将 C、M、Y、K 值更改为 0%、49%、100%、0% 以生成橙色，输入最后一个值后按 Enter 键确认更改，如图 11-7 红色箭头所示。

图 11-7

输入 C、M、Y、K 值时，按 Tab 键可以在各输入框之间切换。输入最后一个值后，按 Enter
键确定更改。

② 双击渐变滑块最左侧的白色色标，在弹出的面板中选择"色板"选项 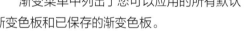，选择 Light blue 色板，
如图 11-8 所示。

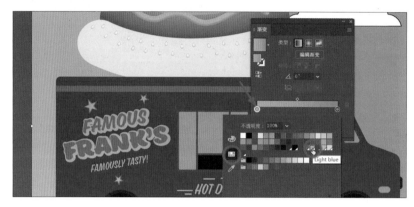

图 11-8

11.2.3　将渐变保存为色板

本小节将在"色板"面板中将 11.2.2 小节
编辑的渐变保存为色板。保存渐变是将渐变轻
松地应用于其他图稿，并保持渐变外观一致的
好方法。

① 在"渐变"面板中，单击"类型"文
本左侧的"渐变"菜单下拉按钮 ，然后在弹
出的菜单底部单击"添加到色板"按钮 ，如
图 11-9 所示。

图 11-9

渐变菜单中列出了您可以应用的所有默认
渐变色板和已保存的渐变色板。

② 单击"渐变"面板顶部的关闭按钮 将其关闭。

和 Adobe Illustrator 中的大多数内容一样，保存渐变的方法不止一种。您还可以通过选择具
有渐变填充或描边的对象，单击"色板"（无论应用了哪种渐变）面板中的"填色"框或"描边"框，然
后单击"色板"面板底部的"新建色板"按钮 来保存渐变。

③ 在仍选择背景矩形的情况下，单击"属性"面板中的"填色"框，在弹出的面板中选择"色板"
选项 ，双击"新建渐变色板 1"色板，如图 11-10 所示，打开"色板选项"对话框。

④ 在"色板选项"对话框中，设置"色板名称"为 Background，单击"确定"按钮。

⑤ 单击"色板"面板底部的"显示'色板类型'菜单"按钮 ，从菜单中选择"显示渐变色板"
命令，如图 11-11 所示，从而在"色板"面板中仅显示渐变色板，如图 11-12 所示。

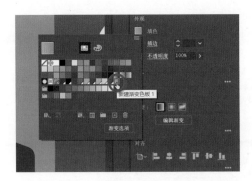

图 11-10

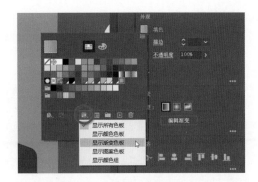

图 11-11

在"色板"面板中，您可以根据类型（如渐变色板）对颜色进行排序。

⑥ 仍选择画板上的背景矩形，在"色板"面板中选择其他不同的渐变，填充到所选形状。

⑦ 选择 Background 渐变（第 4 步保存的渐变），确保在继续执行下一步之前已应用该渐变。

⑧ 单击"色板"面板底部的"显示'色板类型'菜单"按钮■，从菜单中选择"显示所有色板"命令。

⑨ 选择"文件">"存储"，并保持所选背景矩形为选中状态。

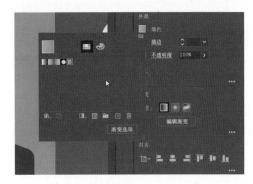

图 11-12

11.2.4 调整线性渐变

使用渐变填充对象后，可以使用"渐变工具"■调整渐变方向、原点以及起点和终点。本小节将调整所选形状中的渐变，以便颜色与日落效果协调。

① 选择"选择工具"▶，双击所选形状，进入隔离模式。

这是进入单个形状的隔离模式的好方法，这样您就可以专注于调整此形状，而无须考虑在其之上的其他内容。

② 单击"属性"面板中的"编辑渐变"按钮，如图 11-13 所示。

图 11-13

这将选择工具栏中的"渐变工具"■，并进入编辑渐变模式。使用"渐变工具"■，您可以为对象应用渐变填充，或者编辑现有的渐变。请注意出现在形状中间的水平渐变块，它很像"渐变"面板中的渐变块。水平渐变块指示渐变的方向和长短，您不需要打开"渐变"面板，就可以使用图稿上的水平渐变块来编辑渐变。其两端的两个圆圈表示色标，左边较小的圆圈表示渐变的起点（起始色标），右边较小的正方形表示渐变的终点（结束色标）。您在滑块中间看到的菱形是渐变的中点。

③ 选择"渐变工具" ▦，从形状顶部向下拖动到形状底部，以更改渐变的起始颜色和结束颜色的位置和渐变方向，如图 11-14 所示。

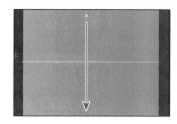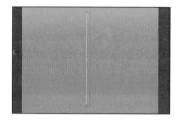

图 11-14

> 💡 **提示** 您可以通过以下方式隐藏渐变批注者（渐变条）：选择"视图">"隐藏渐变批注者"。要再次显示它，请选择"视图">"显示渐变批注者"。

拖动开始的位置是起始色标的位置，拖动结束的位置是结束色标的位置。拖动时，对象中将显示渐变调整的实时预览效果。

④ 选择"渐变工具" ▦，将鼠标指针移出渐变批注者底部的黑色小正方形，此时会出现一个旋转图标 ↻。按住鼠标左键向右拖动可旋转填充的渐变，到合适位置后，松开鼠标左键，如图 11-15 所示。

⑤ 双击工具栏中的"渐变工具" ▦，打开"渐变"面板（如果尚未打开）。

⑥ 确保在"渐变"面板中选择了"填色"框，如图 11-16 红圈所示，然后将角度值改为 -90°，按 Enter 键确认更改。确保渐变在所选形状的顶部显示为蓝色，在底部显示为橙色，如图 11-16 所示。

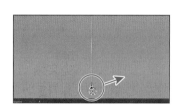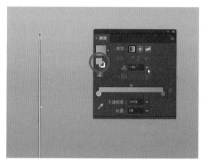

图 11-15　　　　　　　　　　　　　　　　　图 11-16

⑦ 选择"对象">"锁定">"所选对象"，锁定该形状，这样稍后就不会意外移动它，并且选择其他图稿也会更容易。

⑧ 选择"选择工具" ▶，按 Esc 键退出隔离模式，这样您将能再次选择其他图稿。

11.2.5　将线性渐变应用于描边

您还可以将渐变应用于对象的描边。与应用于对象填色的渐变不同，应用于描边的渐变不能使用"渐变工具" ▦进行编辑。但是，"渐变"面板中可应用于描边的渐变比可应用于填色的渐变更多。本小节将为描边应用渐变，使热狗面包图形具有三维外观。

① 选择"选择工具" ▶，单击位于卡车顶部的黄色路径的中心，选择该路径，如图 11-17 所示。

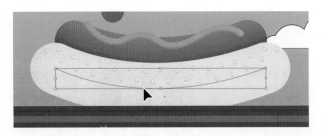

图 11-17

黄色的对象看起来像一个形状，但实际上它是一条路径的粗描边。这就是为什么您需要从路径的中心选择它，而不是单击黄色区域中的任意位置。

❷ 单击工具栏底部的"描边"框，单击"描边"框下的"渐变"框以应用上次使用的渐变，如图 11-18 所示。

图 11-18

> 💡 **注意** 单击工具栏底部的"描边"框后，"颜色"面板组可能会打开，将其关闭即可。

11.2.6　编辑描边的渐变

对于应用于描边的渐变，您可以选择以下几种方式将渐变与描边对齐：在描边中应用渐变、沿描边应用渐变或跨描边应用渐变。在本小节中，您将了解如何将渐变与描边对齐，并编辑渐变的颜色。

❶ 在"渐变"面板（选择"窗口">"渐变"）中，确保选择了"描边"框，如图 11-19 红色箭头所示，以便您可以编辑应用于描边的渐变。将"类型"保持为"线性渐变"，如图 11-19 红圈所示，然后单击"跨描边应用渐变"按钮以更改对齐类型。

使用这种对齐类型，即将渐变跨描边对齐到路径，可以使路径具有三维外观。

❷ 双击渐变滑块左侧的蓝色色标，在弹出的面板中选择"色板"选项，选择并应用名为 Peach 的色板，如图 11-20（a）所示。

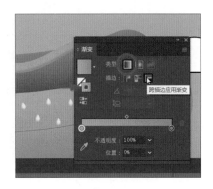

图 11-19

❸ 双击渐变滑块右侧的橙色色标，在弹出的面板中选择"色板"选项，选择并应用名为 Red 的色板，如图 11-20（b）所示。

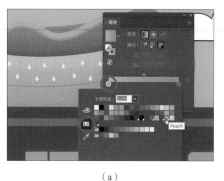
（a）

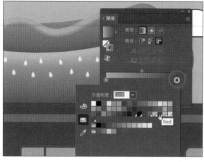
（b）

图 11-20

❹ 在"渐变"面板中，将鼠标指针移动到渐变块下方两个色标之间。当鼠标指针变为 形状时，如图 11-21（a）所示，单击以添加一个色标，如图 11-21（b）所示。

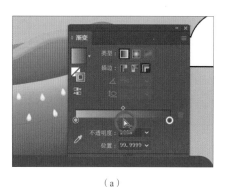
（a）

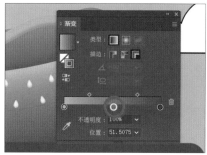
（b）

图 11-21

❺ 双击新色标，并在弹出的面板中选择"色板"选项，选择并应用名为 Orange red 的色板，如图 11-22 所示。按 Esc 键，隐藏"色板"面板并返回到"渐变"面板。

❻ 在中间的色标仍然被选中的情况下（此时它周围有一圈蓝色的高光），在"位置"下拉列表中选择 50% 选项，如图 11-23 所示。

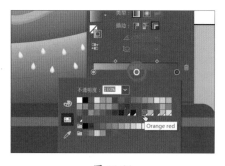

图 11-22

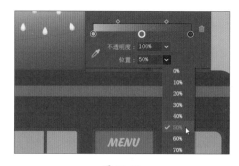

图 11-23

所选色标上的颜色现在正好位于渐变中其他颜色的中间。您也可以拖动色标来更改其"位置"值。接下来您将通过在"渐变"面板中拖动创建色标副本来为渐变添加新颜色。

❼ 按住 Option 键（macOS）或 Alt 键（Windows），将 Peach 色标向右拖动，当"位置"值大约为 70% 时松开鼠标左键，然后松开 Option 键（macOS）或 Alt 键（Windows），如图 11-24 所示。

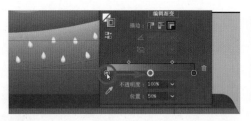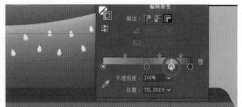

图 11-24

> **提示** 当通过按 Option 键（macOS）或 Alt 键（Windows）复制色标时，如果在另一个色标处松开鼠标左键，将交换相应的两个色标，而不是创建重复色标。

观察热狗面包图形，您在第 7 步添加的颜色并不是必需的，所以接下来您需要将其删除。

⑧ 按住鼠标左键将新色标在 70% 的位置向下拖离渐变块。当您看到它从渐变块上消失时，松开鼠标左键将其删除，如图 11-25 所示。

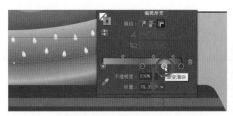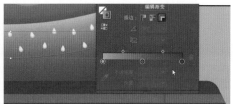

图 11-25

⑨ 单击"渐变"面板顶部的关闭按钮 将其关闭。

11.2.7 将径向渐变应用于图稿

对于径向渐变，渐变的起始颜色（最左侧的色标）位于填充的中心点，该中心点向外辐射到结束颜色（最右侧的色标）。径向渐变可用于为椭圆形提供环形渐变。本小节将创建并应用径向渐变填充热狗面包图形上方的粉红色圆形以制作番茄酱图形。

❶ 选择"选择工具" ，单击热狗面包图形上方的粉红色圆形。

❷ 单击"属性"面板中的"填色"框，将填充颜色更改为 White,Black 渐变，如图 11-26 所示。

图 11-26

❸ 单击"色板"面板底部的"渐变选项"按钮，打开"渐变"面板。按 Esc 键隐藏"色板"面板。

❹ 单击"渐变"面板中的"填色"框以编辑填色而不是描边，如图 11-27（a）所示。

⑤ 单击"径向渐变"按钮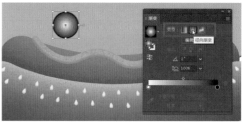，将线性渐变转换为径向渐变，如图 11-27（b）所示。

（a） （b）

图 11-27

⑥ 选择"文件">"存储"，保存文件。

11.2.8 编辑径向渐变中的颜色

本课的前面部分介绍了如何在"渐变"面板中编辑渐变颜色。您还可以使用"渐变工具"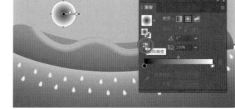直接在图稿上编辑颜色，这就是您接下来要执行的操作。

① 在工具栏中选择"渐变工具"■。

② 在仍选中圆形的情况下，在"渐变"面板中，单击"反向渐变"按钮■，交换渐变中的白色和黑色，如图 11-28 所示。

③ 按 Command + + 组合键（macOS）或 Ctrl + + 组合键（Windows），重复操作几次，放大圆形视图。

注意，圆形上面的渐变批注者从形状的中心开始指向右侧。如果将鼠标指针移动到渐变块上，渐变批注者周围出现的虚线圆形表示这是径向渐变。稍后您可以为径向渐变进行其他设置。

④ 将鼠标指针移动到圆形中的渐变批注者上，双击圆形中心的黑色色标以编辑颜色，在弹出的面板中，选择"色板"选项 ■（如果尚未选择的话），选择名为 Orange red 的色板，如图 11-29（a）所示。

图 11-28

⑤ 按 Esc 键，隐藏"色板"面板。

⑥ 双击圆形边缘上的白色色标，在弹出的面板中，确保选择了"色板"选项，然后选择名为 Red 的色板，如图 11-29（b）所示。

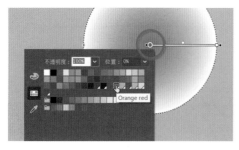
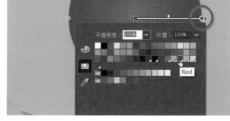

（a） （b）

图 11-29

⑦ 按 Esc 键，隐藏"色板"面板。

⑧ 选择"文件">"存储"。

11.2.9　调整径向渐变

本小节将在圆形内移动渐变并调整其大小，通过更改径向渐变的长宽比、径向半径和起始点，使圆形看起来更立体。

① 在仍选中圆形和"渐变工具" ▓ 的情况下，将鼠标指针移动到圆形的右上角，如图 11-30（a）所示。按住鼠标左键向圆形中心拖动，更改圆形的渐变，效果如图 11-30（b）所示。

② 将鼠标指针移动到圆形的渐变批注者上，可以在渐变周围看到虚线圆形。您可以旋转这个虚线圆形来改变径向渐变的角度。虚线圆形上的黑点 ◉ 可用于改变渐变的形状（称为"长宽比"），双圆点 ◉ 则用于改变渐变的大小（称为"渐变范围"）。

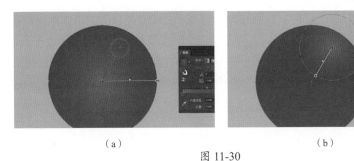

（a）　　　　　　　　　　　　　　　　（b）

图 11-30

③ 将鼠标指针移动到虚线圆形上的双圆点 ◉（不是黑点）上，如图 11-31（a）所示。当鼠标指针变为 ▶ 形状时，向画板中心拖动一点，松开鼠标左键，缩小渐变半径，如图 11-31（b）所示。

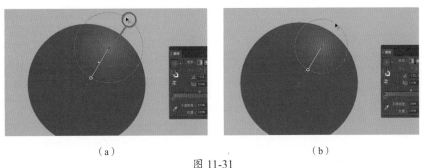

（a）　　　　　　　　　　　　　　　　（b）

图 11-31

④ 将鼠标指针移动到虚线圆形上的黑点 ◉ 上，当鼠标指针变为 ▶ 形状时，按住鼠标左键拖动，使渐变变宽，如图 11-32 所示。保持"渐变"面板为打开状态。

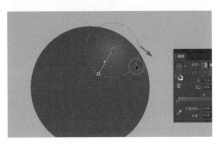

图 11-32

在"渐变"面板中，您只需调整"长宽比"![按钮]，就可将径向渐变变为椭圆渐变，使渐变更好地匹配图稿的形状。

> **注意** 长宽比越小，椭圆越扁。

⑤ 选择"选择工具"▶，按住 Shift 键，再按住鼠标左键拖动圆形的角锚点，使其大小等比例变为约原来的一半，如图 11-33 所示。将圆形拖到热狗面包图形的顶部。

⑥ 按住 Option 键（macOS）或 Alt 键（Windows），按住鼠标左键拖动圆形，共制作 11 个副本，以在热狗面包图形上绘制出番茄酱图形，如图 11-34 所示。在此过程中，您可能需要缩小和平移视图。

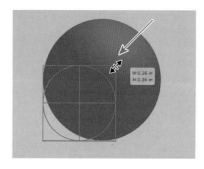

图 11-33

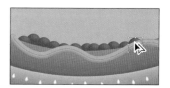

图 11-34

⑦ 选择"选择">"取消选择"，然后选择"文件">"存储"，保存文件。

11.2.10　将渐变应用于多个对象

全选所有对象，对其应用一种渐变，或者使用"渐变工具"![按钮]在对象之间拖动，您就可以将渐变应用于多个对象。

本小节将对食品卡车图形的窗户应用线性渐变填充。

① 选择"视图">"画板适合窗口大小"。

② 选择"选择工具"▶，单击食品卡车图形上的一个蓝色窗户。按住 Shift 键并单击其他两个蓝色窗户以选中 3 个窗户。

③ 单击"属性"面板中的"填色"框，在弹出的面板中，选择"色板"选项![按钮]，然后选择 Background 色板，如图 11-35 所示。

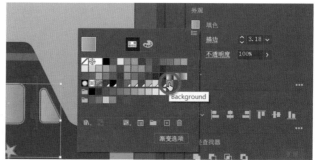

图 11-35

④ 在工具栏中选择"渐变工具"■。您可以看到，现在每个对象都应用了渐变填充，并且每个对象都有自己的渐变批注者，如图 11-36 所示。

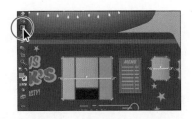

图 11-36

⑤ 按照图 11-37（a）所示，从窗户上方的一个点开始，按住鼠标左键拖过窗户占据的区域的中间位置，如图 11-37（b）所示。

使用"渐变工具"■在多个形状上拖动，即可在这些形状上都应用渐变。

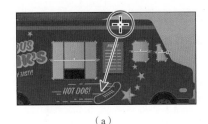
（a）

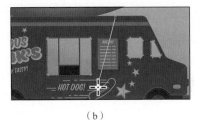
（b）

图 11-37

11.2.11 为渐变设置不透明度

通过为渐变中的不同色标指定不同的"不透明度"值，您可以创建淡入、淡出以及显示或隐藏底层图稿的渐变效果。本小节将为云朵形状应用淡入的透明渐变。

❶ 选择"选择工具"▶，然后选择图稿中的云朵形状。

❷ 在"渐变"面板中，确保选择了"填色"框，因为要编辑填色而不是描边。

❸ 单击"渐变"菜单下拉按钮■，然后在弹出菜单的列表框中选择 White，Black 选项（您可能需要拖动滚动条才能看到它），将该通用渐变应用于形状填色，如图 11-38 所示。

❹ 在工具栏中选择"渐变工具"■，按住鼠标左键从云朵形状上方略微倾斜向下拖动到云朵形状底部边缘，如图 11-39 所示。

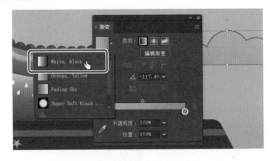

图 11-38

图 11-39

❺ 将鼠标指针放在云朵形状上，双击底部的黑色色标。在弹出的面板中，确保选择了"色板"选项■，从色板中选择名为 Cloud 的浅鼠尾草色色板，在"不透明度"下拉列表中选择 0% 选项，如图 11-40 所示。按 Enter 键隐藏"色板"面板。

此时渐变结束位置的颜色是完全透明的，但您可以通过云朵形状看到 Cloud 色板的颜色渐变。

❻ 按住鼠标左键向上拖动底部色标，将渐变范围缩小一点，如图 11-41 所示。

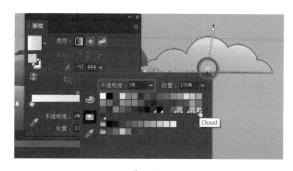

图 11-40

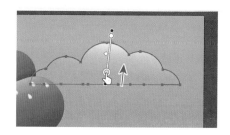

图 11-41

⑦ 选择"选择工具" ▶，将"属性"面板中的描边粗细设置为 0 pt 以删除描边。

⑧ 按住 Option 键（macOS）或 Alt 键（windows），拖动云朵形状几次，制作一系列云朵形状副本，然后在天空中拖动排布它们，如图 11-42 所示。

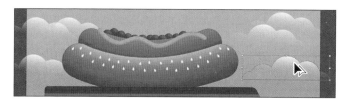

图 11-42

⑨ 选择"文件" > "存储"，保存文件。

11.2.12　应用任意形状渐变

除了创建线性渐变和径向渐变外，您还可以创建任意形状渐变。任意形状渐变由一系列颜色点组成，您可以将这些颜色点放在形状的任意位置。颜色在颜色点之间混合，从而创建出任意形状渐变。任意形状渐变对于按照形状轮廓添加颜色混合、为图稿添加更逼真的阴影等非常有用。本小节将对食品卡车图形应用任意形状渐变。

❶ 选择"选择工具" ▶，选择食品卡车图形。

❷ 在工具栏中选择"渐变工具" ■。

❸ 单击右侧的"属性"面板中的"任意形状渐变"按钮 ■。

❹ 确保在"属性"面板的"渐变"选项组中选择了"点"选项，如图 11-43 红色箭头所示。

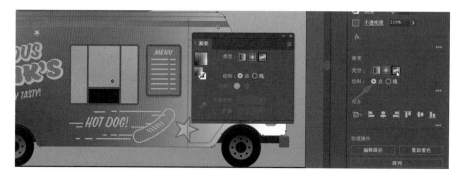

图 11-43

任意形状渐变默认以点模式应用。Adobe Illustrator 会自动为对象添加颜色点，颜色点之间的颜色将自动混合。Adobe Illustrator 自动添加的颜色点数量取决于图稿的形状。您看到的每个颜色点的颜色以及颜色点的数量可能与图 11-43 所示的不同，这没关系。

> 💡 注意　默认情况下，Adobe Illustrator 从周围的图稿中选择颜色。这是由于首选项设置中勾选了"启用内容识别默认设置"复选框，即选择了 Illustrator>"首选项" >"常规" >"启用内容识别默认设置"（macOS）或"编辑" >"首选项" >"常规" >"启用内容识别默认设置"（Windows）。您可以取消勾选此复选框，然后创建自定义色标。

11.2.13　在点模式下编辑任意形状渐变

选择点模式，您可以单独添加、移动、编辑或删除颜色点来改变整体渐变效果。本小节将编辑任意形状渐变中的默认颜色点。

❶ 双击图 11-44 红圈所示的颜色点，在弹出的面板中，选择 Freeform-red 色板，如图 11-44 所示。您可以按住鼠标左键拖动每个颜色点，还可以双击颜色点以编辑其颜色。

❷ 按住鼠标左键将 Freeform-red 颜色点拖动到图 11-45 所示的位置。您可以看到渐变混合在您拖动时发生了变化。

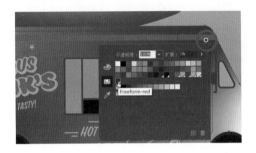

图 11-44

图 11-45

接下来将进行颜色点的删除、编辑和移动。

❸ 单击画板左上方附近的颜色点（本例中是浅蓝色的，您看到的可能是不同的颜色），按 Delete 键或 Backspace 键将其删除，如图 11-46（a）所示。如果您在食品卡车图形的左下角附近看到一个颜色点，也请将其选择并删除，如图 11-46（b）所示。效果如图 11-46（c）所示，注意渐变是如何变化的。

（a）

（b）

（c）

图 11-46

❹ 双击食品卡车图形前部的颜色点（本例中是白色的），并将其颜色更改为 Freeform-red，如图 11-47 所示。

⑤ 双击食品卡车图形底部中间附近的颜色点并将其颜色更改为 Orange red，如图 11-48 所示。按 Esc 键隐藏"色板"面板。

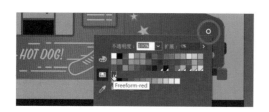

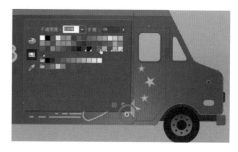

图 11-47　　　　　　　　　　　　　　　　　　图 11-48

您刚刚编辑的颜色点的橙红色需要更加分散。为此，您可以调整颜色的分布。

⑥ 将鼠标指针移动到您刚刚更改颜色的橙红色颜色点上。当您看到虚线圆形出现时，按住鼠标左键将虚线圆形底部的小部件拖离颜色点，该颜色点的颜色将"扩散"到离色标更远的地方，如图 11-49 所示。

图 11-49

11.2.14　在线模式下应用颜色点

除了按点添加渐变，您还可以在线模式下，在一条线上创建渐变颜色点。本小节将在线模式下为食品卡车图形添加更多颜色。

① 单击食品卡车图形顶部的中间部分以添加新的颜色点，如图 11-50（a）所示。

② 双击新颜色点并将其颜色更改为橙色，如图 11-50（b）所示。

（a）　　　　　　　　　　　　　　　　　　　　（b）

图 11-50

③ 在"渐变"面板或"属性"面板中，选择"线"选项，以便能够沿路径绘制渐变，如图 11-51 所示。

④ 单击橙色颜色点，将鼠标指针向右移动，您将在鼠标指针和颜色点之间看到路径预览，然后单击以创建新颜色点，如图 11-52（a）和图 11-52（b）所示。您可以看到新颜色点也是橙色的。

图 11-51

> 🔆 注意　图 11-52（a）所示为单击以添加下一个颜色点之前的渐变。

⑤ 在上一个颜色点的右下方单击以添加最后一个颜色点，该颜色点也是橙色的，如图 11-52（c）所示。

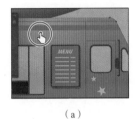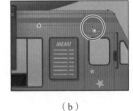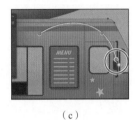

（a）　　　　　　　（b）　　　　　　　（c）
图 11-52

颜色点是弯曲路径的一部分。

⑥ 按住鼠标左键向下拖动中间颜色点以重塑颜色渐变的路径，如图 11-53 所示。

⑦ 关闭"渐变"面板。

⑧ 选择"选择">"取消选择"，然后选择"文件">"存储"，保存文件。

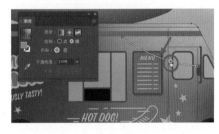

图 11-53

11.3　使用混合对象

您可以通过混合两个不同的对象，在这两个对象之间创建多个形状并均匀分布它们。用于混合的两个对象的形状可以相同，也可以不同。您可以混合两个开放路径，从而创建平滑的颜色过渡，也可以同时混合颜色和形状，以创建一系列颜色和形状平滑过渡的对象。

图 11-54 所示为可以创建的不同类型的混合示例。

图 11-54

创建混合对象时，混合的对象将被视为一个整体。如果移动其中一个原始对象或编辑原始对象的锚点，混合对象将自动改变。您还可以扩展混合对象，将其分解为不同的对象。

11.3.1 具有指定步数的混合

本小节将使用"混合工具" 🌑混合两种形状，为食品卡车图形创建星星装饰。

> 💡 **提示** 您可以在混合时添加两个以上的对象。

> 💡 **注意** 如果您想结束当前路径并混合其他对象，请先选择工具栏中的"混合工具" 🌑，然后单击其他对象，将它们混合。

❶ 选择"视图">"画板适合窗口大小"，选择"视图">"缩小"几次，直到看到画板右上角的图稿。

❷ 放大星星形状。

❸ 在工具栏中选择"混合工具" 🌑。围绕星星形状移动鼠标指针，鼠标指针中间的小方块从黑色变成白色。黑色表示您将单击一个锚点，如图 11-55（a）所示；白色表示填色，当鼠标指针为 ℡ 形状时单击，如图 11-55（b）所示。

这里的单击是为了让 Adobe illustrator 确定混合的起点，不会使图稿有任何改变。

❹ 将鼠标指针移动到该星星形状右上方的大的黄色星星形状上，当鼠标指针变为 ℡ 形状时，单击以在这两个对象之间创建混合，如图 11-56 所示。

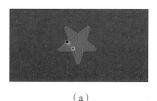

（a）　　　　　　　　（b）

图 11-55

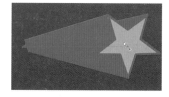

图 11-56

❺ 在选中混合对象的情况下，选择"对象">"混合">"混合选项"。在"混合选项"对话框中，从"间距"下拉列表中选择"指定的步数"选项，将"指定的步数"更改为 10，勾选"预览"复选框以查看相关修改的效果，如图 11-57 所示，单击"确定"按钮。

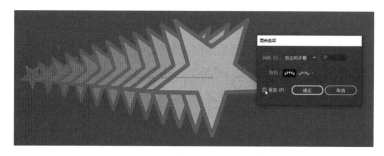

图 11-57

> 💡 **提示** 若要编辑对象的混合选项，您可以选择混合对象，然后双击"混合工具" 🌑。您还可以在创建混合对象之前，双击工具栏中的"混合工具" 🌑 来设置工具选项。

此时两个星星形状之间有 10 个副本。

11.3.2　修改混合

本小节将编辑混合对象中的一个原始形状及混合轴，使形状沿曲线进行混合。

❶ 在工具栏中选择"选择工具"▶，然后在混合对象上的任意位置双击进入隔离模式。

这将暂时取消混合对象的编组，并允许您编辑每个原始形状以及混合轴。混合轴是混合对象中的各形状对齐的路径。默认情况下，混合轴是一条直线。

❷ 选择"视图">"轮廓"。

在轮廓模式下，您可以看到两个原始形状的轮廓以及它们之间的直线路径（混合轴），如图 11-58 所示。默认情况下，这三者构成了混合对象。在轮廓模式下，您可以更容易地编辑原始形状之间的路径。

❸ 单击较大星星形状的边缘将其选中。将鼠标指针移动到其尖角外，当鼠标指针变为↰形状时，按住鼠标左键拖动，稍微旋转它，如图 11-59 所示。

图 11-58

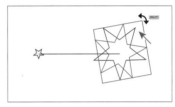

图 11-59

❹ 选择"选择">"取消选择"，并保持隔离模式。

接下来将沿着混合轴（路径）弯曲混合。

❺ 在工具栏中选择"钢笔工具"✍。按住 Option 键（macOS）或 Alt 键（Windows），将鼠标指针移动到原始形状之间的路径上。当鼠标指针变为▸形状时，按住鼠标左键将路径向左上方拖动一点，如图 11-60 所示。

❻ 选择"视图">"预览"（或"GPU 预览"），效果如图 11-61 所示。

图 11-60

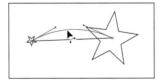

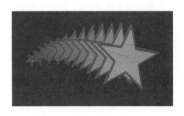

图 11-61

❼ 按 Esc 键退出隔离模式。

❽ 选择"选择">"取消选择"。

11.3.3　创建和编辑平滑颜色混合

混合两个及以上的对象的形状和颜色以创建新对象时，可以在"混合选项"对话框中选择不同的"间距"。当在"混合选项"对话框的"间距"下拉列表中选择"平滑颜色"选项时，Adobe Illustrator 将混合对象的形状和颜色，创建多个中间对象，从而在原始对象之间创建平滑过渡的混合效果，如图 11-62 所示。

如果对象的填充或描边颜色不同，Adobe Illustrator 会计算获得平滑颜色过渡的最佳步数。如果对象包含相同的颜色，或者它们包含渐变或图案，则 Adobe Illustrator 会基于两个对象的定界框边缘之间的最长距离计算步数。本小节将组合两个形状合成平滑颜色混合，以制作热狗面包图形上的芝麻图形。

① 使用"抓手工具" ✋缩小或平移视图，以查看 11.3.2 小节混合的星星形状下方的两个芝麻形状，如图 11-63 所示。

图 11-62

图 11-63

您将把这两个形状混合在一起，使它们具有更立体的外观。

② 选择"选择工具" ▶，单击左侧较小的芝麻形状，然后按住 Shift 键单击右侧较大的芝麻形状以同时选中两者，如图 11-64 所示。

③ 选择"对象">"混合">"建立"，效果如图 11-65 所示。

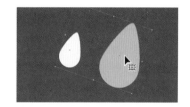

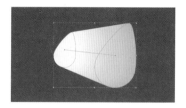

图 11-64

图 11-65

这是另一种创建混合对象的方法。在直接使用"混合工具" 🖿 创建混合对象有难度时，这种方法很有用。

> **注意** 在某些情况下，在路径之间创建平滑颜色混合是很困难的。例如，如果线相交或线太弯曲，可能会产生意外的结果。

④ 在选中混合对象的情况下，双击工具栏中的"混合工具" 🖿。在"混合选项"对话框中，确保在"间距"下拉列表中选择了"平滑颜色"选项，单击"确定"按钮，如图 11-66 所示。

> **提示** 您还可以单击"属性"面板中的"混合选项"按钮，在打开的"混合选项"对话框中编辑所选混合对象的选项。

⑤ 选择"选择">"取消选择"。

接下来，您将编辑混合轴。

⑥ 选择"选择工具" ▶，双击颜色混合对象，进入隔离模式。选择左侧较小的芝麻形状，按住鼠标左键将它向右拖动，直到它看起来如图 11-67 所示。请注意，颜色现在已混合。

⑦ 按 Esc 键退出隔离模式。

图 11-66

⑧ 选择"选择">"取消选择"。

⑨ 再次查看画板，选择"视图">"画板适合窗口大小"。按 Command + - 组合键（macOS）或 Ctrl + - 组合键（Windows）几次，缩小视图以查看从画板右边缘混合的图稿。

⑩ 将星星图形拖动到食品卡车图形上，如图 11-68 所示。如果星星图形在其他图稿的下面，请选择"对象">"排列">"置于顶层"。

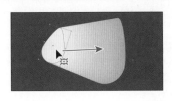
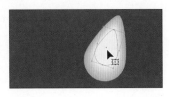

图 11-67 图 11-68

⑪ 按住 Option 键（macOS）或 Alt 键（Windows），拖动星星图形制作副本，如图 11-69（a）所示。松开鼠标左键，然后松开 Option 键（macOS）或 Alt 键（Windows）。

⑫ 在"属性"面板中单击"水平翻转"按钮▯，如图 11-69（b）所示，翻转星星图形。

⑬ 将鼠标指针移动到星星图形定界框的右上角处，当鼠标指针变为↰ 形状时，如图 11-69（c）所示，按住鼠标左键拖动以稍微旋转它。

（a） （b） （c）

图 11-69

⑭ 将星星图形拖到合适的位置，效果如图 11-70 所示。如果您想把芝麻图形从画板的右边缘拖到热狗面包图形上并调整它们的大小，用同样的方法即可。

⑮ 选择"文件">"存储"，然后选择"文件">"关闭"。

图 11-70

11.4 创建图案色板

除了印刷色、专色和渐变之外，"色板"面板还包含图案色板。图案色板是保存在"色板"面板中的图稿，可应用于对象的描边或填色。Adobe Ilustrator 在默认的"色板"面板中以单独的库提供了各种类型的示例色板，并允许您创建自己的图案色板和渐变色板。本节将重点介绍如何创建、应用和编辑图案色板。

11.4.1 应用现有图案色板

您可以使用 Adobe Illustrator 应用现有图案色板和创建自定义图案色板。图案都是由单个形状平铺、拼贴形成的，平铺时形状从标尺原点一直向右延伸。本小节将对道路图形应用 Adobe Illustrator 自带的图案色板。

① 选择"文件">"打开"，在"打开"对话框中，定位到 Lessons>Lesson11 文件夹，然后选择 L11_start2.ai 文件。单击"打开"按钮，打开该文件。

② 选择"文件">"存储为"。如果弹出云文档对话框，请单击"保存在您的计算机上"按钮。

③ 在"存储为"对话框中，将文件命名为 FoodTruck_pattern.ai（macOS）或 FoodTruck_pattern（Windows），然后选择 Lessons>Lesson11 文件夹。从"格式"下拉列表中选择 Adobe Illustrator（ai）选项（macOS）或从"保存类型"下拉列表中选择 Adobe Illustrator（*.AI）选项（Windows），单击"保存"按钮。在"Illustrator 选项"对话框中，保持默认设置，单击"确定"按钮。

④ 选择"视图">"全部适合窗口大小"。

⑤ 选择"选择工具" ▶，选择深灰色道路图形（矩形），如图 11-71 所示。

⑥ 在"属性"面板的"外观"选项组中单击"打开'外观'面板"按钮 •••，打开"外观"面板（或选择"窗口">"外观"）。

⑦ 单击"外观"面板底部的"添加新填色"按钮 ▣，如图 11-72（a）所示。这将为形状添加一个现有填色的副本，并将该副本层叠在现有描边和填色的上层。

⑧ 单击"外观"面板中的"填色"框，显示"色板"面板，然后选择 Mezzotint Dot 色板，如图 11-72（b）所示。

图 11-71

> 💡 **注意** 您将在第 13 课中了解"外观"面板的更多知识。

> 💡 **提示** 要探索 Adobe Illustrator 中的其他图案色板，请选择"窗口">"色板库">"图案"，然后选择一个图案库。

此图案色板将作为第二个填色填入第一个填色的上层，如图 11-72（c）所示。名为 Mezzotint Dot 的图案色板默认包含在打印文件的色板中。

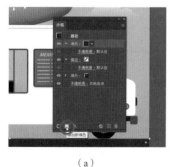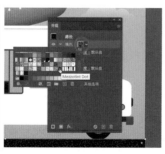

（a）　　　　　　　　　（b）　　　　　　　　　（c）

图 11-72

⑨ 在"外观"面板顶部的"填色"框下方，单击"不透明度"文本，打开"透明度"面板（或

选择"窗口">"透明度")。将"不透明度"更改为90%，如图11-73所示。按Esc键隐藏"透明度"面板。

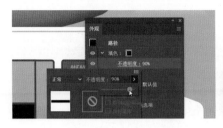

图 11-73

> **注意** 如果在"填色"框下方看不到"不透明度"文本，请单击"填色"左侧的按钮▶来显示它。

⑩ 选择"选择">"取消选择"，然后关闭"外观"面板。

11.4.2 创建自定义图案色板

本小节将创建自定义图案色板。您创建的每个图案都将作为色板保存在您正在处理的文件的"色板"面板中。

① 选择"视图">"画板适合窗口大小"，选择"视图">"缩小"几次，直到您看到画板左侧的图稿。

② 选择"选择工具"▶，单击画板左边缘的FRANK'S文本对象，如图11-74所示，您将使用它来创建图案。

图 11-74

③ 选择"对象">"图案">"建立"。

④ 在弹出的对话框中单击"确定"按钮。

> **注意** 您在创建图案时不需要选择任何内容。正如您将看到的，在图案编辑模式下，您可以向图案中添加内容。

> **注意** 图案可以由形状、符号或嵌入的栅格图像以及可在图案编辑模式下添加的其他对象组成。例如，要为衬衫图形创建法兰绒图案，可以创建3个彼此重叠、外观选项各不相同的矩形或直线。

与之前使用过的隔离模式类似，在创建图案时，Adobe Illustrator将进入图案编辑模式。图案编辑模式允许您以交互的方式创建和编辑图案，同时在画板上预览对图案的更改。在此模式下，其他所有图稿都会不可见，且无法对其进行编辑，"图案选项"面板（或选择"窗口">"图案选项"）也会打开。该面板为您提供创建图案所需的选项，如图 11-75 所示。

图 11-75

⑤ 选择"选择">"现用画板上的全部对象"以全选图稿。

⑥ 按 Command + + 组合键（macOS）或 Ctrl + + 组合键（Windows），重复操作几次，放大视图。

围绕中心图稿的一系列浅色对象是重复图案。它们可供预览但会变暗，让您可以专注于编辑原始图案。原始图案周围的蓝框是图案拼贴框（重复的区域）。

⑦ 在"图案选项"面板中，将"名称"更改为 Truck vinyl，如图 11-76 所示。

图 11-76

💡 提示　此处使用 vinyl 一词，是因为此图案可用于打印大型乙烯基图形或贴花，之后会将其填充在白色卡车图形上。

⑧ 尝试在"拼贴类型"下拉列表中选择不同的选项以查看图案效果。在继续下一步操作之前，请确保在"拼贴类型"下拉列表中选择了"十六进制（按列）"选项，如图 11-76 所示。

在"图案选项"面板中设置的名称将作为色板名称保存在"色板"面板中，名称可用于区分一个图案色板的多个版本。

"拼贴类型"决定图案的平铺方式，有 3 种主要的拼贴类型可供选择："网格"（默认）、"砖形"和"十六进制"。

⑨ 在"图案选项"面板底部的"份数"下拉列表中选择 1×1 选项。这将删除重复的图案，并让您暂时专注于主要图案的图稿，如图 11-77 所示。

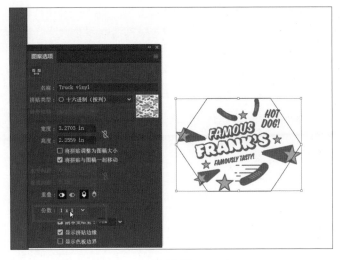

图 11-77

⑩ 单击空白区域以取消选择图稿。

⑪ 单击 FAMOUSLY TASTY! 下面的星星形状，将其删除，如图 11-78（a）所示。

⑫ 将右侧的星星图形向右拖动一点，如图 11-78（b）所示。

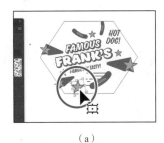
（a）

（b）

图 11-78

此时您可以添加、删除和转换图稿，以确定图案中要重复的内容。

⑬ 在"图案选项"面板中，在"份数"下拉列表中选择 5×5 选项，可以再次看到重复图案。

⑭ 在"图案选项"面板中，勾选"将拼贴调整为图稿大小"复选框，如图 11-79 所示。

图 11-79

勾选"将拼贴调整为图稿大小"复选框，会将拼贴区域（图 11-79 中的蓝色六边形）调整为适合图稿的大小，从而改变重复对象间距。取消勾选"将拼贴调整为图稿大小"复选框后，您可以在"宽度"和"高度"文本框中手动更改图案的宽度和高度值，以包含更多内容或编辑图案拼贴间距。您还可以使用"图案选项"面板左上角的"图案拼贴工具"按钮 来手动编辑拼贴区域。如果将间距值（"水平间距"或"垂直间距"）设置为负值，则图案拼贴中的对象将重叠。默认情况下，当对象水平重叠时，左侧对象位于顶层；当对象垂直重叠时，上方对象位于顶层。您可以设置"重叠"为"左侧在前"或"右侧在前"以更改水平重叠方式，设置为"顶部在前"或"底部在前"以更改垂直重叠方式（它们是"图案选项"面板中"重叠"一词后的按钮）。

> **提示** 水平间距和垂直间距值可以是正值或负值，它们会以水平或垂直的方式，将图案拼贴拉远或靠近。

⑮ 单击文档窗口顶部的"完成"按钮，如图 11-80 所示。如果弹出对话框，请单击"确定"按钮。

图 11-80

⑯ 选择"文件">"存储"，保存文件。

> **提示** 如果要创建图案变体，可以在图案编辑模式下单击文档窗口顶部的"存储副本"按钮。这将以副本形式保存"色板"面板中的当前图案，并允许您继续对该图案进行编辑。

11.4.3　应用自定义图案色板

　　应用图案色板的方法有很多。本小节将使用"属性"面板中的"填色"来应用自定义图案色板。

❶ 选择"视图">"画板适合窗口大小"。

❷ 选择"选择工具"▶，单击白色卡车图形。

❸ 单击"属性"面板中的"填色"框，在"色板"面板中选择橙黄色色板，其工具提示标签显示 C=0　M=33　Y=100　K=0，如图 11-81 所示。

❹ 在"属性"面板中的"外观"选项组中单击"打开'外观'面板"按钮，打开"外观"面板（或选择"窗口">"外观"）。

❺ 在"外观"面板底部单击"添加新填色"按钮，添加现有填色的副本到所选形状。

图 11-81

⑥ 在面板顶部的"填色"行中，单击"填色"框以显示"色板"面板，选择 Truck vinyl 色板，如图 11-82 所示。

图 11-82

⑦ 关闭"外观"面板。

11.4.4 编辑自定义图案色板

本小节将在图案编辑模式下编辑 Truck vinyl 色板。

① 在白色卡车图形处于选中状态的情况下，单击"属性"面板中的"填色"框。在弹出的"色板"面板中双击 Truck vinyl 色板，如图 11-83 所示，进入图案编辑模式对该图案色板进行编辑。

② 按 Option + + 组合键（macOS）或 Ctrl + + 组合键（Windows），放大视图。

③ 在图案编辑模式下，选择"选择工具" ▶，单击包含 FAMOUS FRANK'S 的文本对象。

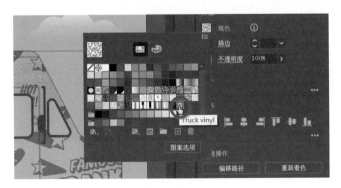

图 11-83

④ 在"属性"面板中，将描边颜色更改为深红色，如图 11-84 所示。

图 11-84

⑤ 单击文档窗口顶部的"完成"按钮，退出图案编辑模式。

⑥ 选择"视图">"画板适合窗口大小"，最终效果如图 11-85 所示。

图 11-85

⑦ 选择"选择">"取消选择"，然后选择"文件">"存储"，保存文件。

⑧ 选择"文件">"关闭"。

1. 什么是渐变?

2. 如何调整线性渐变或径向渐变中的颜色混合?

3. 列举两种添加颜色到线性渐变或径向渐变中的方式。

4. 如何调整线性渐变或径向渐变的方向?

5. 渐变和混合有什么区别?

6. 在 Adobe Illustrator 中保存图案时,它保存在哪里?

参考答案

1. 渐变是由两种或两种以上颜色相同或不同的色调组成的过渡混合,可应用于对象的描边或填色。

2. 若要调整线性渐变或径向渐变中的颜色混合,可选择"渐变工具" ▮,并在渐变批注者上按住鼠标左键拖动菱形图标,或在"渐变"面板中,按住鼠标左键拖动渐变块下的色标。

3. 若要将颜色添加到线性渐变或径向渐变中,可以在"渐变"面板中单击渐变块下边缘以添加渐变色标,然后双击色标,在弹出的面板中创建新的色板或直接应用现有色板,以达到编辑颜色的目的。您还可以在工具栏中选择"渐变工具" ▮,将鼠标指针移动到填充渐变的对象上,然后单击图稿中显示的渐变块的下方以添加或编辑色标。

4. 要调整线性渐变或径向渐变的方向,您可以直接使用"渐变工具" ▮拖动渐变。长距离拖动会逐渐改变渐变颜色,短距离拖动会使颜色变化得更明显。您还可以使用"渐变工具" ▮旋转渐变,并更改渐变的半径、长宽比、起点等。

5. 渐变和混合之间的区别体现在颜色组合的方式上:对于渐变,颜色是直接混合在一起的;而对于混合,颜色以对象逐步变化的方式组合在一起。

6. 在 Adobe Illustrator 中保存图案时,该图案将保存为"色板"面板中的图案色板。默认情况下,保存的图案色板将与当前活动文件一起保存。

使用画笔创建广告图稿

本课概览

在本课中，您将学习以下内容。

- 使用 4 种画笔：书法画笔、艺术画笔、图案画笔和毛刷画笔。
- 将画笔应用于路径。
- 使用画笔工具绘制和编辑路径。

- 更改画笔颜色并调整画笔设置。
- 根据 Adobe Illustrator 图稿创建新画笔。
- 使用斑点画笔工具和橡皮擦工具。

学习本课大约需要 **60** 分钟

Adobe Illustrator 提供了多种类型的画笔，您只需使用"画笔工具"或绘图工具进行上色或绘制，即可创建无数种绘画效果。您可以使用"斑点画笔工具"，或者选择书法画笔、艺术画笔、图案画笔、毛刷画笔或散点画笔，还可以根据您的图稿创建新画笔。

12.1　开始本课

在本课中，您将学习如何使用"画笔"面板中的不同类型的画笔，以及如何更改画笔选项和创建自定义画笔。在开始本课之前，您需要还原 Adobe Illustrator 的默认首选项，打开已完成的图稿文件，查看最终的效果。

❶ 为了确保工具的功能和默认值完全如本课所述，请删除或停用（通过重命名）Adobe Illustrator 首选项文件。具体操作请参阅本书"前言"中的"还原默认首选项"部分。

❷ 启动 Adobe Illustrator。

❸ 选择"文件">"打开"，在"打开"对话框中，找到 Lessons>Lesson12 文件夹，选择 L12_end.ai 文件，单击"打开"按钮，打开该文件，效果如图 12-1 所示。

❹ 如果需要，请选择"视图">"缩小"，缩小视图并保持图稿展示在您的计算机屏幕上。

您可以使用"抓手工具" 🖐 将图稿移动到文档窗口中的合适位置。如果不想让图稿保持打开状态，请选择"文件">"关闭"。接下来将打开一个已有的图稿文件。

❺ 选择"文件">"打开"，在"打开"对话框中，定位到 Lessons>Lesson12 文件夹，选择 L12_start.ai 文件，单击"打开"按钮，打开文件，效果如图 12-2 所示。

图 12-1

图 12-2

❻ 选择"视图">"全部适合窗口大小"。

❼ 选择"文件">"存储为"。如果弹出云文档对话框，请单击"保存在您的计算机上"按钮。

❽ 在"存储为"对话框中，将文件命名为 UpLiftAd.ai（macOS）或 UpLiftAd（Windows），选择 Lessons>Lesson12 文件夹。从"格式"下拉列表中选择 Adobe Illustrator（ai）选项（macOS）或从"保存类型"下拉列表中选择 Adobe Illustrator（*.AI）选项（Windows），单击"保存"按钮。

❾ 在"Illustrator 选项"对话框中，保持默认设置，单击"确定"按钮。

❿ 选择"窗口">"工作区">"重置基本功能"。

> 💡 注意　如果在"工作区"菜单中没有看到"重置基本功能"命令，请在选择"窗口">"工作区">"重置基本功能"之前，选择"窗口">"工作区">"基本功能"。

12.2　使用画笔

通过画笔，您可以用图案、图形、画笔描边、纹理或角度描边来装饰路径。您可以修改 Adobe

Illustrator 提供的画笔，或创建自定义画笔。

您可以将画笔描边应用于现有路径，也可以在使用"画笔工具"✍绘制路径的同时应用画笔描边。您还可以更改画笔的颜色、大小和其他属性，也可以在应用画笔后再编辑路径（包括添加填色）。

"画笔"面板（选择"窗口">"画笔"）提供了5种画笔类型：书法画笔、艺术画笔、毛刷画笔、图案画笔和散点画笔，如图12-3所示。

接下来将介绍如何使用除散点画笔之外的画笔，"画笔"面板如图12-4所示。

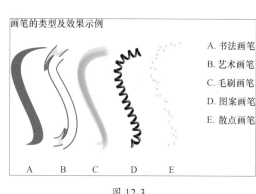

画笔的类型及效果示例

A. 书法画笔
B. 艺术画笔
C. 毛刷画笔
D. 图案画笔
E. 散点画笔

图 12-3

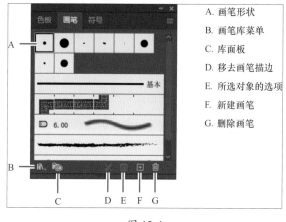

A. 画笔形状
B. 画笔库菜单
C. 库面板
D. 移去画笔描边
E. 所选对象的选项
F. 新建画笔
G. 删除画笔

图 12-4

💡 提示　若要了解有关散点画笔的相关内容，请在"Illustrator 帮助"（选择"帮助">"Illustrator 帮助"）中搜索"散点画笔"。

12.3　使用书法画笔

您将了解的第一种画笔类型是书法画笔。书法画笔的效果类似于书法钢笔笔尖绘制出的效果。书法画笔由中心跟随路径的椭圆形来定义，您可以使用这种画笔创建类似于使用扁平、倾斜的笔尖绘制的手绘描边，如图12-5所示。

书法画笔示例
图 12-5

12.3.1　将书法画笔应用于图稿

本小节将过滤"画笔"面板中显示的画笔类型，使其仅显示书法画笔。

❶ 选择"窗口">"画笔"，打开"画笔"面板。单击"画笔"面板菜单按钮☰，勾选"列表视图"复选框，如图12-6所示。

❷ 再次单击"画笔"面板菜单按钮☰，仅勾选"显示书法画笔"复选框，取消勾选以下复选框。

· 显示艺术画笔。
· 显示毛刷画笔。
· 显示图案画笔。

"画笔"面板菜单中的部分命令前有对钩，表示相应内容在"画笔"面板中可见。您不能一次性取消多个对钩，必须多次单击"画笔"面板菜单按钮🗏来访问菜单进行取消。最终"画笔"面板如图 12-7 所示。

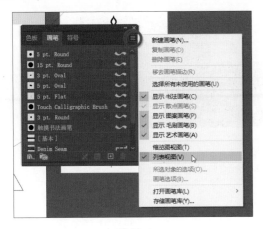

图 12-6

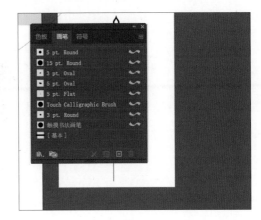

图 12-7

③ 在工具栏中选择"选择工具"▶，选择画板顶部的玫红色文本对象。该文本已转换为路径，因为它已经经过编辑并创建了您能看到的外观。

④ 按 Command + + 组合键（macOS）或 Ctrl + + 组合键（Windows）几次，放大视图。

⑤ 在"画笔"面板中选择 5 pt. Flat 画笔，将其应用于玫红色文本对象，如图 12-8 所示，并将其添加到"画笔"面板。

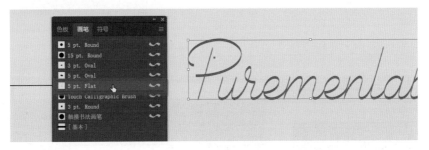

图 12-8

⑥ 在"属性"面板中将描边粗细更改为 5 pt 以查看画笔的效果，如图 12-9 所示，然后将描边粗细更改为 1 pt。

图 12-9

与现实中使用书法钢笔绘图一样，当您应用书法画笔（如 5 pt. Flat）时，绘制的路径越垂直，路径的描边就会越细。

⑦ 单击"属性"面板中的"描边"框，在弹出的面板中确保选择了"色板"选项▦，选择 Black 色板，如图 12-10 所示。如有必要，按 Esc 键隐藏"色板"面板。

图 12-10

⑧ 选择"选择">"取消选择"，然后选择"文件">"存储"，保存文件。

12.3.2　编辑画笔

若要更改画笔选项，您可以在"画笔"面板中双击画笔选项。编辑画笔时，您可以选择是否更新应用了该画笔的对象。本小节将更改 5 pt. Flat 画笔的外观。

① 在"画笔"面板中，双击 5 pt. Flat 名称左侧的画笔缩略图或画笔名称的右侧区域，如图 12-11 所示，打开"书法画笔选项"对话框。

> ⚟ 注意　您对画笔所做的修改仅在当前文件中有效。

图 12-11

② 在"书法画笔选项"对话框中，进行以下更改，如图 12-12 所示。

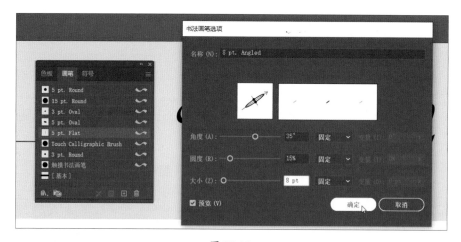

图 12-12

· 名称: 8 pt. Angled

· 角度: 35°

· 在"角度"右侧的下拉列表中选择"固定"选项。（选择"随机"选项时，每次绘制时画笔角度都会随机变化。）

· 圆度: 15%（此设置影响画笔描边的圆度。）

- 大小：8 pt。

💡 提示　预览框（在"名称"字段下方）会显示您所做的更改对应的效果。

③ 单击"确定"按钮。

④ 在弹出的对话框中，单击"应用于描边"按钮，如图 12-13 所示，这样画笔修改将影响应用了该画笔的文本对象。

⑤ 如有必要，请选择"选择">"取消选择"，然后选择"文件">"存储"保存文件。

图 12-13

12.3.3　使用"画笔工具"绘图

"画笔工具" ✔ 允许您在绘画时应用画笔。对于使用"画笔工具" ✔ 绘制的矢量路径，您可以使用"画笔工具" ✔ 或其他绘图工具来编辑。本小节将使用"画笔工具" ✔ 以默认画笔库中的书法画笔来绘制文本中的字母 t。

① 在工具栏中选择"画笔工具" ✔。

② 单击"画笔"面板底部的"画笔库菜单"按钮 📖，选择"艺术效果">"艺术效果_书法"，如图 12-14 所示。此时将显示具有各种画笔的画笔库面板。

Adobe Illlustrator 配备了大量的画笔库，供您在绘制中使用。每种画笔类型（包括前面讨论过的）都有一系列库供您选择。

③ 单击"艺术效果_书法"面板菜单按钮 ☰，选择"列表视图"命令。选择"15 点扁平"画笔，将其添加到"画笔"面板，如图 12-15 所示。

图 12-14

图 12-15

④ 关闭"艺术效果_书法"面板。

从画笔库面板（例如"艺术效果_书法"面板）中选择一个画笔，只会将该画笔添加到当前文件的"画笔"面板中。

⑤ 确保"属性"面板中的"填色"为"无"，描边颜色为黑色，描边粗细为 1 pt。

将鼠标指针置于文档窗口中，当鼠标指针变为 ✔₊ 形状时，即可开始绘制新路径。

⑥ 将鼠标指针移动到 Puremental 中的字母 t 的左侧，按住鼠标左键从左到右绘制一条弯曲的路径，如图 12-16 所示。

图 12-16

> 💡 **注意** 该书法画笔将创建随机角度的路径，所以您的路径可能不像您在图 12–16 中看到的那样，这没关系。

⑦ 选择"选择工具" ▶ 并单击您绘制的新路径。在"属性"面板中将描边粗细更改为 0.5 pt，如图 12-17 所示。

图 12-17

⑧ 选择"选择" > "取消选择"（如有必要），然后选择"文件" > "存储"，保存文件。

12.3.4 使用"画笔工具"编辑路径

本小节将使用"画笔工具" ✏ 来编辑路径。

① 在工具栏中选择"选择工具" ▶，单击 Puremental 文本对象。

② 在工具栏中选择"画笔工具" ✏，将鼠标指针移动到大写字母 P 上，如图 12-18(a) 所示。当鼠标指针位于选定路径上时，不会有星号出现。按住鼠标左键拖动以重新绘制路径，如图 12-18(b) 所示。所选路径将从重绘点进行延伸。

（a）　　　　　　　　　（b）

图 12-18

请注意，使用"画笔工具" ✏ 完成绘制后将不再选择字母形状。默认情况下，路径被取消选择，如图 12-19 所示。

③ 按住 Command 键（macOS）或 Ctrl 键（Windows）切换到"选择工具" ▶，单击您在字母 t 上绘制的曲线路径，如图 12-20 所示。松开 Command 键（macOS）或 Ctrl 键（Windows），返回"画笔工具" ✏。

图 12-19　　　　　　　　　　　　　　　　　　图 12-20

④ 选择"画笔工具"✎，将鼠标指针移动到所选路径的某个部分。当星号消失时，按住鼠标左键向右拖动以重新绘制路径，如图 12-21 所示。

图 12-21

接下来将编辑画笔工具选项，更改"画笔工具"✎的工作方式。

⑤ 双击工具栏中的"画笔工具"✎，弹出"画笔工具选项"对话框，在其中进行以下更改，如图 12-22 所示。

图 12-22

· 保真度：将滑块一直拖动到"平滑"端（向右）。

· "保持选定"复选框：勾选。

⑥ 单击"确定"按钮。

在"画笔工具选项"对话框中，对于"保真度"选项，滑块越接近"平滑"端，路径就越平滑，并且锚点越少。此外，由于勾选了"保持选定"复选框，在完成路径绘制后，这些路径仍将处于选中状态。

⑦ 在选中"画笔工具"✎的情况下，按住 Command 键（macOS）或 Ctrl 键（Windows）切换到"选择工具"▶，单击您在字母 t 上绘制的曲线路径，松开 Command 键（macOS）或 Ctrl 键（Windows）。再次尝试重新绘制路径，如图 12-23 所示。

请注意，在绘制每条路径后，Adobe Illustrator 不会再取消选择该路径，因此您可以根据需要对其进行编辑。如果需要使用"画笔工具" ✏ 绘制一系列重叠路径，最好将画笔工具选项设置为在完成绘制路径后不保持选中状态。这样，您就可以绘制重叠路径而无须更改先前绘制的路径。

图 12-23

⑧ 如有必要，请选择"选择">"取消选择"，然后选择"文件">"存储"，保存文件。

12.3.5 删除画笔描边

您可以轻松删除图稿上已应用的不需要的画笔描边。本小节将从路径的描边中删除画笔描边效果。

💡 提示　您还可以在"画笔"面板中选择"[基本]"画笔，以删除应用于路径的画笔效果。

① 选择"视图">"画板适合窗口大小"，查看画板上的所有内容。

② 选择"选择工具" ▶，单击黑色路径，它的效果看起来像粉笔刻画的痕迹。

在创作图稿时，您在图稿上尝试了不同的画笔。现在需要移去应用于所选路径的画笔描边。

③ 单击"画笔"面板底部的"移去画笔描边"按钮 ⊠，如图 12-24 所示。

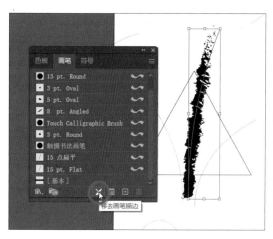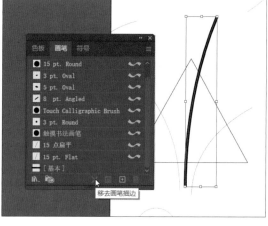

（a）　　　　　　　　　　　　　　　　（b）

图 12-24

删除画笔描边不会删除描边颜色和粗细，它只是删除所应用的画笔效果。

④ 在"属性"面板中将描边粗细更改为 1 pt，如图 12-25 所示。

⑤ 选择"选择">"取消选择"，然后选择"文件">"存储"，保存文件。

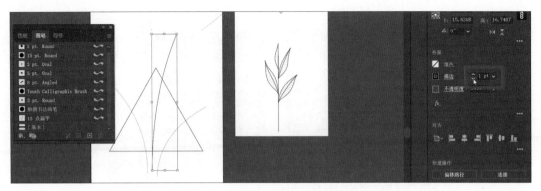

图 12-25

12.4 使用艺术画笔

艺术画笔可沿着路径均匀地拉伸图稿或嵌入的栅格图像，如图 12-26 所示。与其他画笔一样，您也可以通过编辑画笔工具选项来修改艺术画笔的工作方式。

艺术画笔示例
图 12-26

12.4.1 应用现有的艺术画笔

本小节将应用现有的艺术画笔于广告顶部编辑过的文本两侧的线条上。

❶ 在"画笔"面板中，单击"画笔"面板菜单按钮，取消勾选"显示书法画笔"复选框，勾选"显示艺术画笔"复选框，"画笔"面板中会显示各种艺术画笔，如图 12-27 所示。

❷ 单击"画笔"面板底部的"画笔库菜单"按钮，选择"装饰">"典雅的卷曲和花形画笔组"，如图 12-28 所示。

图 12-27

图 12-28

❸ 单击"典雅的卷曲和花形画笔组"面板的菜单按钮，勾选"列表视图"复选框。选择列表中名为"花茎 3"的画笔，将画笔添加到此文件的"画笔"面板，如图 12-29 所示。

❹ 关闭"典雅的卷曲和花形画笔组"面板组。

❺ 在工具栏中选择"选择工具"，单击画板顶部文本左侧的路径。

图 12-29

⑥ 按 Command + + 组合键（macOS）或 Ctrl + + 组合键（Windows）几次，放大视图。

⑦ 按住 Shift 键并单击文本右侧的路径以将其选中。

⑧ 在"画笔"面板中选择"花茎 3"画笔，如图 12-30 所示。

图 12-30

⑨ 单击"属性"面板中的"编组"按钮，将所选路径组合在一起。

⑩ 选择"选择" >"取消选择"，然后选择"文件" >"存储"，保存文件。

12.4.2　创建艺术画笔

本小节将用现有图稿创建新的艺术画笔。您可以用矢量图稿或嵌入的栅格图像创建艺术画笔，但该图稿不得包含渐变、混合、画笔描边、网格对象、图形、链接文件、蒙版或尚未转换为轮廓的文本。

❶ 在"属性"面板的"画板"下拉列表中选择 2 选项，定位到带有茶叶图稿的画板。

❷ 选择"选择工具"▶，单击茶叶图稿。

❸ 在图稿处于选中状态的情况下，在"画笔"面板中，单击"画笔"面板底部的"新建画笔"按钮，如图 12-31 所示。

这将用所选图稿创建新画笔。

❹ 在"新建画笔"对话框中，选择"艺术画笔"选项，单击"确定"按钮，如图 12-32 所示。

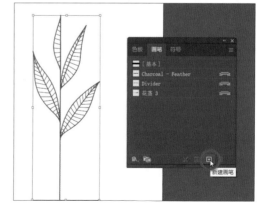

图 12-31

💡提示　您还可以通过将图稿拖动到"画笔"面板中，然后在弹出的"新建画笔"对话框中选择"艺术画笔"选项来创建艺术画笔。

⑤ 在弹出的"艺术画笔选项"对话框中，将"名称"更改为 Tea Leaves，如图 12-33 所示，单击"确定"按钮。

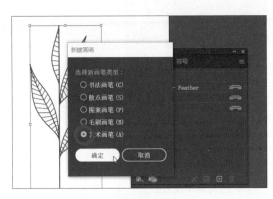

图 12-32

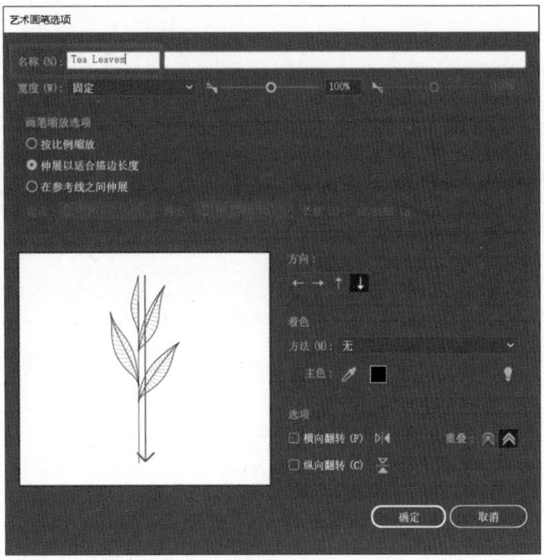

图 12-33

⑥ 选择"选择">"取消选择"。

⑦ 在"属性"面板的"画板"下拉列表中选择 1 选项以返回第一个画板。

⑧ 选择"选择工具" ▶，按住 Shift 键选中画板中心三角形上方的 3 条曲线，如图 12-34 所示。

⑨ 在"画笔"面板中选择 Tea Leaves 画笔以应用它，如图 12-35 所示。

请注意，原始的茶叶图稿将沿着路径拉伸，这是艺术画笔的默认行为。但是，它与我们想要的效果完全相反，接下来会解决这个问题。

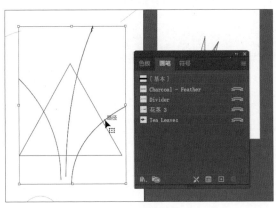

图 12-34

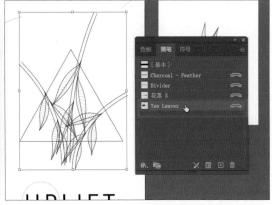

图 12-35

12.4.3　编辑艺术画笔

本小节将编辑应用于路径的 Tea Leaves 画笔，并更新画板上路径的外观。

① 在仍选择 3 条曲线路径的情况下，在"画笔"面板中双击 Tea Leaves 名称左侧的画笔缩略图或名称的右侧位置，如图 12-36 所示，打开"艺术画笔选项"对话框。

图 12-36

❷ 在"艺术画笔选项"对话框中，勾选"预览"复选框以便观察所做的更改对应的效果。移动对话框，以便看到应用画笔后的路径。在对话框中进行以下更改，如图 12-37 所示。

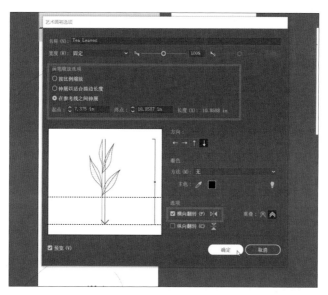

图 12-37

· "在参考线之间伸展"选项：选择。这些参考线不是画板上的物理参考线。它们用于指示拉伸或收缩以使艺术画笔适合路径长度的图稿部分。不在参考线内的图稿的任何部分都可以被伸展或收缩。"起点"和"终点"设置用于指示参考线在原始图稿上的位置。

· 起点：7.375 in

· 终点：10.8587 in（默认设置）

· "横向翻转"复选框：勾选

❸ 单击"确定"按钮。

❹ 在弹出的对话框中，单击"应用于描边"按钮，修改应用了 Tea Leaves 画笔的路径。

接下来将制作画笔的副本，并使中心路径上的图稿沿路径延伸，就像没有在选项中设置参考线一样。

❺ 选择"选择">"取消选择"，然后单击应用了 Tea Leaves 画笔的较大的中心路径。

❻ 在"画笔"面板中，将 Tea Leaves 画笔拖到底部的"新建画笔"按钮▣上进行复制，如

图 12-38 所示。

⑦ 在"画笔"面板中双击"Tea Leaves_副本"画笔缩略图。

⑧ 在"艺术画笔选项"对话框中，在"画笔缩放选项"选项组中选择"按比例缩放"选项，以便简单地沿路径拉伸图稿，如图 12-39 所示，单击"确定"按钮。

⑨ 在弹出的对话框中，单击"应用于描边"按钮，将更改应用于应用了"Tea Leaves_副本"画笔的路径。

⑩ 取消路径的选择。

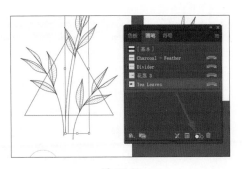

图 12-38

图 12-39

⑪ 按住 Shift 键并单击画板周围的剩余路径，对其应用 Tea Leaves 画笔或"Tea Leaves_副本"画笔，如图 12-40 所示。

图 12-40

⑫ 选择"选择">"取消选择"。

12.5 使用图案画笔

图案画笔用于绘制由不同部分或拼贴组成的图案，如图 12-41 所示。当您将图案画笔应用于图稿时，Adobe Illustrator 将根据路径位置（边缘、中点或拐点）绘制图案的不同部分（拼贴）。创建图稿时，您有数百种有趣的图案画笔可选择，如草、城市风景等。

本节会将现有的图案画笔应用于广告图稿中间的三角形。

① 选择"视图">"画板适合窗口大小"。

② 在"画笔"面板中，单击面板菜单按钮 ，勾选"显示图案画笔"复选框，取消勾选"显示艺术画笔"复选框。

③ 选择"选择工具" ，单击广告图稿中间的三角形，如图 12-42 所示。

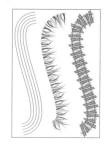

图案画笔示例
图 12-41

④ 在"画笔"面板的底部单击"画笔库菜单"按钮 ，选择"边框">"边框 _ 几何图形"。

⑤ 选择列表中名为"几何图形 17"的画笔，如图 12-43 所示，将其应用于所选路径，并将画笔添加到此文件的"画笔"面板。关闭"边框 _ 几何图形"面板组。

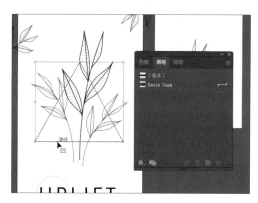

图 12-42

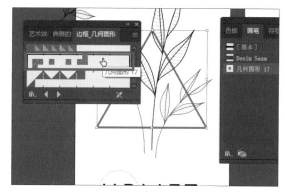

图 12-43

⑥ 在"属性"面板中将描边粗细更改为 2 pt。

⑦ 单击"属性"面板中的"所选对象的选项"按钮 ，以便仅编辑画板上选定路径的画笔选项，如图 12-44 所示。

> 💡提示　您也可以在"画笔"面板底部看到"所选对象的选项"按钮 。

⑧ 在"描边选项（图案画笔）"对话框中勾选"预览"复选框，拖动"缩放"滑块或直接输入值，将"缩放"更改为 120%，如图 12-45 所示，单击"确定"按钮。

编辑所选对象的画笔选项时，您只能看到一部分画笔选项。"描边选项（图案画笔）"对话框仅用于编辑所选路径的画笔属性，而不会更新画笔本身。

⑨ 选择"选择">"取消选择"，然后选择"文件">"存

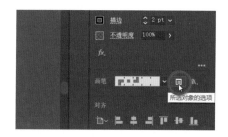

图 12-44

储"，保存文件。

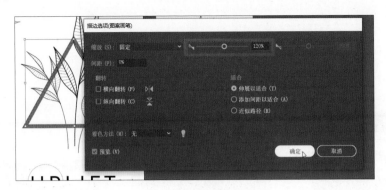

图 12-45

12.5.1 创建图案画笔

您可以通过多种方式创建图案画笔。例如，对于应用于直线的简单图案，您可以选择该图案的图稿，然后单击"画笔"面板底部的"新建画笔"按钮 🔳。

若要创建具有曲线和角部对象的更复杂的图案画笔，您可以在文档窗口中选择用于创建图案画笔的图稿，然后在"色板"面板中创建相应的图案色板，甚至可以令 Adobe Illustrator 自动生成图案画笔的角部。在 Adobe Illustrator 中，只有边线拼贴需要定义。Adobe Illustrator 会根据用于边线拼贴的图稿，自动生成 4 种不同类型的角部拼贴，并完美地适配角部。

本小节将为 UPLIFT 文本周围的装饰创建图案画笔，效果如图 12-46 所示。

❶ 在未选择任何内容的情况下，在"属性"面板的"画板"下拉列表中选择 2 选项，切换到第二个画板。

❷ 选择"选择工具" ▶，单击画板顶部的图稿，如图 12-47 所示。

将创建的图案
图 12-46

图 12-47

❸ 按 Command + + 组合键（macOS）或 Ctrl + + 组合键（Windows）几次，放大视图。

❹ 单击"画笔"面板中的面板菜单按钮 ☰，勾选"缩览图视图"复选框。

请注意，"画笔"面板中的图案画笔在"缩览图视图"中进行了分段，每段对应一个图案拼贴。

❺ 在"画笔"面板中，单击"新建画笔"按钮 🔳，如图 12-48(ａ)所示，创建图稿中的图案单元。

❻ 在"新建画笔"对话框中，选择"图案画笔"选项，单击"确定"按钮，如图 12-48(ｂ)所示。

无论是否选择了图稿，您都可以创建新的图案画笔。如果在未选择图稿的情况下创建图案画笔，您需要在稍后将图稿拖到"画笔"面板或在编辑画笔时从图案色板中选择图稿。

❼ 在弹出的"图案画笔选项"对话框中，将画笔命名为 Decoration。

图案画笔最多可以有 5 种拼贴：边线拼贴、起点拼贴、终点拼贴，再加上用于在路径上绘制锐角的外角拼贴和内角拼贴。

您可以在"图案画笔选项"对话框中的"间距"选项下看到这 5 种拼贴按钮，如图 12-49 所示。拼贴按钮允许您将不同的图稿应用于路径的不同部分。您可以单击拼贴按钮来定义所需拼贴，然后在弹出的下拉列表中选择自动生成选项（如果可用）或图案色板。

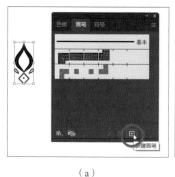
（a）

（b）

图 12-48

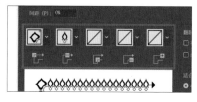

图 12-49

💡 提示　将鼠标指针移动到"图案画笔选项"对话框中的拼贴按钮上，就会出现提示说明拼贴类型。

⑧ 在"间距"选项下方，单击"边线拼贴"按钮（左起第二个拼贴按钮）。可以发现，除了"无"和其图案色板选项，最开始选择的"原始"图案色板也出现在列表中，如图 12-50 所示。

💡 提示　在创建图案画笔时，所选图稿默认将成为边线拼贴。

⑨ 单击"外角拼贴"按钮以显示下拉列表，如图 12-51 所示。您可能需要单击两次，第一次单击关闭上一个下拉列表，第二次单击打开这个下拉列表。

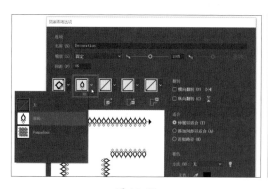

图 12-50

图 12-51

外角拼贴是由 Adobe Illustrator 根据原始图稿自动生成的。在下拉列表中，您可以从自动生成的 4 种类型的外角拼贴中进行选择。

- 自动居中：边线拼贴沿角部拉伸，并且在角部以单个拼贴副本为中心。
- 自动居间：边线拼贴副本一直延伸到角部，且角部每边各有一个副本，通过折叠消除的方式将副本拉伸成角部形状。
- 自动切片：将边线拼贴沿着对角线分割，再将切片拼接到一起，类似于木质相框的边角。

- 自动重叠：拼贴副本在角部重叠。

⑩ 从"外角拼贴"下拉列表中选择"自动居间"选项，这会生成路径的外角，且图案画笔会把选择的装饰图稿应用到该路径。

⑪ 单击"确定"按钮，Decoration 画笔会出现在"画笔"面板中，如图 12-52 所示。

⑫ 选择"选择">"取消选择"。

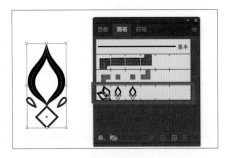

图 12-52

12.5.2　应用图案画笔

本小节将把 Decoration 图案画笔应用到第一个画板中心文本周围的圆形。正如您前面所了解到的，当使用绘图工具将画笔应用于图稿时，您需要先使用绘图工具绘制路径，然后再在"画笔"面板中选择画笔，将画笔应用于该路径。

❶ 在"属性"面板中的"画板"下拉列表中选择 1 选项，定位到第一个带有广告图稿的画板。

❷ 选择"选择工具"▶，单击 UPLIFT 中 UP 周围的圆形。

❸ 选择"视图">"放大"，重复操作几次，以放大视图。

❹ 选择路径后，在"画笔"面板中选择
Decoration 画笔，将其应用到圆形路径上，如
图 12-53 所示。

❺ 选择"选择">"取消选择"。

该路径是用 Decoration 画笔绘制的。由
于路径不包括尖角，因此并不会对路径应用外
角和内角拼贴。

图 12-53

12.5.3　编辑图案画笔

本小节将使用创建的图案色板来编辑 Decoration 图案画笔。

💡提示　有关创建图案色板的详细信息，请参阅"Illustrator 帮助"（选择"帮助">"Illustrator 帮助"）中的"关于图案"。

❶ 在"属性"面板中的"画板"下拉列表中选择 2 选项，以定位到第二个画板。

❷ 选择"选择工具"▶，单击画板顶部相同的装饰图稿。将描边颜色更改为浅绿色，如图 12-54
所示。按 Esc 键隐藏"色板"面板。

❸ 在"画笔"面板组中切换到"色板"面板。

❹ 将装饰图稿拖入"色板"面板，如图 12-55（a）所示。

图稿将在"色板"面板中存储为新的图案色板，如图 12-55（b）所示。创建了图案色板后，如
果您不打算将图案色板用于其他图稿，也可以在"色板"面板中将其删除。

❺ 选择"选择">"取消选择"。

❻ 在"属性"面板的"画板"下拉列表中选择 1 选项，以定位到第一个带有主场景图稿的画板。

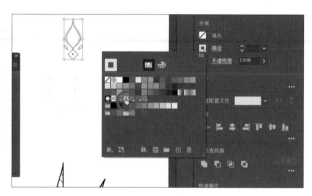

图 12-54

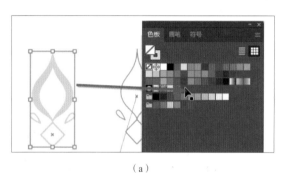

（a）

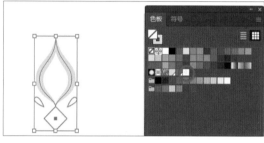

（b）

图 12-55

⑦ 切换到"画笔"面板，双击 Decoration 图案画笔打开"图案画笔选项"对话框，如图 12-56 所示。

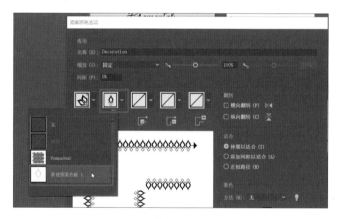

图 12-56

💡 提示 您还可以在按住 Option 键（macOS）或 Alt 键（Windows）的同时按住鼠标左键将图稿从画板拖到要在"画笔"面板中更改的图案画笔拼贴上，以更改图案画笔中的图案拼贴。

⑧ 单击"边线拼贴"按钮，在下拉列表中选择名为"新建图案色板 1"的图案色板，如图 12-56 所示，该图案色板是您刚刚创建的。

⑨ 将"缩放"更改为 50%，如图 12-57 所示，单击"确定"按钮。

⑩ 在弹出的对话框中，单击"应用于描边"按钮，以更新 Decoration 图案画笔和圆形上的图案

画笔效果，如图 12-58 所示。

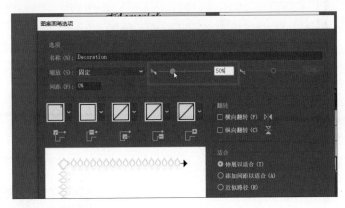

图 12-57

⑪ 选择"选择工具" ▶，选择应用了"几何图形 17"图案画笔的三角形。您可能需要放大视图。

⑫ 在"画笔"面板中选择 Decoration 画笔以应用它，如图 12-59 所示。

图 12-58

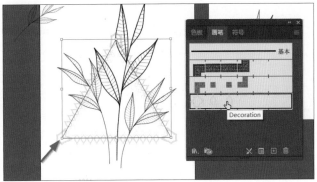

图 12-59

请注意，该三角形中出现了角（图 12-59 红色箭头所示为其中之一）。此时路径由 Decoration 图案画笔的边线拼贴和外角拼贴绘制。

⑬ 单击"几何图形 17"图案画笔以再次应用它。

⑭ 选择"选择">"取消选择"，然后选择"文件">"存储"，保存文件。

12.6 使用毛刷画笔

毛刷画笔允许您创建有实际毛刷绘制效果的描边。您使用毛刷画笔绘制的是带有毛刷画笔效果的矢量路径，如图 12-60 所示。

本节将先修改毛刷画笔的选项以调整其在图稿中的外观，然后使用"画笔工具" ✐ 和毛刷画笔进行绘制。

> 💡 **注意** 要了解更多关于"毛刷画笔选项"对话框及其设置的信息，请在"Illustrator 帮助"（选择"帮助">"Illustrator 帮助"）中搜索"使用毛刷画笔"。

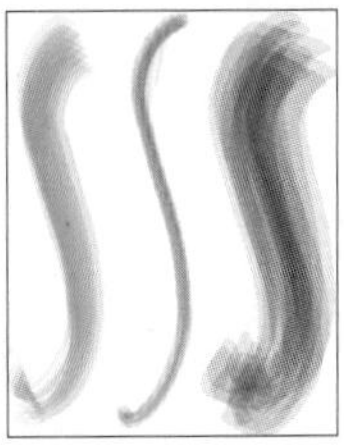

图 12-60

12.6.1　更改毛刷画笔选项

您可以在将画笔应用于图稿之前或之后，通过在"画笔选项"对话框中调整其设置来更改画笔的外观。对于毛刷画笔，通常是在绘画前就调整好画笔设置，因为更新毛刷画笔描边可能需要较长时间。

❶ 在"画笔"面板中，单击面板菜单按钮▤，勾选"显示毛刷画笔"复选框，然后取消勾选"显示图案画笔"复选框，然后勾选"列表视图"复选框。

> 💡提示　Adobe Illustrator 附带一系列默认的毛刷画笔，可单击"画笔"面板底部的"画笔库菜单"按钮▥，然后选择"毛刷画笔">"毛刷画笔库"进行查看。

❷ 在"画笔"面板中，双击默认的 Mop 画笔的缩略图或名称右侧以更改该画笔的设置。在"毛刷画笔选项"对话框中，进行图 12-61 所示的更改。

- 形状：团扇。
- 大小：10mm（画笔大小指的是画笔的直径）。
- 毛刷长度：150%（这是默认设置，毛刷长度是从刷毛与手柄相接的地方开始算的）。
- 毛刷密度：33%（这是默认设置，毛刷密度是刷颈指定区域的刷毛数量）。
- 毛刷粗细：70%（刷毛粗细从细到粗可以设置为 1% ~ 100% 的值）。
- 上色不透明度：75%。（这是默认设置，使用此选项可以设置所使用的颜料的不透明度）。
- 硬度：50%。（这是默认设置，硬度是指刷毛的软硬程度）。

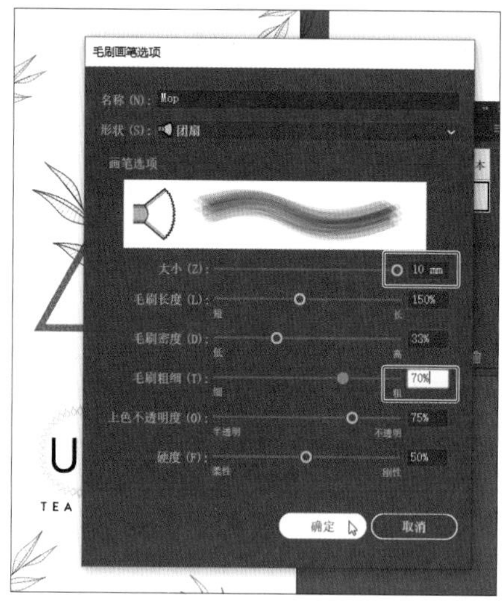

图 12-61

❸ 单击"确定"按钮。

12.6.2　使用毛刷画笔绘制

本小节将使用 Mop 画笔在图稿后面绘制一些笔触，为广告的背景添加一些纹理。使用毛刷画笔可以绘制生动、流畅的路径。

❶ 选择"视图">"画板适合窗口大小"。

❷ 选择"选择工具"▶，单击 UPLIFT 文本。

这将选择文本对象所在的图层，以便您绘制的任何图稿都位于同一图层上。UPLIFT 文本对象位于画板上大多数其他图稿下方的图层上。

❸ 选择"选择">"取消选择"。

❹ 在工具栏中选择"画笔工具"✐，如果尚未选择 Mop 画笔，请在"属性"面板中的"画笔"下拉菜单中选择该画笔，如图 12-62 所示。

> 💡提示　您也可以在"画笔"面板（如果它已打开）中选择画笔。

图 12-62

❺ 确保"属性"面板中的"填色"为"无"，并且描边颜色为与 Decoration 画笔相同的浅绿色。

按 Esc 键隐藏"色板"面板。

⑥ 在"属性"面板中将描边粗细更改为 5 pt。

⑦ 将鼠标指针移动到页面中间的三角形右侧，按住鼠标左键稍微向左下方拖动，穿过画板，然后再次向右拖动，如图 12-63 所示。当到达要绘制的路径的末端时，松开鼠标左键。

⑧ 使用 Mop 毛刷画笔在画板周围绘制更多路径，为广告图稿添加纹理。

图 12-64 中玫红色路径展示了为广告图稿添加的另外两条路径的位置。

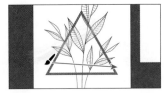

图 12-63

图 12-64

12.6.3 对毛刷画笔路径进行编组

本小节将对使用 Mop 毛刷画笔绘制的路径进行编组，以便以后更轻松地选择它们。

① 选择"视图">"轮廓"，查看刚刚创建的所有路径。

接下来将选择您绘制的所有毛刷画笔路径并将它们编组在一起。

② 选择"选择">"对象">"毛刷画笔描边"以选择使用 Mop 毛刷画笔创建的所有路径。在图 12-65 中，玫红色路径显示了路径所在的位置。

③ 单击"属性"面板中的"编组"按钮，将它们组合在一起。

④ 选择"视图">"预览"（或"GPU 预览"）。

⑤ 选择"选择">"取消选择"，然后选择"文件">"存储"，保存文件。

图 12-65

12.7 使用"斑点画笔工具"

您可以使用"斑点画笔工具" 来绘制有填色的形状，并可将其与其他同色形状相交或合并。您可以像应用"画笔工具" 那样，使用"斑点画笔工具" 进行艺术创作。但是，"画笔工具" 允许您创建开放路径，而"斑点画笔工具" 只允许您创建只有填色（无描边）的闭合形状。另外，您可以使用"橡皮擦工具" 或"斑点画笔工具" 编辑该闭合形状，但不能使用"斑点画笔工具" 编辑具有描边的形状，如图 12-66 所示。

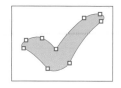

使用"画笔工具" ✔ 创建的形状　　　　使用"斑点画笔工具" ✏ 创建的形状

图 12-66

12.7.1 使用"斑点画笔工具"绘图

本小节将使用"斑点画笔工具" ✏ 为叶子形状添加颜色。

① 选择"选择工具" ▶，单击画板中心（三角形上方）最大的一束叶子。

② 按 Command + + 组合键（macOS）或 Ctrl + + 组合键（Windows）几次，放大视图。

③ 单击画板的空白区域取消选择。

④ 在"画笔工具" ✔ 上按住鼠标左键，然后选择"斑点画笔工具" ✏ 。

与"画笔工具" ✔ 一样，您也可以双击"斑点画笔工具" ✏ 来设置其选项。在本例中，您将按原样使用它，所以只需调整画笔大小。

⑤ 在"画笔"面板组中切换到"色板"面板。选择"填色"框以编辑填充颜色，然后选择浅绿色色板。

单击"描边"框，选择"无"色板以删除描边，如图 12-67 所示。

使用"斑点画笔工具" ✏ 绘图时，如果在绘图前设置了填色和描边，则描边颜色将成为绘制的形状的填充颜色；如果在绘图之前只设置了填色，该填色将成为绘制的形状的填充颜色。

⑥ 将鼠标指针移动到画板中心最大的一束叶子附近，如图 12-68 所示。为了更改画笔大小，请多次按右方括号键（] ）以增大画笔。

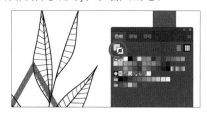

图 12-67

图 12-68

请注意，鼠标指针中有一个圆圈，该圆圈表示画笔的大小。按左方括号键（ [）将使画笔尺寸变小。

⑦ 在叶子形状的外侧拖动以松散地绘制叶子形状，如图 12-69 所示。

使用"斑点画笔工具" ✏ 绘制时，将创建有填色的、闭合的形状。这些形状可以包含多种类型的填充，包括渐变、纯色、图案等。

⑧ 选择"选择工具" ▶ 并单击刚刚绘制的图稿，如图 12-70 所示。请注意，它是一个填充形状，而不是带有描边的路径。

⑨ 单击画板的空白区域以取消选择，然后再次选择工具栏中的"斑点画笔工具" ✏ 。

⑩ 按住鼠标左键拖动以填充图 12-70 所示的形状，您可能需要为其添加更多内容，如图 12-71 所示。

只要新图稿与现有图稿重叠并且具有相同的描边和填色，它们就会合并为一个形状。如果需要，请尝试按照相同的步骤为其他叶子形状添加更多形状。

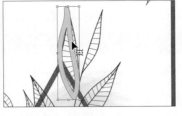

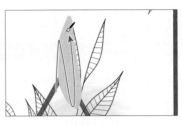

| 图 12-69 | 图 12-70 | 图 12-71 |

12.7.2 使用"橡皮擦工具"编辑

当您使用"斑点画笔工具" 绘制和合并形状时，可能会出现一些您不需要的多余内容。您可以将"橡皮擦工具" 与"斑点画笔工具" 结合使用，以调整形状，并纠正一些不理想的操作。

> **提示** 当您使用"斑点画笔工具" 和"橡皮擦工具" 进行绘制时，建议您一次拖动较短的距离并经常松开鼠标左键。这样方便撤销所做的编辑。如果您在不松开鼠标左键的情况下进行长距离绘制，撤销时将删除全部编辑效果。

❶ 选择"选择工具" ，单击 12.7.1 小节制作的绿色形状。

❷ 单击"属性"面板中的"排列"按钮，选择"置于底层"命令，将该形状放置在应用了"Tea Leaves_ 副本"画笔的路径后面。

在擦除之前选择形状会将"橡皮擦工具" 限制为仅擦除所选形状模式。与"画笔工具" 或"斑点画笔工具" 一样，您也可以双击"橡皮擦工具" 来设置其选项。本例将按原样使用它，所以只需调整其大小。

❸ 在工具栏中选择"橡皮擦工具" ，将鼠标指针移动到制作的绿色形状附近，按右方括号键 ( ]) 橡皮擦增大。

使用"斑点画笔工具" 和"橡皮擦工具" 时，鼠标指针上都会带有圆圈，这个圆圈表示画笔和橡皮擦的大小。

❹ 将鼠标指针移出绿色形状的左上角，选择"橡皮擦工具" ，按住鼠标左键沿形状边缘拖动以删除其中的一些形状，尝试在"斑点画笔工具" 和"橡皮擦工具" 之间切换以编辑形状，如图 12-72 所示。

❺ 选择"选择" > "取消选择"，然后选择"视图" > "画板适合窗口大小"。

在图 12-73 中，可以看到添加了更多使用"斑点画笔工具" 和"橡皮擦工具" 创建的绿色形状，您可以据此进行一些练习。

图 12-72

图 12-73

❻ 选择"文件" > "存储"，然后关闭所有打开的文件。

1. 使用"画笔工具" ✎将画笔应用于图稿和使用某种绘图工具将画笔应用于图稿有什么区别?

2. 如何将艺术画笔中的图稿应用于对象?

3. 如何编辑使用"画笔工具" ✎绘制的路径?"保持选定"复选框是如何影响"画笔工具" ✎的?

4. 在创建哪些类型的画笔时必须在先画板上选中图稿?

5. "斑点画笔工具" ✍有什么作用?

6. 使用"橡皮擦工具" ◆时,如何确保仅删除某些图稿?

参考答案

1. 使用"画笔工具" ✎进行绘制时,如果先在"画笔"面板中选择了某种画笔,然后在画板上进行绘制,则画笔将直接应用于所绘制的路径。若要使用绘图工具来应用画笔,就要先选择绘图工具并在图稿中绘制路径,然后选择该路径并在"画笔"面板中选择某种画笔,才能将其应用于选择的路径。

2. 艺术画笔是由图稿(矢量图或嵌入的栅格图像)创建的。将艺术画笔应用于对象的描边时,艺术画笔中的图稿默认会沿着所选对象的描边进行拉伸。

3. 要使用"画笔工具" ✎编辑绘制的路径,请按住鼠标左键在选定路径上拖动,重绘该路径。使用"画笔工具" ✎绘图时,勾选"保持选定"复选框将保持最后绘制的路径为选中状态。如果要便捷地编辑之前绘制的路径,请勾选"保持选定"复选框。如果要使用"画笔工具" ✎绘制重叠路径而不修改之前的路径,请取消勾选"保持选定"复选框。取消勾选"保持选定"复选框后,可以使用"选择工具" ▶选择路径,然后对其进行编辑。

4. 对于艺术画笔以及散点画笔,您在创建时需要先选中图稿,再使用"画笔"面板中的"新建画笔"按钮 ⊞来创建画笔。

5. 使用"斑点画笔工具" ✍可以编辑带填色的形状,使其与具有相同颜色的其他形状相交或合并,也可以从头开始创建图稿。

6. 使用"橡皮擦工具" ◆时,为了确保仅删除某些图稿,需要先将图稿选中,再在工具栏中选择"橡皮擦工具" ◆对图稿进行修改。

效果和图形样式的创意应用

本课概览

在本课中，您将学习以下内容。

- 使用"外观"面板。
- 编辑和应用外观属性。
- 对外观属性重新排序。
- 应用和编辑各种效果。

- 将外观保存为图形样式。
- 将图形样式应用于图层。
- 缩放描边和效果。

学习本课大约需要 **60**分钟

　　在不改变对象结构的情况下，您可以通过简单应用"外观"面板中的属性（如填色、描边和效果等）来更改对象的外观。效果本身是实时的，您可以随时对其进行修改或将其删除。另外，您可以将外观属性保存为图形样式，并将它们应用于其他对象。

13.1 开始本课

本课将使用"外观"面板、各种效果和图形样式来更改图稿的外观。在开始之前，您需要还原 Adobe Illustrator 的默认首选项，然后打开一个包含最终图稿的文件，查看要创建的内容。

① 为了确保工具的功能和默认值完全如本课所述，请删除或停用（通过重命名）Adobe Illustrator 首选项文件。具体操作请参阅本书"前言"中的"还原默认首选项"部分。

② 启动 Adobe Illustrator。

③ 选择"文件">"打开"，打开 Lessons>Lesson13>L13_end.ai 文件。

该文件显示了生日贺卡的最终效果。

④ 在可能弹出的"缺少字体"对话框中，勾选所有缺少的字体对应的复选框并单击"激活字体"按钮以激活所有缺少的字体，如图 13-1 所示。激活它们后，您会看到一条消息提示不再缺少字体，单击"关闭"按钮。

> 💡 **注意** 您需要连接互联网才能激活字体。

如果无法激活字体，您可以访问 Adobe Creative Cloud 桌面应用程序，然后单击右上方的"字体"按钮ƒ，查看可能存在的问题（有关如何解决此问题的更多信息，请参阅 9.3.1 小节）。

您也可以在"缺少字体"对话框中单击"关闭"按钮，然后在后续操作中忽略缺少的字体。

您还可以单击"缺少字体"对话框中的"查找字体"按钮，然后使用计算机上的本地字体替代缺少的字体，或者在"Illustrator 帮助"（选择"帮助">"Illustrator 帮助"）中搜索"查找缺少的字体"。

⑤ 如果弹出字体自动激活的对话框，请单击"跳过"按钮。

⑥ 选择"视图">"画板适合窗口大小"，使文件保持打开状态作为参考，或选择"文件">"关闭"将其关闭。

下面您将打开一个现有图稿文件并开始工作。

⑦ 选择"文件">"打开"。在"打开"对话框中，定位到 Lessons>Lesson13 文件夹，选择 L13_start.ai 文件，单击"打开"按钮，效果如图 13-2 所示。

图 13-1

图 13-2

L13_start.ai 文件使用了与 L13_end.ai 文件相同的字体。如果您已经激活了字体，则无须再执行此操作。如果您没有打开 L13_end.ai 文件，则此步骤中很可能会出现"缺少字体"对话框。

单击"激活字体"按钮以激活所有缺少的字体。激活它们后，您会看到消息提示"已成功激活字体"，单击"关闭"按钮。

⑧ 选择"文件"＞"存储为"，如果弹出云文档对话框，则单击"保存在您的计算机上"按钮。

⑨ 在"存储为"对话框中，将文件命名为 ArtShow，选择 Lesson13 文件夹，从"格式"下拉列表中选择 Adobe Illustrator(ai)选项(macOS)或从"保存类型"下拉列表中选择 Adobe Illustrator(*.AI)选项（Windows），单击"保存"按钮。

⑩ 在"Illustrator 选项"对话框中，保持默认设置，单击"确定"按钮。

⑪ 选择"窗口"＞"工作区"＞"重置基本功能"，以重置工作区。

> 💡 注意　如果在"工作区"菜单中没有看到"重置基本功能"命令，请在选择"窗口"＞"工作区"＞"重置基本功能"之前，选择"窗口"＞"工作区"＞"基本功能"。

⑫ 选择"视图"＞"画板适合窗口大小"。

13.2　使用"外观"面板

外观属性是一种美学属性（如填色、描边、不透明度或效果），它会影响对象的外观，但通常不会影响其基本结构。到目前为止，您一直在"属性"面板、"色板"面板等面板中更改对象的外观属性。这些外观属性在所选图稿的"外观"面板中也可以找到。本节将重点使用"外观"面板来应用和编辑对象的外观属性。

下面您将编辑蛋糕架的颜色填充，然后在其顶部添加另一个填色以使其具有更大的尺寸。

① 选择"选择工具"▶，单击蛋糕架的黑色底座图形。

② 在"属性"面板的"外观"选项组中单击"打开'外观'面板"按钮 •••，打开"外观"面板，如图 13-3 所示。

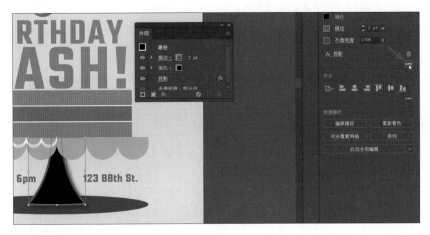

图 13-3

提示 您也可以选择"窗口">"外观"打开"外观"面板。

提示 您可能需要向下拖动"外观"面板的底边，使面板变长。

"外观"面板（选择"窗口">"外观"）显示了所选对象的类型（本例为路径）以及应用于该内容的外观属性（描边、填色等）。"外观"面板中可用的不同选项如图 13-4 所示。

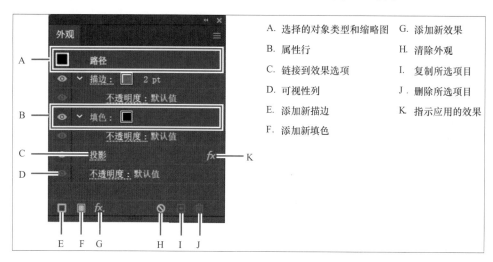

A. 选择的对象类型和缩略图　　G. 添加新效果

B. 属性行　　　　　　　　　　H. 清除外观

C. 链接到效果选项　　　　　　I. 复制所选项目

D. 可视性列　　　　　　　　　J. 删除所选项目

E. 添加新描边　　　　　　　　K. 指示应用的效果

F. 添加新填色

图 13-4

"外观"面板（选择"窗口">"外观"）可用于查看和调整所选对象、组或图层的外观属性。对象的"填色"和"描边"按堆叠顺序列出：它们在面板中从上到下的排列顺序对应了它们在图稿中从前到后的显示顺序。应用于图稿的效果按照它们的应用顺序在面板中列出。使用外观属性的优点是，在不影响底层图稿或"外观"面板中应用于对象的其他属性的情况下，可以随时修改或删除外观属性。

13.2.1　编辑外观属性

本小节将使用"外观"面板更改图稿的外观。

① 选择蛋糕架的底座图形后，在"外观"面板中，根据需要多次单击"填色"属性行中的黑色"填色"框，直到弹出"色板"面板，选择名为 Aqua 的色板，如图 13-5 所示。

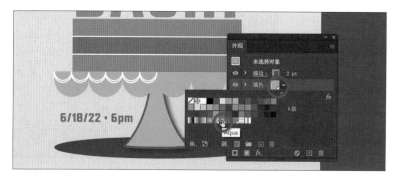

图 13-5

❷ 按 Esc 键隐藏"色板"面板。

❸ 单击"描边"属性行中的 2 pt 字样以显示描边粗细选项。将描边粗细更改为 0 pt 以移除描边，如图 13-6 所示。

到目前为止，您所做的更改都可以在"属性"面板中完成。现在，您将学习"外观"面板独有的内容：隐藏效果（不是删除效果）。

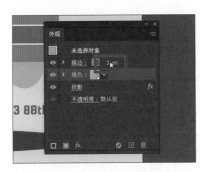

图 13-6

❹ 单击"外观"面板中"投影"左侧的眼睛👁，如图 13-7 所示。这里可能需要向下拖动"外观"面板的底边，使面板变长。

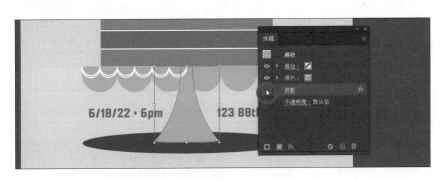

图 13-7

"投影"效果会暂时被隐藏，不可见。

❺ 选择"投影"效果（单击"投影"的右侧），单击面板底部的"删除所选项目"按钮🗑，将"投影"效果完全删除，而不仅是使其不可见，如图 13-8 所示。保持蛋糕架底座图形的选中状态。

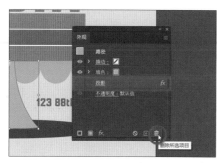

图 13-8

13.2.2　为内容添加新填色

Adobe Illustrator 中的图稿和文本可以应用多个描边和填色。应用多个描边和填色可能是增加作品受众对诸如形状和路径之类的设计元素的兴趣的好方法，而为文本添加多个描边和填色则可能是为文本添加流行元素的好方法。

接下来将为蛋糕架底座添加另一个填色，以在颜色上添加纹理。

❶ 在蛋糕架的底座图形处于选中状态的情况下，单击"外观"面板底部的"添加新填色"按钮 ▣，如图 13-9 所示。

第二个"填色"属性行将添加到"外观"面板中。默认情况下，新的属性行会直接添加到所选属性行之上。如果没有选择属性行，则它会被添加到"外观"面板属性列表的顶部。

❷ 单击底部"填色"属性行中的"填色"框几次，直到弹出"色板"面板。选择名为 6 lpi 10% 的图案色板，将其应用于原来形状的填色，如图 13-10 所示。

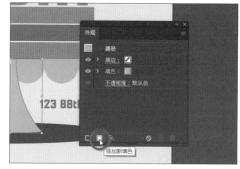

图 13-9

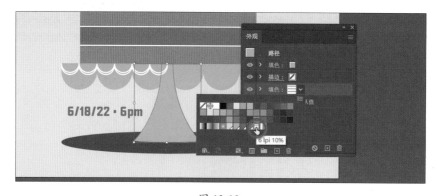

图 13-10

❸ 按 Esc 键隐藏"色板"面板。

此时，图案不会显示在所选图稿中，因为它被第 1 步中添加的填色覆盖了。

❹ 单击顶部湖绿色"填色"属性行左侧的眼睛图标 ◉，将其隐藏，如图 13-11 所示。

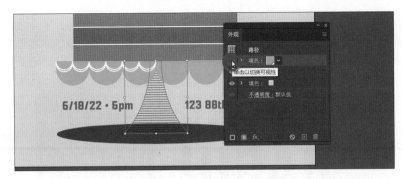

图 13-11

现在，您就会看到填充在形状中的图案了。13.2.4 小节将对"外观"面板中的属性行进行重新排序，使图案填充层位于颜色填充层的上层。

⑤ 单击顶部"填色"属性行左侧的眼睛图标位置以再次显示它。

⑥ 选择"选择">"取消选择"，然后选择"文件">"存储"，保存文件。

13.2.3　为文本添加多个描边和填色

除了给图稿添加多个描边和填色之外，您还可以对文本执行同样的操作。使文本保持可编辑状态，您就可以对其应用多种效果来获得所需的外观。现在，您将为 BIRTHDAY BASH！文本添加几个描边和填色使其更醒目。

① 选择"文字工具"T，选择文本 BIRTHDAY BASH！，如图 13-12 所示。

图 13-12

请注意，此时在"外观"面板的顶部出现的"文字：无外观"是指文本对象，而不是其中的文本。您还将看到"字符"选项组，其中列出了文本（而不是文本对象）的格式，您应该会看到"描边"（无）和"填色"（粉红色）。

另请注意，由于面板底部的"添加新描边"按钮▣和"添加新填色"按钮▣变暗，因此您无法为文本添加其他描边或填色。若要为文本添加新的描边或填色，您需要选择文本对象，而不是其中的文本。

② 选择"选择工具"▶，单击文本对象（而不是文本）。

💡提示　您还可以单击"外观"面板顶部的"文字：无外观"，选择文本对象（而不是其中的文本）。

③ 单击"外观"面板底部的"添加新填色"按钮▣，"字符"选项组上方会出现"填色"属性行，如图 13-13 所示。

当您将填色应用于文本对象时，也会应用无色描边，您不必管它。

新的黑色填色将覆盖文本的原始粉红色填色。如果在"外观"面板中双击"字符"文本，将选中文本并查看其格式选项（如填色、描边等）。

图 13-13

④ 单击"填色"属性行将其选中（如果尚未被选中的话）。单击黑色的"填色"框，然后选择名为 0 to 50% Dot Gradation 的图案色板，如图 13-14 所示。

图 13-14

💡 注意　0 to 50% Dot Gradation 色板并不是新创建的。默认情况下，该色板可以在 Adobe Illustrator 中（选择"窗口"＞"色板库"＞"图案"＞"基本图形"＞"基本 Graphics_Dots"）找到。

⑤ 按 Esc 键隐藏"色板"面板。

⑥ 如有必要，单击"填色"左侧的折叠按钮 🔽 以显示其他属性。单击"不透明度"文本，打开"透明度"面板，将"不透明度"更改为 40%，如图 13-15 所示。

图 13-15

每个属性行（如描边、填充）都有对应的不透明度设置，您可以对其进行调整。"外观"面板底部的"不透明度"属性行会影响整个所选对象的不透明度。接下来您将使用"外观"面板为文本添加两个描边，这是用单个对象实现独特设计效果的另一种好方法。

❼ 在"外观"面板中单击"描边"框☑几次以打开"色板"面板。选择白色色板，如图13-16所示。

图 13-16

❽ 确保描边粗细为 1 pt。

❾ 单击"外观"面板底部的"添加新描边"按钮▣，如图13-17所示。

图 13-17

现在将第二个描边（原来描边的副本）添加到文本中。这是一种增加设计趣味的好方法，使用这种方法无须复制形状，而是通过将它们相互叠加来添加多个描边。

❿ 选择新的"描边"属性行，为其应用 Orange 色板，如图13-18所示。

图 13-18

⓫ 确保描边粗细为 1 pt。

⓬ 在同一属性行中单击"描边"一词以打开"描边"面板，在面板的"边角"栏单击"圆角连接"按钮▣，将描边的边角稍微圆化，如图13-19所示。按 Enter 键确认更改并隐藏"描边"面板。使文

字对象保持选中状态。

图 13-19

与"属性"面板一样，单击"外观"面板中带下画线的文本会显示更多格式选项，通常是"色板"面板或"描边"面板之类的面板。外观属性行（如"填色"或"描边"）中通常具有其他附加选项，例如"不透明度"，仅作用于该属性的效果。这些附加选项在属性行下以子集形式列出，您可以通过单击属性行左端的折叠按钮 来显示或隐藏附加选项。

13.2.4　调整外观属性行的排列顺序

外观属性行的排列顺序可以极大地改变图稿的外观。在"外观"面板中，"填色"和"描边"按它们的堆叠顺序列出，即它们在面板中从上到下的排列顺序对应了它们在图稿中从前到后的显示顺序。类似于在"图层"面板中拖动图层来排序，您也可以在"外观"面板中拖动各属性行来对属性行

重新排序。本小节将通过在"外观"面板中调整属性行的排列顺序来更改图稿的外观。

① 在文本仍处于选中状态的情况下，按 Command + + 组合键（macOS）或 Ctrl + + 组合键（Windows）几次，放大视图。

② 在"外观"面板中，单击白色"描边"属性行左侧的眼睛图标 以将其暂时隐藏，如图 13-20 所示。您还可以单击所有"描边"和"填色"属性行左侧的折叠按钮 ，隐藏相应的"不透明度"选项。

图 13-20

💡 注意　您可以拖动"外观"面板的底部，使面板变长。

③ 按住鼠标左键，将"外观"面板中的橙色"描边"属性行向下拖动到"字符"文本的下方。当"字符"文本的下方出现一条蓝色线时，松开鼠标左键以查看结果，如图 13-21 所示。

橙色描边现在位于所有填色和白色描边的下层。"字符"表示文本（不是文本对象）的描边和填色（粉红色）在堆叠顺序中的位置。

④ 单击白色"描边"属性行左侧的眼睛图标位置，再次显示白色描边效果。

⑤ 选择"选择工具" ，单击之前编辑的蛋糕架底座图形。

图 13-21

⑥ 在"外观"面板中，按住鼠标左键将湖绿色"填色"属性行向下拖动到图案"填色"属性行下方，如图 13-22 所示，松开鼠标左键。

将湖绿色"填色"属性行移动到图案"填色"属性行下方会更改图稿的外观。现在，图案填色位于纯色填色的上层，如图 13-23 所示。

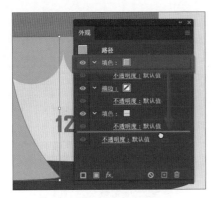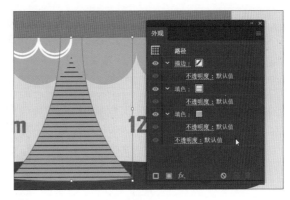

图 13-22   图 13-23

⑦ 选择"选择">"取消选择"，然后选择"文件">"存储"，保存文件。

13.3 应用实时效果

> 💡 **注意** 应用栅格效果时，使用文档的栅格效果设置会对原始矢量图进行栅格化，这些设置决定了生成图像的分辨率。若要了解文档的栅格效果设置，可在"Illustrator 帮助"中搜索"文档栅格效果设置"。

在大多数情况下，效果会在不改变底层图稿的情况下修改对象的外观。效果将添加到对象的外观属性中，您可以随时在"外观"面板中编辑、移动、隐藏、删除或复制相关效果。应用了"投影"效果的图稿如图 13-24 所示。

Adobe Illustrator 中有两种类型的效果：矢量效果和栅格效果。在 Adobe Illustrator 中，您可以在"效果"菜单中查看不同类型的可用效果。

应用了"投影"效果的图稿
图 13-24

- 矢量效果（Illustrator 效果）："效果"菜单的上半部分为矢量效果，您可以在"外观"面板中将绝大多数矢量效果应用于矢量对象或矢量对象的填色或描边。而有的矢量效果还可以同时应用于矢量对象和位图对象，如 3D 效果、SVG 滤镜、变形效果、转换效果、阴影、羽化、内发光和外发光。
- 栅格效果（Photoshop 效果）："效果"菜单的下半部分为栅格效果，您可以将它们应用于矢量对象或位图对象。

本节将介绍如何应用和编辑效果，然后介绍 Adobe Illustrator 中的一些常用效果，并讲解可用效果的应用范围。

13.3.1 应用效果

通过"属性"面板、"效果"菜单和"外观"面板，您可以将效果应用于对象、组或图层。本小节将对画笔手柄应用"投影"效果并使其更加透明。

① 选择"视图">"画板适合窗口大小"。

② 选择"选择工具"▶，单击蛋糕架底座图形上方的湖绿色扇贝形状，在按住 Shift 键的同时单击蛋糕架底座图形。

③ 单击"属性"面板中的"编组"按钮，对所选对象进行编组。

④ 单击"外观"面板底部的"添加新效果"按钮 fx，或单击"属性"面板中"外观"选项组中的"选取效果"按钮 fx。在弹出的菜单的"Illustrator 效果"下选择"风格化">"投影"，如图 13-25 所示。

图 13-25

⑤ 在弹出的"投影"对话框中，勾选"预览"复选框，并更改以下选项，如图 13-26 所示。

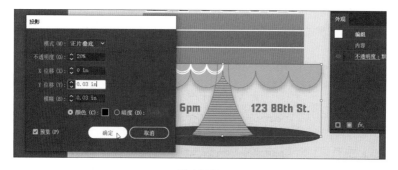

图 13-26

- 模式：正片叠底（默认设置）。

- 不透明度：20%。
- X 位移：0 in。
- Y 位移：0.03 in。
- 模糊：0.03 in。
- "颜色"选项：选择。

⑥ 单击"确定"按钮。

因为"投影"效果被应用于组，所以它会出现在组的周边，而不是单独出现在组中的每个对象上。如果您现在查看"外观"面板，您将在面板中看到"编组"文本及应用的"投影"效果，如图 13-27 所示。面板中的"内容"是指组中的内容。组中的每个对象都可以有自己的外观属性。

图 13-27

⑦ 选择"文件" > "存储"，保存文件。

13.3.2　编辑效果

效果是实时的，因此您可以在将效果应用于对象后对其进行编辑。您可以在"属性"面板或"外观"面板中编辑效果，方法是选择应用了效果的对象，然后单击效果的名称，或者在"外观"面板中双击效果，打开对应效果的对话框进行编辑。对效果所做的修改将在插图中实时更新。本小节将对扭曲的文本 BIRTHDAY BASH! 应用"阴影"效果，并且该效果只应用到其中一个描边上，而不是整个对象。

① 单击文本 BIRTHDAY BASH!。

② 在"外观"面板中，选择白色的"描边"属性行，以便将效果仅应用于该外观属性。

③ 选择"效果" > "应用'阴影'"。如果需要，请单击白色"描边"属性行中"描边"文本左侧的折叠按钮以查看"投影"选项，如图 13-28 所示。

💡 提示　如果选择"效果" > "投影"，则会弹出"投影"对话框，允许您在应用效果之前进行更改。

图 13-28

"应用'阴影'"命令会以相同的设置应用上次使用的效果。

④ 在"外观"面板中，单击白色"描边"属性行下方的"投影"一词以编辑效果选项，如图 13-29 所示。

⑤ 在"投影"对话框中，勾选"预览"复选框以预览效果，将"不透明度"更改为 40%，将"X 位移"和"Y 位移"改为 0.01 in，将"模糊"改为 0.02 in，单击"确定"按钮，如图 13-30 所示。保持文本对象处于选中状态。

图 13-29

图 13-30

13.3.3　使用变形效果风格化文本

Adobe Illustrator 中有许多效果可以应用于文本，例如第 9 课中的文本变形。本小节将使用"变形"效果来变形文本。第 9 课中应用的文本变形与本小节使用的"变形"效果之间的区别在于，"变形"效果只是一种效果，可以轻松打开、关闭、编辑或删除。本小节将使用"变形"效果来扭曲 BIRTHDAY BASH！文本。

① 在"外观"面板中，单击面板顶部的"文字"文本。

单击"文字"一词将以文字为目标，而不仅仅是描边。

② 在文本处于选中状态的情况下，在"属性"面板的"外观"选项组中单击"选取效果"按钮 fx。在菜单中选择"变形">"上升"，如图 13-31 所示。

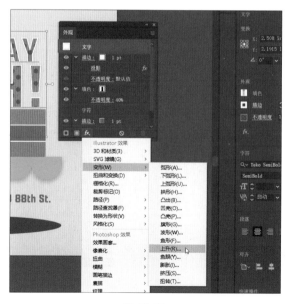

图 13-31

这是将效果应用于内容的另一种方法，如果打开了"外观"面板，该方法会很方便。

❸ 在弹出的"变形选项"对话框中，勾选"预览"复选框以预览效果。

尝试在"样式"下拉列表中选择其他样式并查看效果，然后选择"上弧形"选项，将"弯曲"设置为 15%。

❹ 尝试调整"水平"和"垂直"扭曲滑块并查看效果变化，最终确保两个扭曲值为 0%，然后单击"确定"按钮，如图 13-32 所示。保持文本对象处于选中状态。

图 13-32

13.3.4 临时禁用效果进行文本编辑

您可以在应用了"变形"效果的情况下编辑文本，但是有时关闭效果更容易对文本进行编辑，待编辑完文本之后重新打开效果即可。

❶ 选择文本对象，单击"外观"面板中"变形：上弧形"效果左侧的眼睛图标 👁，暂时关闭效果，如图 13-33 所示。

图 13-33

请注意，画板上的文本不再变形。

❷ 在工具栏中选择"文字工具" T，将文本更改为 BIRTHDAY PARTY，如图 13-34 所示。

❸ 在工具栏中选择"选择工具"▶，单击文本对象，而不是文本。

❹ 单击"外观"面板中"变形：上弧形"效果左侧的眼睛图标位置，以打开效果。

此时文本会再次变形，但由于文本已更改，因此文本所需要的变形量可能要进行调整。

❺ 在"外观"面板中，单击"变形：上弧形"以编辑效果。在"变形选项"对话框中，将"弯曲"更改为 30%，单击"确定"按钮，如图 13-35 所示。

您可能需要将文本向下拖到蛋糕图形上方。

图 13-34

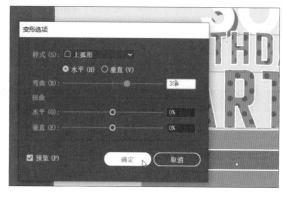

图 13-35

❻ 选择"选择">"取消选择"，然后选择"文件">"存储"，保存文件。

13.3.5　应用其他效果

本小节将应用一些其他效果来完成图稿的各个部分。您可以将多个效果应用于相同的对象以获得想要的外观。

❶ 选择"选择工具"▶，框选生日蜡烛（30）及火焰图形，将它们向上拖动，使它们位于 BIRTHDAY PARTY 文本的上方，如图 13-36 所示。

❷ 选择"选择">"取消选择"。

❸ 单击蛋糕图形顶部的生日蜡烛 3。

❹ 将"外观"面板中的黄色描边更改为粉红色，使其更明显，如图 13-37 所示。

图 13-36

图 13-37

❺ 选择"描边"属性行后，在"外观"面板底部单击"添加新效果"按钮 *fx*，然后选择"路径">"偏移路径"，仅将其应用于粉红色描边，如图 13-38 所示。

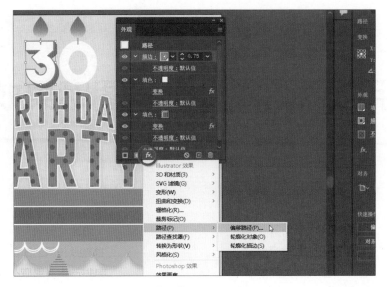

图 13-38

⑥ 在"偏移路径"对话框中,将"位移"更改为 –0.03 in,勾选"预览"复选框,单击"确定"按钮,如图 13-39 所示。

图 13-39

⑦ 将"外观"面板中的粉红色描边改回黄色。接下来将为文本 BIRTHDAY PARTY 添加效果,使其具有立体感。

⑧ 选择"选择工具" ▶,单击 BIRTHDAY PARTY 文本。

⑨ 在"外观"面板中,单击橙色"描边"属性行将其选中,如图 13-40 所示。

您应用的效果现在将仅影响选择的描边。这里可能需要将"外观"面板的底边向下拖动,使面板变长。

⑩ 在"外观"面板底部单击"添加新效果"按钮 ▨,选择"扭曲和变换">"变换",如图 13-41 所示。

⑪ 在"变换效果"对话框中,勾选"预览"复选框,并更改以下内容,如图 13-42 所示。

·　水平移动: 0.01 in。

·　垂直移动: 0.01 in。

·　副本: 5。

图 13-40

图 13-41

⓬ 单击"确定"按钮。

在这种情况下，"变换"效果将复制 5 次描边，并将这些副本向右下方移动。

⓭ 在"外观"面板中，单击"描边"文本左侧的折叠按钮▶，显示橙色描边的附加选项（如果尚未显示的话），如图 13-43 所示。

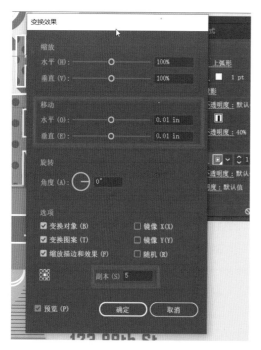

图 13-42

图 13-43

注意，"变换"效果是"描边"的子集。这表明"变换"效果仅应用于该描边。

⓮ 选择"选择">"取消选择"，然后选择"文件">"存储"，保存文件。

13.4　应用栅格效果

栅格效果（Photoshop 效果）生成的是像素而不是矢量数据。本节将对蛋糕图形顶部的生日蜡烛的火焰图形应用栅格效果。

1 单击生日蜡烛 3 上方的火焰图形，在按住 Shift 键的同时单击生日蜡烛 0 上方的另一个火焰图形，以同时选择两者，如图 13-44 所示。

2 选择"效果">"纹理">"颗粒"。

在选择大多数（不是全部）栅格效果时，都会打开"滤镜库"对话框。

类似于在 Adobe Photoshop 滤镜库中使用滤镜，您也可以在 Adobe Illustrator 滤镜库中尝试不同的栅格效果，以了解它们如何影响您的图稿。

图 13-44

3 "滤镜库"对话框打开后，您可以在对话框顶部看到滤镜类型（本例为"颗粒"），在对话框的左下角单击加号██以放大图稿，这里可能需要单击多次。

"滤镜库"对话框可调整大小，其中包含预览区域（标记为 A）、可以单击应用的效果缩略图（标记为 B）、当前所选效果的设置（标记为 C）及已应用的效果列表（标记为 D），如图 13-45 所示。如果要应用其他效果，请在对话框的中间面板（区域 B）中展开一个类别，然后单击效果缩略图。

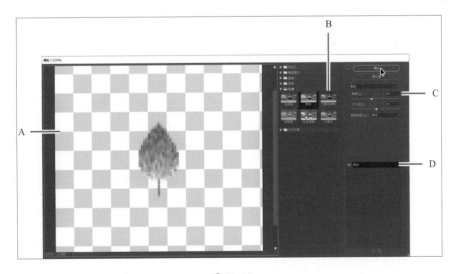

图 13-45

> **注意** 当您打印或输出文件时，栅格效果本质上会栅格化火焰图形。在下一页的提示中，将讨论如何将其设置为以更高的分辨率显示、打印和输出。

4 更改"颗粒"对话框右上角的设置（如有必要），如图 13-46 所示。

图 13-46

- 强度：51。
- 对比度：100。
- 颗粒类型：强反差。

⑤ 单击"确定"按钮将栅格效果应用于火焰图形，效果如图 13-47 所示。

⑥ 选择"选择">"取消选择"，然后选择"文件">"存储"，保存文件。

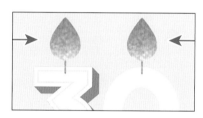

图 13-47

💡 提示　应用效果后，火焰图形看起来是否像素化？选择"效果">"文档栅格效果设置"，在弹出的对话框中，从"分辨率"下拉列表中选择"高（300 ppi）"选项，然后单击"确定"按钮，像素化效果就可得到改善。所有输出（和预览）时的栅格效果的解决方案均由该对话框中的设置控制。在工作时，如果 Adobe Illustrator 的响应速度变慢，请将"分辨率"改回"屏幕（72 ppi）"。

13.5　应用图形样式

图形样式是一组已保存的、可以重复使用的外观属性。通过应用图形样式，您可以快速地全局修改对象和文本的外观。

通过"图形样式"面板（选择"窗口">"图形样式"），您可以为对象、图层和组创建、命名、保存、应用和删除效果和属性，还可以断开对象和图形样式之间的链接，并编辑该对象的属性，而不影响使用了相同图形样式的其他对象。

例如，想要绘制一幅使用形状来表示的城市地图，则可以创建形状填色为绿色并添加投影的图形样式，然后使用该图形样式绘制城市地图上的所有形状。如果您决定使用不同的颜色（如蓝色），则可以将图形样式的填色修改为蓝色。这样，使用了该图形样式的所有对象都将更新为蓝色。

13.5.1　应用现有的图形样式

您可以直接在 Adobe Illustrator 附带的图形样式库中选择图形样式，将其应用到您的图稿。本小节将介绍一些 Adobe Illustrator 内置的图形样式，并选择合适的样式应用于蛋糕架图形下方的紫色阴影形状。

① 选择"窗口">"图形样式"，在"图形样式"面板底部单击"图形样式库菜单"按钮 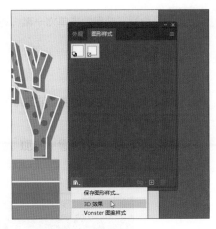，选择"3D效果"命令，如图 13-48 所示。

② 选择"选择工具" ▶，单击蛋糕架图形下方的紫色阴影形状，如图 13-49 所示。

③ 在"3D 效果"面板中单击"3D 效果 4"的缩略图，然后单击"3D 效果 11"的缩略图，如图 13-49 所示。

现在，您可以在"图形样式"面板中看到新增的两种图形样式，即"3D 效果 4"和"3D 效果 11"，如图 13-50 所示。这两种图形样式仅被添加到当前文件的"图形样式"面板中。

图 13-48

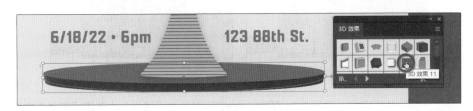

图 13-49

④ 关闭"3D 效果"面板。

单击第一个样式（"3D 效果 4"）的缩略图后，该样式的外观属性将应用于所选图稿；单击第二个样式（"3D 效果 11"）的缩略图后所选图稿应用的第一个样式的外观属性将被替换。

⑤ 在图稿处于选中状态的情况下，在"外观"面板中查看所选图稿的外观。

您可能需要在面板中拖动滚动条来进行查看，但是请注意面板列表顶部的"路径：3D 效果 11"，如图 13-51 所示。这表示所选图稿应用了名为"3D 效果 11"的图形样式。

图 13-50

⑥ 切换回"图形样式"面板。

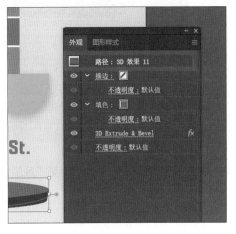

图 13-51

13.5.2 创建和应用图形样式

本小节将为生日蜡烛 3 创建新的图形样式，并将创建的图形样式应用于生日蜡烛 0。

① 选择"选择工具" ▶，单击蛋糕图形顶部的生日蜡烛 3。

② 在"图形样式"面板底部单击"新建图形样式"按钮 ▣，如图 13-52 所示。

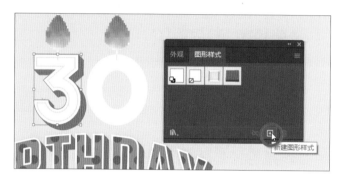

图 13-52

所选蜡烛图形的外观属性将另存为图形样式。

③ 在"图形样式"面板中，双击新的图形样式缩略图。在弹出的"图形样式选项"对话框中，将新样式命名为 Candle，单击"确定"按钮，如图 13-53 所示。

图 13-53

④ 切换到"外观"面板，在"外观"面板的顶部，您将看到"路径: Candle"，如图 13-54 所示。这表示已将名为 Candle 的图形样式应用于所选图稿。

⑤ 选择"选择工具" ▶，单击生日蜡烛 0。在"图形样式"面板中，单击 Candle 图形样式的缩略图以应用该样式，如图 13-55 所示。保持生日蜡烛 0 处于选中状态。

图 13-54

图 13-55

💡 **注意** 您也可以将生日蜡烛 3 和 0 组合在一起并应用图形样式，但使用这种方式，如果取消对生日蜡烛的编组，生日蜡烛上应用的图形样式将被删除，因为它应用的对象是组。

将图形样式应用于文本

当您将图形样式应用于文本时，图形样式的填色默认将覆盖文本的填色。如果在"图形样式"面板菜单中取消勾选"覆盖字符颜色"复选框，则文本中的填色（如果有的话）将被保留。

如果在"图形样式"面板菜单中勾选"使用文本进行预览"复选框，则可以在图形样式上长按鼠标右键，从而预览文本应用相应图形样式的效果。

13.5.3 更新图形样式

创建图形样式后，您可以对其进行更新，所有应用了该样式的图稿也会自动更新。如果您编辑应用了图形样式的图稿外观，则相应图形样式会被覆盖，但在更新图形样式时图稿不会变化。

❶ 在生日蜡烛 0 处于选中状态的情况下，查看"图形样式"面板，您将看到 Candle 图形样式缩略图高亮显示（其周围带有边框），这表明该图形样式已应用于所选对象，如图 13-56 所示。

❷ 切换到"外观"面板。

❸ 在"外观"面板的橙色"填色"属性行中，单击"填色"框几次以打开"色板"面板。选择名为 Aqua 的色板，如图 13-57 所示。按 Esc 键隐藏"色板"面板。

请注意，"外观"面板顶部的文本"路径: Candle"现在变成了"复合路径"，这表示 Candle 图形样式不再应用于所选图稿。

图 13-56

图 13-57

④ 切换至"图形样式"面板，查看 Candle 图形样式，发现其缩略图不再高亮显示（其周围无边框），这意味着该图形样式不再被所选形状应用。

⑤ 按住 Option 键（macOS）或 Alt 键（Windows），将选择的形状拖动到"图形样式"面板中 Candle 图形样式的缩略图上，如图 13-58 所示。在图形样式缩略图呈高亮显示时，松开鼠标左键，松开 Option 键（macOS）或 Alt 键（Windows）。

图 13-58

现在，由于Candle图形样式已应用于两个对象，因此生日蜡烛3和0外观相同，如图13-59所示。

提示 您还可以通过选择要替换的图形样式来更新图形样式。即选择具有所需属性的图稿（或在"图层"面板中定位项目），然后在"外观"面板菜单中选择"重新定义图形样式'样式名称'"命令。

⑥ 选择"选择">"取消选择"，然后选择"文件">"存储"，保存文件。

图 13-59

⑦ 切换到"外观"面板，您会在面板顶部看到"未选择对象：Candle"（您可能需要向上拖动滚动条才能看到），如图 13-60 所示。

图 13-60

13.5.4 将图形样式应用于图层

将图形样式应用于图层后，添加到该图层中的所有内容都会应用相同的图形样式。本小节将为名为 Cake 的图层应用 Drop Shadow 图形样式，这会将图形样式应用于当前图层上的每个对象以及您之后在该图层上添加的任何对象。您不需要单独将图形样式应用于蛋糕图形的每个部分，而是以这种方式一次性应用图形样式以节省时间和精力。

注意 如果先将图形样式应用于对象，然后将图形样式应用于对象所在的图层（或子图层），图形样式将再次被添加到对象的外观中，这是可以累积的，且容易给图稿带来意想不到的更改。

❶ 切换到"图层"面板，单击 Cake 图层的目标图标◎，如图 13-61 所示。

这将选择图层内容（组成 Cake 图层的 3 个矩形）并将该
图层作为外观属性的作用目标。

图 13-61

> 💡 提示　在"图层"面板中，您可以将图层的目标图标拖动
> 到底部的"删除所选图层"按钮🗑上，以删除图层应用的外观
> 属性。

❷ 切换到"图形样式"面板，单击 Drop Shadow 图形样式的缩略图，将该图形样式应用于所选
图层及图层上的所有内容，如图 13-62 所示。

图 13-62

现在，"图层"面板中的 Cake 图层的目标图标已加上了投影，如图 13-63 所示。此外，在"图形
样式"面板中，显示带有红色斜线的小框☑的图形样式缩略图
表示该图形样式不包含描边或填色，它可能只是一个投影或外
发光效果。

❸ 在 Cake 图层上的所有图稿处于选中状态的情况下，切
换到"外观"面板，您会看到"图层: Drop Shadow"字样，如
图 13-64 所示。这表示在"图层"面板中选择了图层目标图标，
且为相应图层应用了 Drop Shadow 图形样式。

图 13-63

图 13-64

您可以关闭"外观"面板组。

应用多重图形样式

您可以将图形样式应用于已具有图形样式的对象。如果您要为对象添加另一种图形样式，这将非常有用。将图形样式应用于所选图稿后，按住 Option 键（macOS）或 Alt 键（Windows）并单击另一种图形样式的缩略图，可将新的图形样式添加到现有图形样式，而不是替换现有图形样式。

13.5.5 缩放描边和效果

在 Adobe Illustrator 中缩放（调整大小）内容时，默认情况下，应用于该内容的任何描边和效果都不会变化。例如，假设您将一个描边粗细为 2 pt 的圆形放大到充满画板，虽然形状放大了，但默认情况下描边粗细仍为 2 pt，这可能会以意料之外的方式改变图稿的外观，在转换图稿的时候需要注意这一点。本小节将使蛋糕图形上的白色路径变粗。

① 如有必要，选择"选择">"取消选择"。

② 如有必要，选择"视图">"画板适合窗口大小"。

③ 单击蛋糕底座图形上方的湖绿色扇贝形状上的白色曲线，如图 13-65（a）所示。

④ 在"属性"面板（选择"窗口">"属性"）中，注意描边粗细为 1 pt，如图 13-65（b）所示。

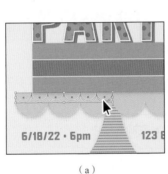

（a）　　　　　　　　　　　（b）

图 13-65

⑤ 在"属性"面板的"变换"选项组中单击"更多选项"按钮 ⋯，然后勾选"缩放描边和效果"复选框，如图 13-66 所示。按 Esc 键隐藏显示的更多选项。

图 13-66

如果不勾选此复选框，则缩放图形时描边粗细或效果不会改变。勾选此复选框后，在缩小图形时描边也会等比例缩小，而不是保持原来的描边粗细。

⑥ 按住 Shift 键，按住鼠标左键拖动白色曲线右下角的定界点使其变大，直到其宽度与它所在的湖绿色扇贝形状相等，如图 13-67 所示。松开鼠标左键，然后松开 Shift 键。

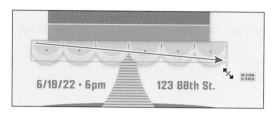

图 13-67

缩放图稿后，查看"属性"面板，会发现描边粗细值变大了，如图 13-68 所示。

⑦ 选择"选择">"取消选择"，最终图稿效果如 13-69 所示。

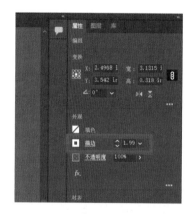

图 13-68

图 13-69

⑧ 选择"文件">"存储"，然后选择"文件">"关闭"。

复习题

1. 如何为图稿添加第二个填色或描边？
2. 列举两种将效果应用于图稿的方法。
3. 在哪里可以访问应用于图稿的效果选项？
4. 将图形样式应用于图层与将其应用于所选图稿有什么区别？

参考答案

1. 若要向图稿添加第二个填色或描边，需要单击"外观"面板底部的"添加新描边"按钮■或"添加新填色"按钮■，也可以在"外观"面板菜单中选择"添加新描边"或"添加新填色"命令。这将在外观属性列表的顶部添加一个"描边"或"填色"属性行，它的相关设置与原来的"描边"或"填色"属性行相同。

2. 选择图稿，然后在"效果"菜单中选择要应用的效果。选中图稿，单击"属性"面板中的"选取效果"按钮■或"外观"面板底部的"添加新效果"按钮■，然后在弹出的菜单中选择要应用的效果。

3. 通过单击"属性"面板或"外观"面板中的效果链接来访问效果选项，并编辑应用于所选图稿的效果。

4. 将图形样式应用于所选图稿时，图稿所在图层上的其他内容不会受到影响。例如，如果对三角形路径应用"粗糙化"效果，并且将该三角形移动到另一个图层，则该图层上的其他内容不会应用"粗糙化"效果。将图形样式应用于图层后，添加到图层中的所有内容都将应用该样式。例如，在"图层 1"上创建一个圆，然后将该圆移动到"图层 2"上，如果"图层2"应用了"投影"效果，该圆也会被添加"投影"效果。

创建 T 恤图稿

本课概览

在本课中，您将学习以下内容。

- 使用现有符号。
- 创建、修改和重新定义符号。
- 在"符号"面板中存储和检索图稿。

- 了解 Adobe Creative Cloud 库。
- 使用 Adobe Creative Cloud 库。
- 使用全局编辑。

学习本课大约需要 **45** 分钟

    在本课中，您将了解各种在 Adobe Illustrator 中更轻松、更快速地工作的方法，如使用符号、Adobe Creative Cloud 库使您的设计资源可在任何地方使用，以及使用全局编辑来编辑内容。

14.1 开始本课

本课将探索"符号"面板和"库"面板，以创建 T 恤图稿。在开始之前，您需要还原 Adobe Illustrator 的默认首选项，然后打开本课的最终图稿文件，以查看要创建的内容。

① 为了确保工具的功能和默认值完全如本课所述，请删除或停用（通过重命名）Adobe Illustrator 首选项文件。具体操作请参阅本书"前言"中的"还原默认首选项"部分。

② 启动 Adobe Illustrator。

③ 选择"文件"＞"打开"，打开 Lessons>Lesson14 文件夹中的 L14_end1.ai 文件，如图 14-1 所示。

④ 选择"视图"＞"全部适合窗口大小"，使文件保持打开状态以供参考，或选择"文件"＞"关闭"。

⑤ 选择"文件"＞"打开"。在"打开"对话框中，定位到 Lessons>Lesson14 文件夹，然后选择 L14_start1.ai 文件，单击"打开"按钮打开文件，效果如图 14-2 所示。

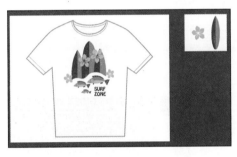

图 14-1

图 14-2

⑥ 选择"视图"＞"全部适合窗口大小"。

⑦ 选择"文件"＞"存储为"，如果弹出云文档对话框，单击"保存在您的计算机上"按钮。

⑧ 在"存储为"对话框中，将文件命名为 TShirt，选择 Lesson14 文件夹，从"格式"下拉列表中选择 Adobe Illustrator（ai）选项（macOS）或从"保存类型"下拉列表中选择 Adobe Illustrator（*.AI）选项（Windows），单击"保存"按钮。

⑨ 在"Illustrator 选项"对话框中，保持默认设置，单击"确定"按钮。

⑩ 选择"窗口"＞"工作区"＞"重置基本功能"选项。

> ♀注意 如果在"工作区"菜单中看不到"重置基本功能"命令，请在选择"窗口"＞"工作区"＞"重置基本功能"之前，选择"窗口"＞"工作区"＞"基本功能"。

14.2 使用符号

符号是存储在"符号"面板（选择"窗口"＞"符号"）中的可重复使用的图稿对象。例如，如果您用绘制的花朵图形创建符号，则可以快速地将该花朵符号的多个实例添加到您的图稿中，而不必绘制每个花朵图形。文件中的所有实例都链接到"符号"面板中的原始符号，编辑原始符号会更新链接到原始符号的所有实例。对于本例中的花朵图形，您可以立即把所有的花朵图形从白色变成红色。使用符号不仅可以节省时间，而且能大大缩减文件大小。

- 选择"窗口">"符号"，打开"符号"面板。您在"符号"面板中看到的符号就是可以在本文件中使用的符号。每个文件都有自己保存的一组符号。"符号"面板中的不同选项如图 14-3 所示。

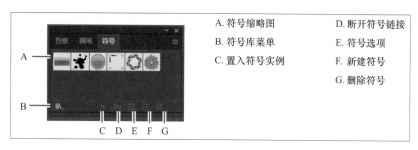

A. 符号缩略图　　　　D. 断开符号链接

B. 符号库菜单　　　　E. 符号选项

C. 置入符号实例　　　F. 新建符号

　　　　　　　　　　G. 删除符号

图 14-3

> 💡 **注意**　Adobe Illustrator 自带了一系列符号库，从"提基"符号到"毛发和毛皮"符号，再到"网页图标"符号。您可以在"符号"面板中访问这些符号库，也可以选择"窗口">"符号库"访问这些符号库，并轻松地将所需符号合并到自己的图稿中。

14.2.1　使用现有符号库

本小节将使用 Adobe Illustrator 自带的符号库为项目添加符号。

❶ 在工具栏中选择"选择工具"▶，然后单击较大的画板。

❷ 选择"视图">"画板适合窗口大小"，使当前画板适合文档窗口的大小。

❸ 单击"属性"面板中的"单击可隐藏智能参考线"按钮，暂时关闭智能参考线，如图 14-4 所示。

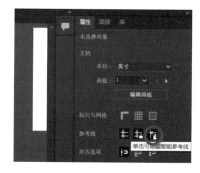

图 14-4

> 💡 **提示**　您也可以选择"视图">"智能参考线"，关闭智能参考线。

❹ 打开"符号"面板（选择"窗口">"符号"）。

❺ 单击"符号库菜单"按钮，从菜单中选择"提基"命令，如图 14-5 所示。

"提基"库会作为自由浮动面板打开。该库中的符号不在当前文件中，但是您可以将任意符号导入当前文件，并在图稿中使用它们。

> 💡 **提示**　如果要查看符号名称以及符号图片，请单击"符号"面板中的菜单按钮，勾选"小列表视图"或"大列表视图"复选框。

❻ 将鼠标指针移动到"提基"面板中的符号上，查看其名称（其名称由工具提示显示）。选择名为"鱼"的符号，将其添加到"符号"面板，如图 14-6 所示。

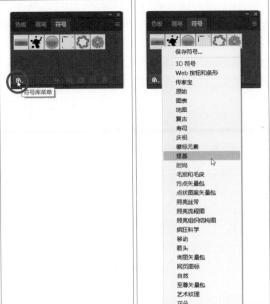

图 14-5

图 14-6

将符号添加到"符号"面板时，它们只保存在当前文件中。

⑦ 关闭"提基"面板。

⑧ 选择"选择工具"▶，将"鱼"符号从"符号"面板拖动到画板的中心位置。总共执行两次此操作，创建两个彼此相邻的"鱼"符号实例，如图 14-7 所示。

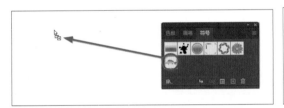
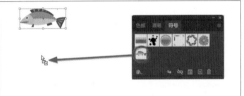

图 14-7

💡 **提示** 您还可以在画板上复制符号实例，并根据需要粘贴任意数量的符号实例。这与将符号实例从"符号"面板拖到画板上的效果相同。

每次将"鱼"符号拖到画板上时，都会创建原始符号的实例。接下来将调整一个"鱼"符号实例的大小。

⑨ 选择一个"鱼"符号实例，按住 Shift 键，按住鼠标左键将该符号实例右上角的定界点向中心拖动，等比例缩小该符号实例，如图 14-8 所示。松开鼠标左键，然后松开 Shift 键。

符号实例被视为一组对象，并且只能更改某些变换和外观属性（如缩放、旋转、移动、不透明度等）。如果不断开指向原始符号的链接，则无法编辑构成实例的图稿。注意，在画板上选择符号实例后，在"属性"面板中就能看到"符号（静态）"和符号相关选项。

图 14-8

⑩ 在选中"鱼"符号实例的情况下，按住 Option 键（macOS）或 Alt 键（Windows），按住鼠标左键拖动以创建其副本。松开鼠标左键，松开 Option 键（macOS）或 Alt 键（Windows），如图 14-9 所示。

创建的实例副本与从"符号"面板中拖动符号创建的实例效果相同。

⑪ 按住 Shift 键，按住鼠标左键拖动"鱼"符号实例副本的一个角，等比例调整"鱼"符号实例副本的大小，如图 14-10 所示。松开鼠标左键，松开 Shift 键。

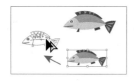

图 14-9

图 14-10

⑫ 将 3 个"鱼"符号实例拖到适当位置，如图 14-11 所示。

图 14-11

⑬ 选择"选择">"取消选择"。

14.2.2 编辑符号

本小节将编辑原始"鱼"符号，并更新文件中的所有"鱼"符号实例。编辑符号的方法有多种，本小节将重点介绍其中一种方法。

❶ 选择"选择工具"▶，双击画板上的任何一个"鱼"符号实例。此时会弹出一个警告对话框，表明您将编辑符号定义，并且该符号的所有实例都将更新，单击"确定"按钮，如图 14-12 所示。

图 14-12

这将进入符号编辑模式，您无法编辑该页面上的任何其他对象。双击的"鱼"符号实例将显示为原始符号图稿的大小。这是因为在符号编辑模式下，看到的是原始符号图稿，而不是变换后的符号实例。现在，您可以编辑构成符号的图稿。

❷ 选择"缩放工具"🔍，按住鼠标左键在符号上拖动以连续放大视图，放大至合适后，松开鼠标左键。

❸ 选择"直接选择工具"▷，单击"鱼"符号的浅绿色头部，如图 14-13（a）所示。

❹ 在"属性"面板中单击"填色"框，在弹出的"色板"面板中选择"颜色混合器"选项🎨。按住 Shift 键，稍微向右拖动 C 滑块以按比例更改所有 C、M、Y、K 值，如图 14-13（b）所示。

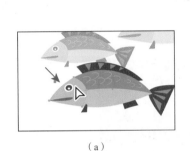

（a）

图 14-13

（b）

❺ 在符号内容以外的位置双击，或在文档窗口的左上角单击"退出符号编辑模式"按钮◁，退出符号编辑模式，以便编辑其余内容。

请注意，画板上的所有"鱼"符号实例均已发生改变，如图 14-14 所示。

图 14-14

14.2.3　使用动态符号

编辑某个符号可以更新文件中所有该符号的实例，而符号也可以是动态的，这意味着您可以使用"直接选择工具"▷更改符号实例的某些外观属性，而无须编辑原始符号。本小节将编辑"鱼"符号的属性，使其变为动态符号，从而可以分别编辑每个"鱼"符号实例。

❶ 在"符号"面板中，单击"鱼"符号缩略图将其选中（如果尚未被选中的话）。单击"符号"面板底部的"符号选项"按钮▤，如图 14-15（a）所示。

❷ 在"符号选项"对话框中，选择"动态符号"选项，单击"确定"按钮，如图 14-15（b）所示。符号及其实例现在都是动态的了。

您可以通过查看"符号"面板中的符号缩略图来判断符号是否是动态的。如果符号缩略图的右下角有一个小加号（+），那么它就是一个动态符号，如图 14-15（c）所示。

❸ 在工具栏中选择"直接选择工具"▷，在最小的"鱼"符号实例的头部单击，如图 14-16（a）所示。

选择了一部分符号实例后，请注意"属性"面板顶部的"符号（动态）"字样，这表示该符号是一个动态符号。

❹ 单击"属性"面板中的"填色"框，在弹出的面板中选择"色板"选项▦，选择蓝绿色色板，

如图 14-16（b）所示，效果如图 14-16（c）所示。

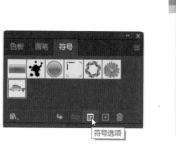
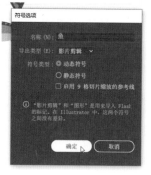

（a）　　　　　　　　　　（b）　　　　　　　　　　（c）

图 14-15

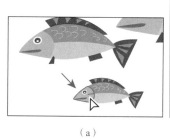
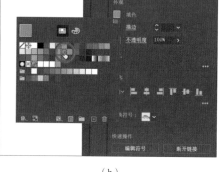
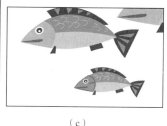

（a）　　　　　　　　　　（b）　　　　　　　　　　（c）

图 14-16

现在，这个"鱼"符号实例看起来与其他"鱼"符号实例有些不同。要知道如果像以前一样编辑原始符号，所有符号实例都会更新，但是现在只有最小的"鱼"符号实例的头部发生了变化。

14.2.4　创建符号

Adobe Illustrator 允许您创建和保存自定义的符号。您可以使用对象来创建符号，包括路径、复合路径、文本、嵌入（非链接）的栅格图像、网格对象和对象编组。符号甚至可以包括活动对象，如画笔描边、混合、效果或其他符号实例。本小节将使用现有的图稿创建自定义符号。

❶ 在文档窗口下方状态栏中的"画板导航"下拉列表中选择 2 Symbol Artboard 选项。

❷ 选择"选择工具"▶，单击画板上的花朵图形，如图 14-17（a）所示。

❸ 单击"符号"面板底部的"新建符号"按钮 ⊞，用所选图稿创建符号，如图 14-17（b）所示。

❹ 在弹出的"符号选项"对话框中，将"名称"更改为 Flower，确保选择了"动态符号"选项，以防稍后要单独编辑某个实例的外观，单击"确定"按钮创建符号，如图 14-18 所示。

（a）　　　　　　　　　　（b）

图 14-17

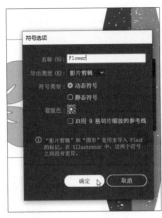
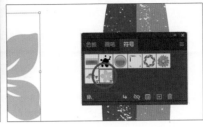

图 14-18

在"符号选项"对话框中,您将看到一个提示,表明 Adobe Illustrator 中的"影片剪辑"和"图形"之间没有区别。如果您不打算将此内容导出到 Adobe Animate,则无须在意选择哪种导出类型。创建符号后,画板上的花朵图形将转换为 Flower 符号实例,该符号也会出现在"符号"面板中。

接下来,通过将冲浪板图形拖动到"符号"面板中来创建另一个符号。

💡提示 您可以在"符号"面板中拖动符号缩略图以更改其顺序。重新排序"符号"面板中的符号对图稿没有影响。

⑤ 将冲浪板图形拖动到"符号"面板的空白区域中,如图 14-19 所示。在"符号选项"对话框中,将"名称"更改为 Surfboard,单击"确定"按钮。

⑥ 在文档窗口下方状态栏中的"画板导航"下拉列表中选择 1 T-shirt 选项。

⑦ 将 Flower 符号从"符号"面板拖到画板上 4 次,然后将 Flower 符号实例放置在"鱼"符号实例的周围,如图 14-20 所示。

⑧ 使用"选择工具"▶在画板上调整每个 Flower 符号实例的大小和角度,以使其具有不同的形状,如图 14-21 所示。确保在缩放时按住 Shift 键以约束比例。

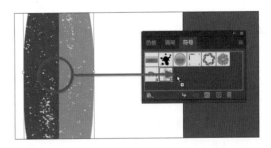

图 14-19

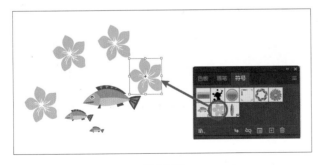

图 14-20

图 14-21

⑨ 选择"选择">"取消选择",然后选择"文件">"存储",保存文件。

14.2.5　断开符号链接

有时，您需要编辑画板上的特定实例，这就要求您断开原始符号和实例之间的链接。由前面的内容可知，您可以对符号实例进行某些更改，如缩放、设置不透明度和翻转，而将符号保存为动态符号只允许您使用"直接选择工具" ▷ 编辑某些外观属性。当断开原始符号和实例之间的链接后，如果编辑了原始符号，则其实例将不再更新。

本小节将断开指向符号实例的链接，以便仅更改某个实例。

① 选择"视图">"智能参考线"，打开智能参考线。

② 选择"选择工具" ▶，从"符号"面板拖出 3 个 Surfboard 符号实例到画板中的其他图稿之上，并进行位置排列，如图 14-22（a）所示。

③ 分别选择每个符号实例并调整其大小，使位于画板中心的符号实例比其他两个更高。这里把 3 个符号实例都放大了。确保按住 Shift 键拖动以等比例调整符号实例的大小。

④ 选择中间的冲浪板图形，在"属性"面板中单击"断开链接"按钮⬚，如图 14-22（b）所示。

（a）　　　　　　　　　（b）

图 14-22

> 💡 提示　您还可以通过选择画板上的符号实例，然后单击"符号"面板底部的"断开符号链接"按钮⬚，断开指向符号实例的链接。

现在，该冲浪板图形是一组路径。如果单击该冲浪板图形，将在"属性"面板的顶部看到"编组"文本。您现在就可以直接编辑图稿了，需注意，如果编辑了 Surfboard 符号，则此冲浪板图形不会再更新。

⑤ 选择"缩放工具" 🔍，然后在所选冲浪板图形的顶部位置拖动以放大视图。

⑥ 选择"选择">"取消选择"。

⑦ 选择"直接选择工具" ▷，然后在中间冲浪板图形的顶部框选几个锚点。将鼠标指针移动到中间冲浪板图形顶部的锚点上，当看到"锚点"提示时，在其中一个锚点上按住鼠标左键向下拖动一点，以调整中间冲浪板图形顶部的形状，如图 14-23 所示。

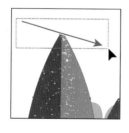

图 14-23

⑧ 选择"选择">"取消选择"。

接下来您将把冲浪板图形放到花朵图形和鱼图形的后面。

⑨ 选择"选择工具" ▶，按住 Shift 键，单击所有 3 个冲浪板图形以将其全部选中。选择"对

象">"排列">"置于底层"。

⑩ 单击"属性"面板中的"编组"按钮将它们组合在一起。

符号工具

您可以使用工具栏中的"符号喷枪工具" 🎨 在画板上喷绘符号，创建符号组。符号工具不在默认的工具栏中。若要访问它们，请单击工具栏底部的"编辑工具栏"按钮 ⚏ ，然后将需要的符号工具拖动到工具栏中。

符号组是使用"符号喷枪工具" 🎨 创建的一组符号实例。符号组非常有用，例如，如果您要用单片草叶创建草丛，喷绘草叶会极大地加快这一过程，并使单片草叶或喷绘的作为群体的草丛更容易编辑。对一个符号使用"符号喷枪工具" 🎨 ，然后对另一个符号再次使用该工具，还可以创建混合符号实例组。

您可以使用符号工具修改符号组中的多个符号实例。例如，您可以使用"符号移位器工具"将实例分散到较大的区域，或逐步调整实例的颜色，使其看起来更加逼真。

14.2.6　替换符号

您可以轻松地将文件中的一个符号实例替换为另一个符号实例。就算您已经对动态符号实例进行了更改，也一样可以替换它。本小节将替换一个"鱼"符号实例。

❶ 选择"选择工具" ▶，选择最小的"鱼"符号实例，即您为其头部重新着色的实例，如图 14-24（a）所示。

选择符号实例后，因为所选实例的符号会在"符号"面板中突出显示，所以您可以知道它来自哪个符号。

❷ 在"属性"面板中，单击"替换符号"字段右侧的下拉按钮 ⌄，打开一个面板，该面板中显示的是"符号"面板中的符号。选择面板中的 Flower 符号，如图 14-24（b）所示，效果如图 14-24（c）所示。

（a）

（b）

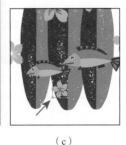
（c）

图 14-24

如果要替换的原始符号实例应用了变换（如旋转），则替换它的符号实例也将应用相同的变换。

> 💡 注意　使用"直接选择工具" ▷ 编辑动态符号实例后，可以使用"选择工具" ▶ 重新选择整个实例，然后单击"属性"面板中的"重置"按钮，将其外观重置为与原始符号相同的外观。

③ 在"属性"面板中，单击"替换符号"字段右侧的下拉按钮■，然后在面板中选择"鱼"符号。

此时，您之前对"鱼"符号实例所做的更改（更改了头部颜色）消失了，原始的"鱼"符号图稿代替了 Flower 符号实例，如图 14-25 所示。

图 14-25

④ 选择"选择">"相同">"符号实例"。

这是选择文件中所有符号实例的好方法。

⑤ 单击"属性"面板中的"编组"按钮，将它们组合在一起。

⑥ 选择"选择">"取消选择"，然后关闭"符号"面板组。

⑦ 选择"文件">"存储"，保存文件。

符号图层

使用前面介绍的方法来编辑符号时，打开"图层"面板，您可以看到所选符号实例具有自己的分层，如图 14-26 所示。

与在隔离模式下处理组中的对象类似，您只能看到与所选符号实例关联的图层，而不会看到文件的其他图层。在"图层"面板中，您可以重命名、添加、删除、显示或隐藏符号图层，或对其进行重新排序。

图 14-26

14.3 使用 Adobe Creative Cloud 库

使用 Adobe Creative Cloud 库是在 Adobe Photoshop、Adobe Illustrator、Adobe InDesign 等许多 Adobe 应用程序和大多数 Adobe 移动应用之间创建和共享存储内容（如图像、颜色、文本样式、Adobe Stock 资源等）的一种简便方法。

> 💡注意 若要使用 Adobe Creative Cloud 库，需要使用 Adobe ID 登录并连接互联网。

Adobe Creative Cloud 库可以连接您的创意档案，使您保存的创意资源触手可及。当您在 Adobe Illustrator 中创建内容并将其保存到 Adobe Creative Cloud 库后，该内容可在所有 AI 文件中使用。这些资源将自动同步，并可与使用 Adobe Creative Cloud 账户的任何人进行共享。当您的创意团队跨

Adobe 桌面和移动应用工作时，您的共享库资源将始终保持最新并可随时使用。本节将介绍 Adobe Creative Cloud 库，并在项目中使用您保存在该库中的资源。

14.3.1 将资源添加到 Adobe Creative Cloud 库

您首先要了解的是如何使用 Adobe Illustrator 中的"库"面板（选择"窗口">"库"），以及如何向 Adobe Creative Cloud 库添加资源。您将在 Adobe Illustrator 中打开一个现有文档，并从中捕获资源。

❶ 选择"文件">"打开"。在"打开"对话框中，定位到 Lessons>Lesson14 文件夹，选择 Sample.ai 文件，单击"打开"按钮。

💡 **注意** 可能会弹出"缺少字体"对话框。您需要联网来激活字体。激活过程可能需要几分钟。单击"激活字体"按钮可激活所有缺少的字体。激活字体后，您会看到激活成功的提示消息，表示不再缺少字体，单击"关闭"按钮。如果您在激活字体方面遇到问题，可以在"Illustrator 帮助"（选择"帮助">"Illustrator 帮助"）中搜索"查找缺少字体"。

❷ 选择"视图">"全部适合窗口大小"。

您将从此文件中捕获图稿、文本和颜色，它们将被用到 TShirt.ai 文件中。

❸ 选择"窗口">"库"，或从"属性"面板直接切换到"库"面板。

❹ 在"库"面板中，选择"您的库"选项，如图 14-27 所示，打开默认库。

默认需要使用一个名为"您的库"的库。您可以将设计资源添加到此默认库中，也可以创建更多库（可以根据客户或项目保存资源）。

❺ 如果选择了内容，请选择"选择">"取消选择"。

❻ 选择"选择工具"▶，单击包含文本 PLAY ZONE 的文本对象，按住鼠标左键将文本对象拖到"库"面板中。当"库"面板中出现加号（+）时，松开鼠标左键以将文本对象保存在默认库中，如图 14-28 所示。如果您看到缺少配置文件的警告对话框，单击"确定"按钮。

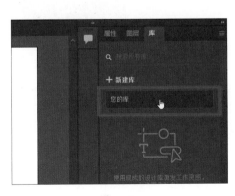

图 14-27

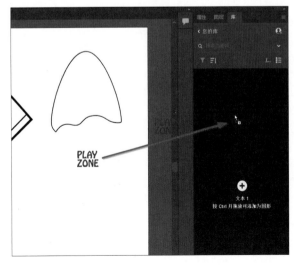

图 14-28

现在，该文本对象被保存在当前选择的库中，并且仍可以作为文本进行编辑并保留文本格式。通过"库"面板中保存资源和格式时，内容是按资源类型来组织的。

⑦ 在"库"面板中双击名称"文本 1"，将其更改为 SURF ZONE，按 Enter 键确认名称修改，如图 14-29 所示。当您在本课后面部分将文本更新为 SURF ZONE 时，该名称将更有意义。

您也可以更改"库"面板中保存的其他资源的名称，例如图形、颜色、字符样式和段落样式。对于保存的字符样式和段落样式，您可以将鼠标指针移动到资源上，查看已保存格式的工具提示。

⑧ 在选中 PLAY ZONE 文本的情况下，单击"库"面板底部的加号按钮➕，选择"文本填充颜色"命令以保存蓝色，如图 14-30 所示。

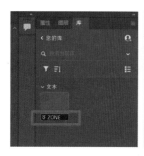  

图 14-29   图 14-30

⑨ 单击 T 恤图稿，将选择的 T 恤图稿拖到"库"面板中。当"库"面板中出现加号（＋）和名称（例如"图稿 1"）时，松开鼠标左键，将 T 恤图稿添加为图形，如图 14-31 所示。

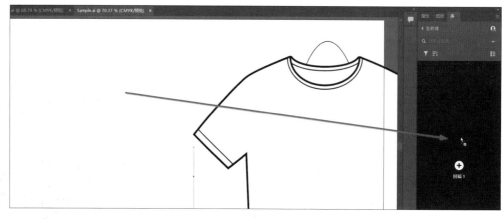

图 14-31

以图形形式存储在 Adobe Creative Cloud 库中的资源，无论您在哪里使用，它们仍然是可编辑的矢量格式。

⑩ 在画板中单击 PLAY ZONE 文本上方的形状，如图 14-32 所示。您需要复制此形状，掩盖或隐藏冲浪板图形组的某些部分，选择"编辑">"复制"。

⑪ 选择"文件">"关闭"以关闭 Sample.ai 文件并返回 TShirt.ai 文件。如果跳出询问是否保存

的提示对话框，请不要保存该文件。

请注意，即使打开了其他文件，"库"面板仍会显示库中的资源，如图 14-33 所示。无论在 Adobe Illustrator 中打开哪个文件，库及其资源都是可用的。

⑫ 选择"编辑">"粘贴"以粘贴形状，将其拖到冲浪板图形的右侧，如图 14-34 所示。

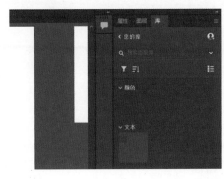

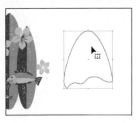

图 14-32   图 14-33   图 14-34

14.3.2 使用库资源

现在，您在"库"面板中存储了一些资源，一旦同步，只要您使用相同的 Adobe Creative Cloud 账户登录，这些资源就可用在支持库的其他应用程序中。本小节将在 TShirt.ai 文件中使用其中的一些资源。

❶ 在 1 T-Shirt 画板上，选择"视图">"画板适合窗口大小"。

❷ 按住鼠标左键，将 SURF ZONE 资源从"库"面板拖到画板上，如图 14-35 所示。

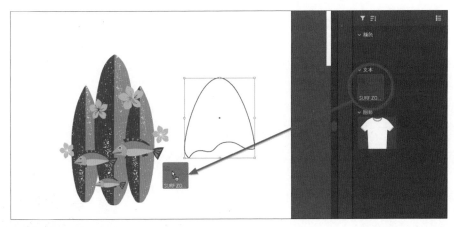

图 14-35

💡 提示　若要应用保存在"库"面板中的颜色或样式，请选择图稿或文本，然后单击"库"面板中的颜色或样式。对于"库"面板中的文本样式，如果要将其应用于文件中的文本，则应在"段落样式"面板或"字符样式"面板（具体取决于您在"库"面板中选择的内容）中选择相同的名称和格式。

💡 提示　可以将保存在 Adobe Creative Cloud 库中的文本朝画板中现有的文本拖动，库中的文本将被添加到文本对象中。

③ 单击以置入 PLAY ZONE 文本，如图 14-36 所示。

④ 选择"文字工具" **T**，单击 PLAY ZONE 文本，选择单词 PLAY，然后输入 SURF。

⑤ 选择"选择工具" ▶，按住鼠标左键将 T 恤图形资源从"库"面板拖到画板上，在需要置入的位置单击，如图 14-37 所示。现在不用考虑其放置位置。

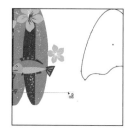

图 14-36

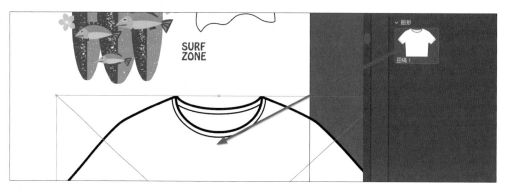

图 14-37

⑥ 选择"选择">"取消选择"。

14.3.3   更新库资源

将图形从 Adobe Creative Cloud 库拖到 AI 文件中时，图形将自动作为链接资源置入。从"库"面板中拖入的资源被选中时，其上会显示出一个带方框的"×"，表示该资源为链接资源。如果对库资源进行更改，项目中链接的实例也会更新。本小节将介绍如何更新库资源。

① 在"库"面板中，双击 T 恤图形资源缩略图，如图 14-38 所示。插图将在新的临时文件中打开。

② 选择"选择工具" ▶，单击 T 恤图稿。在"属性"面板中，将描边颜色更改为浅灰色，色值为 C=0   M=0   Y=0   K=40，如图 14-39 所示。

③ 选择"文件">"存储"，然后选择"文件">"关闭"。

在"库"面板中，资源缩略图会更新以反映所做的外观更改。回到 TShirt.ai 文件中，画板上的 T 恤图稿应该已经更新。如果没有更新，选择画板上的 T 恤图稿，在"属性"面板中单击"链接的文件"链接。在弹出的"链接"面板中，选择"图稿 1"资源行，单击面板底部的"更新链接"按钮 ■。

图 14-38

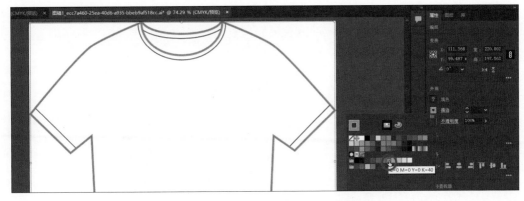

图 14-39

④ 单击画板上的 T 恤图稿，在"属性"面板中单击"快速操作"选项组中的"嵌入"按钮，嵌入 T 恤图稿，如图 14-40 所示。

此时，图稿不再链接到库资源，并且如果库资源更新，图稿也不会更新。

这也意味着 T 恤图稿现在可以在 TShirt.ai 文件中进行编辑。"库"面板中的图稿在嵌入文件后，通常会被用来制作剪切蒙版。接下来将移动并缩放 T 恤图稿。

⑤ 选择"选择工具"▶，选择 T 恤图稿，单击"属性"面板中的"排列"按钮，选择"置于底层"命令。T 恤图稿现在位于所有其他内容的下层，将其拖动到画板的中心位置。

⑥ 按 Command + 2 组合键（macOS）或 Ctrl + 2 组合键（Windows），锁定 T 恤图稿。

⑦ 单击您粘贴到文件中的形状并将其拖动到冲浪板图形组的顶部。按住 Shift 键，并按住鼠标左键拖动形状定界框一个角上的定界点，使形状等比例变大，松开鼠标左键和 Shift 键，效果如图 14-41 所示。

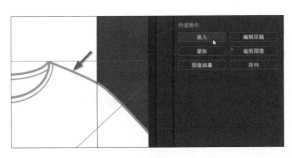

图 14-40

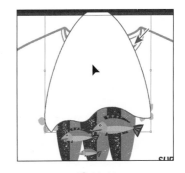

图 14-41

该形状将用作蒙版，以遮罩冲浪板图形组的某些部分。您将在第 15 课了解有关创建和编辑蒙版的更多内容。

⑧ 在选择形状的情况下，按住 Shift 键并单击冲浪板图形组。

⑨ 选择"对象">"剪切蒙版">"建立"，效果如图 14-42 所示。

现在形状以外的冲浪板图形组部分被隐藏了。

⑩ 要将冲浪板图形组放置在"鱼"符号实例和 Flower 符号实例的下面，请单击"属性"面板中的"排列"按钮，选择"置于底层"命令，这会将冲浪板图形组放置在画板的底层。再次单击"排列"按钮，选择"上移一层"命令。

⑪ 按住鼠标左键框选花朵、鱼和冲浪板等内容。单击"属性"面板中的"编组"按钮，将其组合。

⑫ 将该新组以及文字拖到适当位置，如图 14-43 所示。您可能要在"属性"面板中增大字号。如果增大字号，则需要调整文本框的大小，以便显示所有文字。

图 14-42

图 14-43

💡 提示 您可能需要在"属性"面板中调整文本格式，例如行距、字体大小等。

⑬ 选择"选择">"取消选择"。

⑭ 选择"文件">"保存"，然后选择"文件">"存储"，保存文件。

14.3.4 使用全局编辑

有时您会创建多个图稿的副本，并在文件的各个画板中使用它们。如果要对所有类似的对象进行修改，则可以使用全局编辑来实现。本小节将打开一个带有图标的新文件，并对其内容进行全局编辑。

① 选择"文件">"打开"，打开 Lessons>Lesson14 文件夹中的 L14_start2.ai 文件。

② 选择"文件">"存储为"，如果弹出云文档对话框，单击"保存在您的计算机上"按钮。在"存储为"对话框中，定位到 Lesson14 文件夹，并将文件命名为 Icons。从"格式"下拉列表中选择 Adobe Illustrator（ai）选项（macOS）或从"保存类型"下拉列表中选择 Adobe Illustrator（*.AI）选项（Windows），单击"保存"按钮。

③ 在"Illustrator 选项"对话框中，保持默认设置，单击"确定"按钮。

④ 选择"视图">"全部适合窗口大小"。

⑤ 选择"选择工具" ▶，单击较大的麦克风图标后面的黑色圆形，如图 14-44 所示。

图 14-44

如果需要编辑每个图标后面的圆形，可以使用多种方法来选择它们，如选择"选择">"相同"，使用这种方法的前提是它们都具有相似的外观属性。若要使用全局编辑，您可以在同一画板或所有画板上选择具有共同属性（如描边、填色、大小）的对象。

⑥ 在"属性"面板的"快速操作"选项组中单击"启动全局编辑"按钮，如图 14-45（a）所示。

💡 提示 也可以选择"选择">"启动全局编辑"来进行全局编辑。

现在，本例中所有圆形都被选中了，您可以对它们进行编辑。您最初选择的对象以红色定界框高亮显示，而类似的对象则用蓝色高亮显示，如图 14-45（b）所示。您还可以使用"全局编辑"选项进一步缩小需要选定的对象的范围。

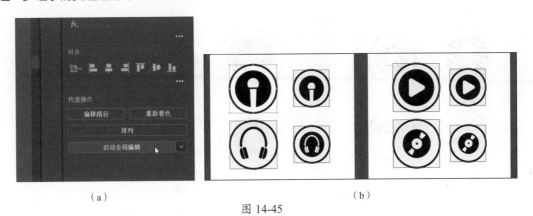

（a）　　　　　　　　　　　　　　　　　　　　　（b）

图 14-45

💡 **注意** 默认情况下，当所选内容包括插件图或网格图时，将启用"外观"选项。

⑦ 单击"停止全局编辑"按钮右侧的下拉按钮■，显示下拉菜单，勾选"外观"复选框以选择具有与所选圆形相同外观属性的所有内容，如图 14-46 所示。保持下拉菜单处于显示状态。

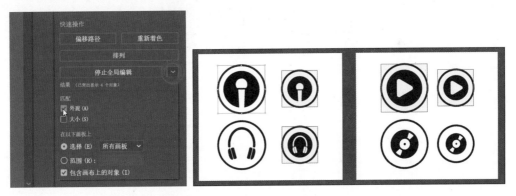

图 14-46

⑧ 在"停止全局编辑"下拉菜单中勾选"大小"复选框以进一步优化搜索，从而选择具有相同形状、外观属性和大小的对象，现在应该只选中了两个圆形，如图 14-47 所示。

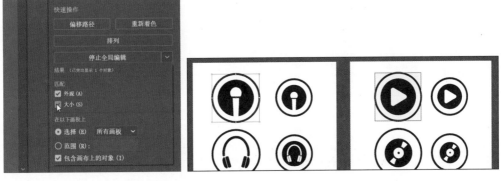

图 14-47

您可以在指定画板上选择搜索类似对象来进一步优化您的选择。

⑨ 在"属性"面板中单击"描边"框，在弹出的面板中选择"色板"选项，对描边应用图 14-48 所示的红色色板。如果弹出警告对话框，单击"确定"按钮。

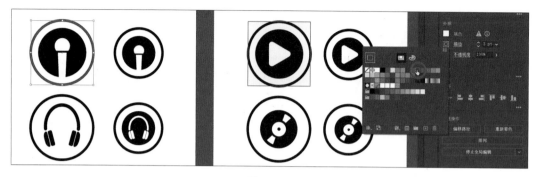

图 14-48

⑩ 在面板以外的区域单击以隐藏"色板"面板，两个所选对象的外观都会发生变化，如图 14-49 所示。

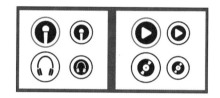

图 14-49

⑪ 选择"选择">"取消选择"，然后选择"文件">"存储"，保存文件。

⑫ 选择"文件">"关闭"。

复习题

1. 使用符号有哪 3 个优点?
2. 如何更新现有符号?
3. 什么是动态符号?
4. 在 Adobe Illustrator 中,哪种类型的内容可以保存到库中?
5. 如何嵌入链接的库中的图形资源?

参考答案

1. 使用符号的 3 个优点如下。
- 编辑一个符号,它所有的实例都将自动更新。
- 可以将图稿映射到 3D 对象 (本课中未介绍该内容)。
- 使用符号可以减小文件大小。
2. 要更新现有符号,可以双击 "符号" 面板中相应符号的图标、画板上的符号实例,或在画板上选择相应实例后单击 "属性" 面板中的 "编辑符号" 按钮,然后在隔离模式下进行编辑。
3. 当符号保存为动态符号时,您可以使用 "直接选择工具" ▷ 更改实例的某些外观属性,而无须编辑原始符号。
4. 在 Adobe Illustrator 中,可以将颜色 (填充颜色和描边颜色)、文字对象、图形资源和文字格式等内容保存到库中。
5. 默认情况下,将图形资源从 "库" 面板拖动到文件中时,会创建指向原始库资源的链接。若要嵌入图形资源,请在文件中选择该资源,然后在 "属性" 面板中单击 "嵌入" 按钮。一旦嵌入,对原始库资源进行的更新不会再同步给图形。

置入和使用图像

本课概览

在本课中，您将学习以下内容。

- 在 AI 文件中置入链接图像和嵌入图像。
- 变换和裁剪图像。
- 创建和编辑剪切蒙版。
- 使用文本创建蒙版。
- 创建和编辑不透明蒙版。
- 使用"链接"面板。
- 嵌入和取消嵌入图像。

学习本课大约需要 60 分钟

您可以轻松地将图像添加到 AI 文件中，这是将栅格图像与矢量图形结合的好方法。

15.1 开始本课

在开始本课之前，请还原 Adobe Illustrator 的默认首选项。然后，您将打开本课最终完成的图稿文件，以查看您将创建的内容。

① 为了确保工具的功能和默认值完全如本课所述，请删除或停用（通过重命名）Adobe Illustrator 首选项文件。具体操作请参阅本书"前言"中的"还原默认首选项"部分。

② 启动 Adobe Illustrator。

③ 选择"文件">"打开"，打开 Lessons>Lesson15 文件夹中的 L15_end.ai 文件。

该文件包含旅游公司的一系列社交内容图像和 App 界面设计，如图 15-1 所示。L15_end.ai 文件中的字体已转换为轮廓（选择"文字">"创建轮廓"）以避免字体丢失，并图像也已嵌入文件。

④ 选择"视图">"全部适合窗口大小"。可使该文件保持打开状态以供参考，或选择"文件">"关闭"。

⑤ 选择"文件">"打开"。在"打开"对话框中，定位到 Lessons>Lesson15 文件夹，然后选择 L15_start.ai 文件，单击"打开"按钮，打开文件，效果如图 15-2 所示。

图 15-1

图 15-2

这是旅游公司社交内容的未完成版本，本课将为其添加图形对图形进行。

⑥ 此时很可能会弹出"缺少字体"对话框，如图 15-3 所示，勾选所有缺少的字体对应的复选框，单击"激活字体"按钮激活所有缺少的字体。激活字体后，您会看到消息提示不再缺少字体，单击"关闭"按钮。

> 💡 **注意** 您需要联网以激活字体。该过程可能需要几分钟。

如果无法激活字体，可以转到 Adobe Creative Cloud 桌面应用程序，然后在右上角单击"字体"按钮 *f* 来查看具体的问题（有关如何解决该问题的更多内容，请参阅 9.3.1 小节）。

您也可以单击"缺少字体"对话框中的"关闭"按钮，然后在继续操作时忽略缺少的字体。您还可以单击"缺少字体"对话框中的"查找字体"按钮，并将缺少的字体替换为计算机上的本地字体。

> 💡 **注意** 您还可以在"Illustrator 帮助"（选择"帮助">"Illustrator 帮助"）中搜索"查找缺少字体"来查看激活字体的更多内容。

图 15-3

❼ 选择"文件">"存储为",如果弹出云文档对话框,单击"保存在您的计算机上"按钮。

❽ 在"存储为"对话框中,定位到 Lesson15 文件夹,打开该文件夹,并将文件命名为 Social-Travel,从"格式"下拉列表中选择 Adobe Illustrator(ai)选项(macOS)或从"保存类型"下拉列表中选择 Adobe Illustrator(*.AI)选项(Windows),单击"保存"按钮。

❾ 在"Illustrator 选项"对话框中,保持默认设置,单击"确定"按钮。

❿ 选择"窗口">"工作区">"重置基本功能"以重置基本工作区。

⓫ 选择"视图">"全部适合窗口大小"。

15.2 组合图稿

您可以通过多种方法将 AI 文件中的图稿与其他图形应用程序中的图像组合起来,以获得各种创意效果。通过在应用程序之间共享图稿,您可以将连续色调绘图、照片与矢量图形结合起来。虽然 Adobe Illustrator 允许您创建某些类型的栅格图像,但是 Adobe Photoshop 更擅长处理多图像编辑任务。因此,您可以在 Adobe Photoshop 中编辑或创建图像,然后将其置入 Adobe Illustrator。

本课将引导您创建一幅组合图,将位图与矢量图形组合起来。首先,您将把在 Adobe Photoshop 中创建的照片图像添加到在 Adobe Illustrator 中创建的社交内容中,然后为图像创建蒙版,并更新置入的图像。

15.3 置入图像文件

您可以使用"打开"命令、"置入"命令、"粘贴"命令、拖放操作和"库"面板,将 Adobe Photoshop 或其他应用程序中的位图图像添加到 Adobe Illustrator。Adobe Illustrator 支持大多数

Adobe Photoshop 数据，包括图层、图层组合、可编辑的文本和路径。这意味着，您可以在 Adobe Photoshop 和 Adobe Illustrator 之间传输文件，并且能够编辑文件中的图稿。

使用"文件">"置入"命令置入图像文件时，无论图像文件是什么类型（JPG、GIF、PSD、AI 等），都可以被嵌入或链接。嵌入文件将在 AI 文件中保存该图像的副本，因此会增大 AI 文件。链接文件只在 AI 文件中创建指向外部图像的链接，所以不会明显增大 AI 文件。链接到图像可确保 AI 文件能够及时反映图像更新。但是，链接的图像必须始终伴随着 AI 文件，否则链接将中断，且置入的图像也不会再出现在 AI 文件的图稿中。

15.3.1　置入图像

本小节将向文档置入一个 JPEG（.jpg）图像。

① 选择"文件">"置入"。

② 在弹出的"置入"对话框中定位到 Lessons>Lesson15>images 文件夹，选择 Mountains2.jpg 文件。确保在"置入"对话框中勾选了"链接"复选框，如图 15-4 所示。

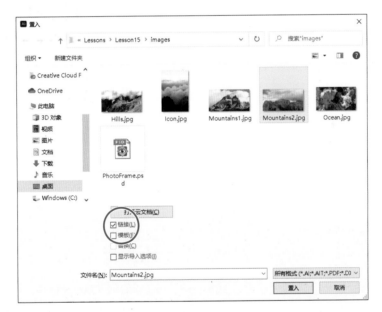

图 15-4

> 💡 **注意**　在 macOS 中，您可能需要单击"置入"对话框中的"选项"按钮来显示"链接"选项。

③ 单击"置入"按钮。

鼠标指针现在应显示为一个加载图形的图标。您可以在鼠标指针旁边看到 1/1，指示即将置入的图像数量，另外还有一个缩略图，这样您就可以看到您置入的是什么图像。

④ 将鼠标指针移动到左侧画板的左边缘附近，单击以置入图像，如图 15-5 所示。保持图像处于选中状态。

> 💡 **提示**　所选图像上的 × 表示置入的是链接的图像（要显示边缘，请选择"视图">"显示边缘"）。

图 15-5

图像将以原始尺寸显示在画板上，而且图像的左上角将位于
您单击的位置。您还可以在置入图像时，按住鼠标左键拖动鼠标
指针绘制一个选框区域，从而对置入图像进行大小限定。

请注意，选择图像后，您会在"属性"面板（选择"窗口">"属
性"）顶部看到"链接的文件"字样，表示图像已链接到其源文
件，如图15-6所示。默认情况下，置入的图像是链接到源文件的。
因此，如果在 Adobe Illustrator 外部编辑了源文件，则在 Adobe
Illustrator 中置入的图像也会更新。如果在置入时取消勾选"链接"
复选框，则图像文件会直接嵌入 AI 文件中。

图 15-6

> 💡 **提示** 若要变换置入的图像，可以打开"属性"面板或"变换"面板（选择"窗口">"变换"），并
> 在其中更改设置。

15.3.2 变换置入的图像

像在 AI 文件中操作其他对象那样，您也可以复制和变换置入的栅格图像。与矢量图形不同的是，
对于栅格图像，您需要考虑图像分辨率，因为分辨率较低的栅格图像在打印时可能会出现像素锯齿。
在 Adobe Illustrator 中操作时，缩小图像可以提高其分辨率，而放大图像则会降低其分辨率。在 Ado-
be Illustrator 中对链接的图像执行的变换以及任何导致分辨率变化的操作都不会改变原始图像，所做
的更改仅影响图像在 Adobe Illustrator 中渲染的方式。本小节将变换 Mountains2.jpg 图像。

> 💡 **提示** 与其他图稿类似，您也可以按住 Option + Shift 组合键（macOS）或 Alt + Shift 组合键
> （Windows），拖动围绕图像的一个定界点，基于图像中心调整大小，同时保持图像比例不变。

❶ 选择"选择工具" ▶，同时按住 Shift 键，按住鼠标左键将图像右下角的定界点向中心拖动，
直到其宽度略大于画板，如图 15-7 所示。松开鼠标左键，松开 Shift 键。

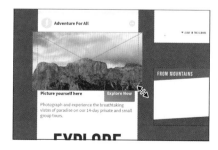

图 15-7

② 在"属性"面板中单击顶部的"链接的文件"字样以打开"链接"面板。在"链接"面板中
选择 Mountains2.jpg 文件后，单击面板左下角的"显示链接
信息"折叠按钮 可查看有关图像的信息，如图 15-8 所示。

您可以查看缩放百分比、旋转角度、大小等内容。注意，
PPI（像素每英寸）值大约为 100。PPI 是指图像的分辨率。

如果像第 1 步那样缩放置入的栅格图像，则图像分辨率
会发生变化（置入的原始图像不受影响）。如果将图像拉大，
其分辨率会降低；相反，如果将图像缩小，则其分辨率会升
高。其他变换（如旋转）也可以通过第 5 课中介绍的各种方
法应用到图像中。

③ 按 Esc 键隐藏"链接"面板。

④ 单击"属性"面板中的"水平翻转"按钮 ，沿中
心水平翻转图像，如图 15-9 所示。

图 15-8

图 15-9

⑤ 使图像保持选中状态，选择"文件">"存储"，保存文件。

15.3.3 裁剪图像

在 Adobe Illustrator 中，您可以遮挡或隐藏图像的一部分，也可以裁剪图像以永久删除部分图像。
在裁剪图像时，您可以定义分辨率，这是减小文件大小和提高性能的有效方法。在 Windows 系统（64
位）和 macOS 中裁剪图像时，Adobe Illustrator 会自动识别所选图像的视觉重要部分。这是由 Adobe
Sensei 提供的内容感知裁剪功能。本小节将裁剪山峰图像。

💡 提示 通过选择 Illustrator>"首选项">"常规"（macOS）或"编辑">"首选项">"常规"（Windows），
然后取消勾选"启用内容识别默认设置"复选框，可以关闭内容感知裁剪功能。

① 在选中图像的情况下，单击"属性"面板中的"裁剪图像"按钮，如图 15-10（a）所示，在
弹出的警告对话框中，单击"确定"按钮，如图 15-10（b）所示。

💡 提示 若要裁剪所选图像，您还可以选择"对象">"裁剪图像"或在上下文菜单中选择"裁剪图像"
命令（在图像上单击鼠标右键或按住 Ctrl 键并单击图像）。

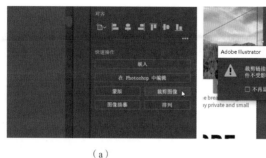
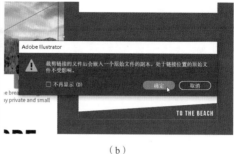

（a）　　　　　　　　　　　　　　　（b）

图 15-10

链接的图像（如山峰图像）在被裁剪后，会嵌入 AI 文件中。Adobe Illustrator 会自动识别所选图像的视觉重要部分，而且图像上会显示一个默认裁剪框。如果有必要，您可以调整此裁剪框的尺寸，而剪裁框以外的图稿部分会变暗，在完成裁剪之前无法对其进行选择。

❷ 按住鼠标左键拖动裁剪手柄，裁掉图像的底部和顶部，并且在图像左右两侧将其剪裁到与画板边缘齐平。您最初看到的剪裁框可能与图 15-11（a）所示的有所不同，这没关系。您在操作时可以将图 15-11（b）所示作为最终参考。

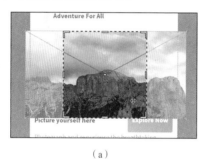
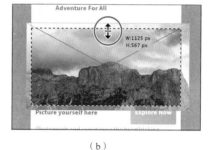

（a）　　　　　　　　　　　　　　　（b）

图 15-11

您可以拖动出现在图像周围的裁剪手柄来裁剪图像的不同部分，还可以在"属性"面板中定义裁剪后图像的大小（宽度和高度）。

❸ 在"属性"面板中设置 PPI（分辨率）为 106，如图 15-12 所示。

PPI 是指图像的分辨率。PPI 下拉列表中任何高于原始图像分辨率的选项都将被禁用。您可以输入的最大值等于原始图像分辨率，而链接图像的 PPI 可设为 300。如果要减小文件大小，请选择比原始图像分辨率更低的分辨率，但这有可能造成图像不适合打印。

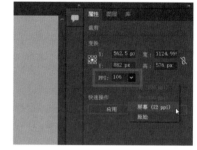

图 15-12

> 💡注意　根据图像的大小，"中（150 ppi）"选项可能不会变暗，这是正常的。

❹ 将鼠标指针移动到图像的中心，然后将裁剪框向下拖动一点，在图像的顶部进行更多裁剪，如图 15-13 所示。

> 💡提示　如果无法向上或向下拖动裁剪框，请尝试向右或向左拖动裁剪框。

> 💡提示　您可以按 Enter 键应用裁剪或按 Esc 键取消裁剪。

⑤ 在"属性"面板中单击"应用"按钮，永久性裁剪图像，如图 15-14 所示。

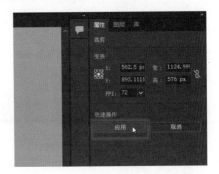

图 15-13

图 15-14

由于图像在裁剪时已经嵌入，因此裁剪不会影响您置入的原始图像文件。

⑥ 如果有需要，适当调整图像的位置。单击"属性"面板中的"排列"按钮，选择"后移一层"命令，执行此操作几次，使图像位于图稿和文本的下层，效果如图 15-15 所示。

图 15-15

⑦ 选择"选择">"取消选择"，然后选择"文件">"存储"，保存文件。

15.3.4 置入 PSD 文件

在 Adobe Illustrator 中置入包含多个图层的 PSD 文件（本地文档 .psd 或云文档 .psdc）时，您可以在置入文件时更改图像选项。例如，如果置入 PSD 文件，可以选择拼合图像，或者保留文件中的原始 Photoshop 图层。本小节将置入一个 PSD 文件，然后设置相关选项将其嵌入 AI 文件中。

① 选择"文件">"置入"。

② 在"置入"对话框中，定位到 Lessons>Lesson15>images 文件夹，选择 PhotoFrame.psd 文件。在"置入"对话框中，设置以下选项（在 macOS 中，如果看不到这些选项，请单击"选项"按钮），如图 15-16 所示。

• "链接"复选框：取消勾选（取消勾选"链接"复选框可将图像文件嵌入 AI 文件中。如您所见，嵌入 PSD 文件可在置入时提供更多选项）。

• "显示导入选项"复选框：勾选（勾选此复选框将在单击"置入"按钮后打开一个导入选项对话框，您可以在置入文件之前设置导入选项）。

③ 单击"置入"按钮。

由于文件具有多个图层，且在"置入"对话框中勾选了"显示导入选项"复选框，因此此时会弹出"Photoshop 导入选项"对话框。

图 15-16

注意 如果文件没有多个图层，即使在"置入"对话框中勾选了"显示导入选项"复选框，单击"置入"按钮后也不会显示导入选项对话框。

④ 在"Photoshop 导入选项"对话框中，设置以下选项，如图 15-17 所示。

• 图层复合：Beach（图层复合是您在 Adobe Photoshop 中创建的"图层"面板状态的快照。在 Adobe Photoshop 中，您可以在单个 PSD 文件中创建、管理和查看图层布局。PSD 文件中图层复合关联的所有注释都将显示在"注释"区域中）。

提示 若要了解有关图层复合的详细内容，请在"Illustrator 帮助"（选择"帮助">"Illustrator 帮助"）中搜索"从 Photoshop 导入图稿"。

• "显示预览"复选框：勾选（这将在预览框中显示所选图层复合的预览图）。
• "将图层转换为对象"选项：选择。
（仅当您取消勾选"链接"复选框，并选择嵌入 PSD 文件时，此选项和"将图层拼合为单个图像"选项才可用）。
• "导入隐藏图层"复选框：勾选（这将导入在 Adobe Photoshop 中隐藏的图层）。

提示 您可能在对话框中看不到预览图，这没关系。

⑤ 单击"确定"按钮。

⑥ 将鼠标指针移动到右侧画板的左上角，按住鼠标左键从画板的左上角拖动到画板的右下角以置入图像并调整其大小，确保该图像覆盖整个画板，如图 15-18 所示。

您已将 PhotoFrame.psd 文件中的图层变换为可以在 Adobe Illustrator 中显示和隐藏的图层，而不是将整个文件拼合为单个图像。如果在置入 PSD 文件时勾选了"链接"复选框（链接到原始 PSD 文件），那么"Photoshop 导入选项"对话框的"选项"选项组中仅有唯一可用的"将图层拼合为单个图像"选项。请注意，在画板上仍选择图像的情况下，"属性"面板的顶部会显示"编组"文本。在保存和置入时，原来的图层将组合在一起。

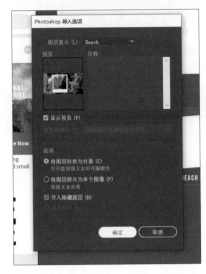

图 15-17

 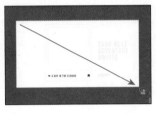

图 15-18

⑦ 选择"对象">"排列">"置于底层"，将图像置于画板上内容的底层。

⑧ 打开"图层"面板，按住鼠标左键将"图层"面板的左边缘向左侧拖动，使面板变宽，以便您可以查看图层的完整名称。

⑨ 单击面板底部的"定位对象"按钮，在"图层"面板中显示图像内容，如图 15-19 所示。

> 💡 提示　如果 PhotoFrame.psd 文件在"图层"面板中不是最后一个（底部）对象，请将其向下拖动直至它为最后一个对象。

注意 PhotoFrame.psd 文件的子图层。这些子图层是 PSD 文件中的图层，现在出现在 Adobe Illustrator 的"图层"面板中，是因为在"置入"图像时没有选择"将图层拼合为单个图像"选项。

当您置入带有图层的 PSD 文件并在"Photoshop 导入选项"对话框中选择"将图层转换为对象"选项时，Adobe Illustrator 将图层视为组中的单独子图层。PSD 文件中有一个白色相框，但是画板上已经有一个相框，因此接下来您需要隐藏 PSD 文件中的白色相框及其中的一个图像。

⑩ 在"图层"面板中，单击子图层 Pic frame 和 Beach 左侧的眼睛图标将其隐藏，如图 15-20 所示。单击山峰图像图层的眼睛图标位置（本例中山峰图像图层已被命名为"<背景> 0"）以显示山峰图像。

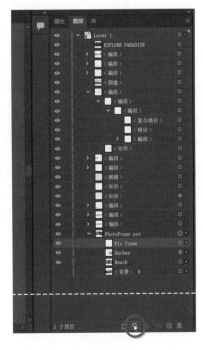

图 15-19

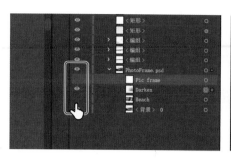

图 15-20

15.3.5 置入多个图像

在 Adobe Illustrator 中，您还可以一次性置入多个文件。本小节将同时置入多个图像，然后将其放置在画板上。

①选择"文件">"置入"。

②在"置入"对话框中，打开 Lessons>Lesson15>images 文件夹，选择 Hills.jpg 文件，然后按住 Command 键（macOS）或 Ctrl 键（Windows），单击名为 Icon.jpg 的图像以选中这两个图像文件，如图 15-21 所示。在 macOS 中，如有必要，单击"选项"按钮以显示其他选项。取消勾选"显示导入选项"复选框，并确保未勾选"链接"复选框。

图 15-21

> 💡 **注意** 您在 Adobe Illustrator 中看到的"置入"对话框可能会以不同的视图（如"列表视图"）显示图像，这不影响操作。

③单击"置入"按钮。

④将鼠标指针移动到带有 Adventure For All 文本的画板的左侧，按向右箭头键或向左箭头键（或

向上箭头键和向下箭头键）几次，观察鼠标指针旁边的图像缩略图之间的循环切换。在看到 Icon.jpg 图像的缩略图时，按住鼠标左键并拖动，以较小的尺寸置入图像，如图 15-22 所示。

图 15-22

💡 **提示** 若要丢弃已加载并准备置入的资源，请使用方向键定位到相应资源，然后按 Esc 键。

您可以在文档窗口中单击，将图像直接以原始图像的大小置入，也可以按住鼠标左键拖动来置入图像。置入图像时，使用按住鼠标左键并拖动的方式可以调整图像的大小。在 Adobe Illustrator 中调整图像大小可能会导致图像的分辨率与原始分辨率不同。另外，当您在文档窗口中单击或拖动时，无论鼠标指针旁边显示的是哪个图像的缩略图，其都是要置入的图像。

❺ 将鼠标指针移动到右侧底部的画板中，将鼠标指针移动至画板的左上角，然后按住鼠标左键拖过画板的右下角以置入和缩放图像，如图 15-23 所示。保持图像处于选中状态。

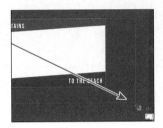

图 15-23

❻ 在"属性"面板中单击"排列"按钮，选择"置于底层"命令，将图像排列在画板上其他内容的下层，如图 15-24 所示。

❼ 保持图像处于选中状态，并选择"文件"＞"存储"，保存文件。

图 15-24

置入云文档

在 Adobe Illustrator 中，您可以置入 PSD 云文档。目前，唯一的方法就是嵌入它们。操作步骤如下。

❶ 选择"文件"＞"置入"。

❷ 在本地"置入"对话框中，单击"打开云文档"按钮，如图 15-25 所示，以打开云文档的资源选择器。

图 15-25

在资源选择器中选择文件 [如 PSD 云文档（扩展名为 .psdc ）] 后，如果该文件不是本地文件，则会下载该文件。然后，您可以选择适当的选项，例如保留图层用于嵌入云文档，如图 15-26 所示。

图 15-26

15.4　给图像添加蒙版

为了实现某些设计效果，可以为内容应用剪切蒙版（剪贴路径）。剪切蒙版是一种对象，其形状可遮罩其他图稿，只有位于形状内的图稿可见。图 15-27（a）所示为顶层带有白色圆形的图像，在图 15-27（b）中，白色圆形被用来遮罩或隐藏部分图像。

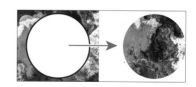

图像顶层带有白色圆形　遮罩或隐藏部分图像
（a）　　　　　　　　（b）
图 15-27

💡**注意**　通常，"剪切蒙版"、"剪贴路径"和"蒙版"的意思是一样的。

只有矢量对象才能成为剪切蒙版，但是可以对任何图稿添加剪切蒙版。您还可以导入在 PSD 文件中创建的蒙版。剪切蒙版和被遮罩对象称为剪切组。

15.4.1 给图像添加剪切蒙版

本小节将在 Hills.jpg 图像上创建一个剪切蒙版，以便隐藏部分图像。

❶ 在选择 Hills.jpg 图像的情况下，在"属性"面板中单击"快速操作"选项组中的"蒙版"按钮，如图 15-28 所示。

图 15-28

> **💡 提示** 您还可以通过选择"对象">"剪切蒙版">"制作"来应用剪切蒙版。

单击"蒙版"按钮，可将一个形状和大小均与图像相同的剪切蒙版应用于图像。在这种情况下，图像看起来并没有任何变化。

❷ 在"图层"面板中，单击面板底部的"定位对象"按钮🔍，如图 15-29 红圈所示。

注意包含在"< 剪切组 >"图层中的"< 剪贴路径 >"和"<图像 >"子图层，如图 15-29 红框所示。"< 剪贴路径 >"是创建的剪切蒙版，"< 剪切组 >"是包含蒙版和被遮罩对象（被裁剪后的嵌入图像）的集合。

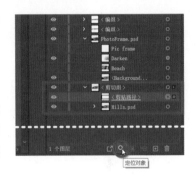

图 15-29

15.4.2 编辑剪切蒙版

要编辑剪切蒙版，需要先将其选中。Adobe Illustrator 提供了多种方法来选择剪切蒙版。本小节将编辑刚创建的剪切蒙版。

❶ 在画板上仍选择 Hills.jpg 图像的情况下，单击"属性"面板顶部的"编辑内容"按钮◉，如图 15-30（a）所示。

❷ 切换到"图层"面板，您会注意到"< 图像 >"子图层（在"< 剪切组 >"图层中）名称最右侧出现了选择指示器■，如图 15-30（b）所示，这意味着该子图层在画板上被选择了。

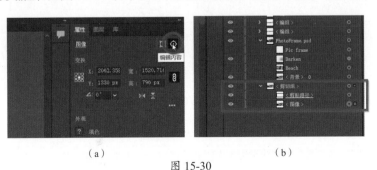

（a）　　　　　　　　　　　（b）

图 15-30

❸ 在"属性"面板顶部单击"编辑剪切路径"按钮▣会在"图层"面板中选择"＜剪贴路径＞"子图层，如图 15-31 所示。

图 15-31

当对象被遮罩时，您可以编辑剪切蒙版和被遮罩对象。使用"编辑内容"按钮◉和"编辑剪切路径"按钮▣可选择要编辑的对象。首次选择被遮罩的对象时，将同时编辑剪切蒙版和被遮罩对象。

❹ 选择"选择工具"▶，按住鼠标左键拖动所选剪切蒙版右下角的定界点，使其适合画板大小，如图 15-32 所示。

❺ 单击"属性"面板顶部的"编辑内容"按钮◉，编辑 Hills.jpg 图像，而不是剪切蒙版，如图 15-33（a）所示。

图 15-32

❻ 选择"选择工具"▶，在蒙版范围内按住鼠标左键小心地拖动，以将图像重新定位在蒙版的中央，如图 15-33（b）所示，松开鼠标左键。请注意，您正在移动的是图像而不是剪切蒙版。

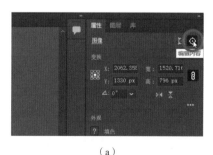

（a）　　　　　　　　　　　　　（b）

图 15-33

单击"编辑内容"按钮◉后，可以对图像应用多种变换，包括缩放、移动、旋转等。

⑦ 选择"视图">"全部适合窗口大小"。

⑧ 选择"选择">"取消选择",然后选择"文件">"存储",保存文件。

15.4.3 使用形状创建剪切蒙版

您还可以使用形状来创建剪切蒙版。本小节将使用一个圆形来制作一个图像图标。

① 选择 Adventure For All 文本左侧的灰色圆形,并按住鼠标左键将其拖动到 Icon.jpg 图像的上面,如图 15-34 所示。圆形将被放置在图像的下层。

② 按 Command + + 组合键(macOS)或 Ctrl + + 组合键(Windows)4 次左右,放大视图。

③ 单击"属性"面板中的"排列"按钮,选择"置于顶层"命令,将圆形排列在 Icon.jpg 图像的上层。

图 15-34

④ 按住 Shift 键并单击图像以选择圆形和图像,单击"属性"面板"快速操作"选项组中的"建立剪切蒙版"按钮,以圆形遮罩图像,如图 15-35 所示。

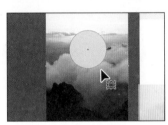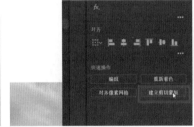

图 15-35

此时已经隐藏了圆形范围之外的图像。

⑤ 在圆形中双击以进入隔离模式,调整图像的大小和位置。在隔离模式下,您可以分别编辑图像和剪切蒙版(圆形)。将鼠标指针移动到图像上方,单击(注意不要单击到圆形边缘)以将其选中。

⑥ 按住 Shift 键,按住鼠标左键拖动图像一角的定界点,缩小图像,如图 15-36(a)所示。松开鼠标左键,松开 Shift 键。

⑦ 将鼠标指针移动到图像上,待其变为 形状时,按住鼠标左键拖动图像以重新调整图像位置,如图 15-36(b)所示。

(a)　　　　　　　　　(b)

图 15-36

⑧ 按 Esc 键,退出隔离模式。

⑨ 在图像以外的地方单击以取消选择,按住鼠标左键将圆形拖到画板上的 Adventure For

All 文本的左侧，选择"对象">"排列">"后移一层"
几次，将圆形置于白色图标下层，如图 15-37 所示。

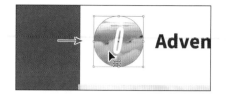

图 15-37

⑩ 选择"选择">"取消选择"，然后选择"视图">"全部适合窗口大小"以再次查看所有内容。

15.4.4　用文本创建剪切蒙版

本小节将使用文本来创建剪切蒙版。在本例中，文本将保持可编辑状态，而不是转换为轮廓。另外，您将使用 PSD 文件的一部分来置入图像。

① 选择"选择工具"▶，在右上画板中单击之前置入的 PSD 文件。

② 在"图层"面板中，单击"定位对象"按钮🔍，突出显示"图层"面板中置入的图像内容。

③ 单击海滩图像（Beach 子图层）左侧的眼睛图标位置，以显示该图像，如图 15-38（a）左侧红圈所示。

④ 单击"图层"面板中海滩图像的选择指示器■以仅选择该图像，如图 15-38(a)右侧红圈所示，效果如图 15-38（b）所示。

（a）

（b）

图 15-38

⑤ 选择"编辑">"复制"，然后选择"编辑">"粘贴"。

⑥ 选择"编辑">"粘贴"，粘贴另一个副本，按住鼠标左键将其拖动到空白区域，如图 15-39 所示。现在显示有 3 个图像副本了。

⑦ 在"图层"面板中，单击 PotoFrame.psd 图层中"Beach"子图层左侧的眼睛图标👁，将其隐藏。

⑧ 拖动图像的第一个副本到文本 EXPLORE PARADISE 上方，不用考虑其具体位置。

⑨ 单击"属性"面板中的"排列"按钮，选择"置于底层"命令，效果如图 15-40 所示。

图 15-39

图 15-40

您现在能看到 EXPLORE PARADISE 文本。要使用文本创建蒙版，文本需要在图像的上层。

⑩ 选择"编辑">"复制"，复制图像，然后选择"编辑">"贴在前面"。

⑪ 选择"对象">"隐藏">"所选对象"，隐藏副本。

⑫ 单击文本下方的图像，按住 Shift 键单击 EXPLORE PARADISE 文本，同时选中它们。

⑬ 在"属性"面板中单击"建立剪切蒙版"按钮，此时图像被文本遮罩，效果如图 15-41 所示。

图 15-41

15.4.5 完成文本蒙版

接下来，您将在文本下层添加一个深色矩形来使文本和下层的图像在视觉上区分开来。

❶ 在"图层"面板中，单击"图层"面板底部的 Beach 图层的眼睛图标位置以显示该图层上
的内容，如图 15-42 所示。

❷ 在工具栏中选择"矩形工具"▢，按住鼠标
左键绘制一个和图像等大的矩形覆盖住图像。

❸ 单击"属性"面板中的"填色"框，选择一个
深灰色色板。

❹ 在"属性"面板中将"不透明度"更改为
80%，如图 15-43 所示。

图 15-42

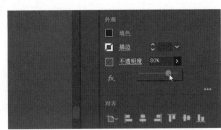

图 15-43

❺ 单击"排列"按钮，选择"置于底层"命令，将矩形
置于剪切蒙版的下层。

❻ 单击"排列"按钮，选择"前移一层"命令，将其置
于未遮盖的图像上层，如图 15-44 所示。

❼ 选择"选择">"取消选择"。

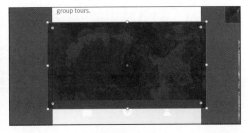

15.4.6 创建不透明蒙版

不透明蒙版不同于剪切蒙版，因为它允许您遮罩对象并改变图稿的不透明度。您可以通过"透明
度"面板制作和编辑不透明蒙版。本小节将为海滩图像副本创建一个不透明蒙版，使其逐渐融入另一
个图像。

图 15-44

① 选择"选择工具"▶，选择复制的海滩图像并将其拖动到图 15-45 所示的位置。

② 在工具栏中选择"矩形工具"▢，按住鼠标左键拖动以创建一个覆盖大部分海滩图像的矩形，如图 15-46（a）所示，它将成为蒙版。

③ 按 D 键设置新矩形为默认描边（黑色，1 pt）和填色（白色），效果如图 15-46（b）所示，以便更轻松地选择和移动它。

图 15-45

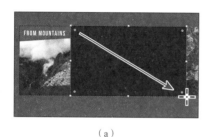

（a）

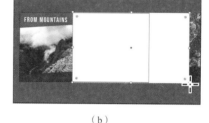

（b）

图 15-46

④ 选择"选择工具"▶，在按住 Shift 键的同时单击海滩图像以将其选中。

⑤ 单击"属性"面板中的"不透明度"文本打开"透明度"面板。单击"制作蒙版"按钮，然后保持图稿处于选中状态，面板处于显示状态，如图 15-47 所示。

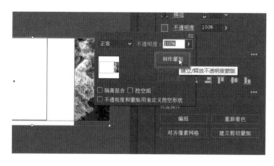

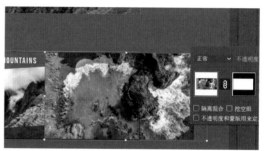

图 15-47

> 💡 注意　如果要创建与图像具有相同尺寸的不透明蒙版，则不需要绘制形状，只需单击"透明度"面板中的"制作蒙版"按钮即可。

单击"制作蒙版"按钮后，该按钮显示为"释放"。如果单击"释放"按钮，图像将不再被遮罩。

15.4.7　编辑不透明蒙版

本小节将调整 15.4.6 小节创建的不透明蒙版。

① 选择"窗口">"透明度"，打开"透明度"面板。

您将看到与单击"属性"面板中的"不透明度"文本打开的面板相同的面板。若您是单击"不透明度"文本打开的"透明度"面板，您需要隐藏该面板，以使本小节中所做的更改生效，而对于自由浮动的"透明度"面板，更改将自动生效。

❷ 在"透明度"面板中，按住 Shift 键并单击蒙版缩略图（由黑色背景上的白色矩形表示）以禁用蒙版。

> 💡 **提示** 若要禁用或启用不透明蒙版，您还可以单击"透明度"面板菜单按钮通过选择"停用不透明蒙版"或"启用不透明蒙版"命令来实现。

请注意，"透明度"面板中的蒙版上会出现一个红色的 ×，并且整个海滩图像会重新出现在文档窗口中，如图 15-48 所示。

如果您需要对被遮罩对象进行任何操作，禁用蒙版对再次查看所有被遮罩的对象（在本例中为图像）很有用。

❸ 在"透明度"面板中，按住 Shift 键并单击蒙版缩略图，再次启用蒙版。

❹ 单击"透明度"面板右侧的蒙版缩略图，如图 15-49 所示。如果未在画板上选中蒙版，请使用"选择工具"▶单击蒙版缩略图以选中它。

图 15-48

图 15-49

单击"透明度"面板右侧的不透明蒙版缩略图可在画板上选中蒙版（矩形）。选中蒙版后，您将无法在画板上编辑其他图稿。另外，请注意，文档选项卡中会显示"（< 不透明蒙版 > / 不透明蒙版）"，表示您正在编辑不透明蒙版。

> 💡 **提示** 要在画板上单独显示蒙版（如果原始蒙版有其他颜色的话，则以灰度显示），还可以按住 Option 键（macOS）或 Alt 键（Windows），在"透明度"面板中单击蒙版缩略图。

❺ 在"图层"面板中单击"< 不透明蒙版 >"图层的折叠按钮❯以显示内容，如图 15-50 所示。

❻ 确保在"透明度"面板和画板上仍选择蒙版，在"属性"面板中将"填色"更改为白色到黑色的线性渐变（名称为 White,Black），如图 15-51 所示。

图 15-50

您现在可以看到，在蒙版的白色部分海滩图像会显示出来，而在蒙版的黑色部分海滩图像会被隐藏起来。这种渐变蒙版会逐渐显示图像。

❼ 确保已选择了工具栏底部的"填色"框。

图 15-51

⑧ 选择"渐变工具" ，将鼠标指针移动到海滩图像的右侧，按住鼠标左键向左拖到海滩图像的左边缘，如图 15-52 所示。

请注意，此时不透明蒙版在"透明度"面板中的外观已发生改变。接下来将移动图像，但不移动不透明蒙版。在"透明度"面板中选择图像缩略图后，默认情况下，图像和不透明蒙版会链接在一起，所以在移动图像时，不透明蒙版也会移动。

图 15-52

⑨ 在"透明度"面板中，单击图像缩略图，停止编辑不透明蒙版。单击图像缩略图和蒙版缩略图之间的链接按钮，断开图像和不透明蒙版的链接，如图 15-53 所示。这样就可以只移动图像或不透明蒙版，而不会同时移动它们。

注意 只有在"透明度"面板中选择了图像缩略图（而不是蒙版缩略图）时，您才能单击链接按钮。

⑩ 选择"选择工具"，按住鼠标左键将海滩图像向左侧稍微拖动，如图 15-54 所示，松开鼠标左键以查看其位置。

图 15-53

图 15-54

注意 海滩图像的位置不需要与图 15-54 所示完全一致。

⑪ 在"透明度"面板中，单击图像缩略图和蒙版缩略图之间的断开链接按钮，将两者再次链接在一起，如图 15-55 所示。

⑫ 按住鼠标左键将海滩图像向左拖动，以覆盖更多的山峰图像。

⑬ 按住 Shift 键，单击山峰图像，选择"对象">"排列">"置于底层"，将其置于画板上的文本的下层，如图 15-56 所示。

图 15-55

图 15-56

⑭ 选择"选择">"取消选择"，然后选择"文件">"存储"，保存文件。

💡 **注意** 有关如何使用链接和 Adobe Creative Cloud 库项目的更多内容，请参阅第 14 课。

15.5 使用图像链接

当您将图像置入 Adobe Illustrator 中时，可以选择链接图像或嵌入图像。您可以使用"链接"面板查看和管理所有链接图像或嵌入图像。"链接"面板显示了图稿的缩略图，并使用各种图标来表示图像的状态。在"链接"面板中，您可以查看已链接或已嵌入的图像，替换置入的图像，更新在 Adobe Illustrator 外部编辑的链接图像等。

15.5.1 查找链接信息

置入图像时，了解原始图像的位置、对图像应用的变换（如旋转和缩放）以及更多其他信息很重要。在本小节，您将浏览"链接"面板来了解图像信息。

❶ 选择"窗口">"工作区">"重置基本功能"。

❷ 选择"窗口">"链接"，打开"链接"面板。

❸ 在"链接"面板中选择 Icon.jpg 图像，单击面板左下角的折叠按钮 ▤，以在面板底部显示链接信息，如图 15-57 所示。

在"链接"面板中，您将看到已置入的所有图像的列表。您可以通过图像名称或缩略图右侧的嵌入图标 ▤ 判断图像是否已被嵌入。如果在"链接"面板中看不到图像的名称，通常表示该图像是在置入时嵌入的，或者是与保留了图层的分层 PSD 文件一起使用的，抑或者是粘贴到 Adobe Illustrator 中的。您还可以看到有关图像的信息，例如嵌入（嵌入的文件）、分辨率、变换信息等。

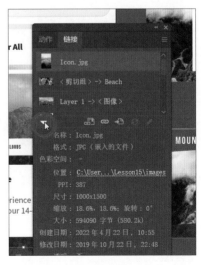

图 15-57

④ 单击图像列表下方的"转至链接"按钮❐。Icon.jpg 图像将被选择并居中显示在文档窗口中,如图 15-58 所示。

图 15-58

⑤ 选择"选择">"取消选择",然后选择"文件">"存储",保存文件。

15.5.2 嵌入和取消嵌入图像

如果您选择在置入图像时不链接到该图像,则该图像将嵌入 AI 文件中。这意味着图像数据存储在 AI 文件中。您也可以在置入并链接到图像后,再选择嵌入图像。此外,您可能希望在 Adobe Illustrator 外部使用嵌入图像,或在类似 Adobe Photoshop 这样的图像编辑应用程序中对其进行编辑。Adobe Illustrator 允许您取消嵌入图像,从而将嵌入的图像作为 PSD 或 TIFF 文件(您可以选择)保存到您的文件系统,并自动将其链接到 AI 文件。本小节将在文件中取消嵌入图像。

① 选择"视图">"全部适合窗口大小"。

② 单击右侧下部画板上的 Hills.jpg 图像(山峰图像),"链接"面板中对应的内容如图 15-59 所示。

最初置入 Hills.jpg 图像时勾选了"嵌入"复选框,而嵌入图像后,您可能需要在 Adobe Photoshop 之类的应用程序中对该图像进行编辑。此时,您需要取消嵌入来对其进行编辑,这是接下来您将对图像所做的处理。

③ 单击"属性"面板中的"取消嵌入"按钮,如图 15-60 所示。

图 15-59

图 15-60

④ 在弹出的对话框中，定位到 Lessons>Lesson15>images 文件夹，确保在"文件格式"下拉列表（macOS）或"保存类型"下拉列表（Windows）中选择"Photoshop（*.PSD）"选项，单击"保存"按钮，如图 15-61 所示。

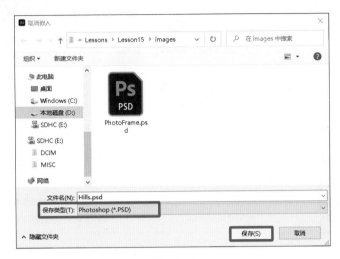

图 15-61

如果图像处于选择状态，那么现在图像上会出现一个 ×，这表示图像是链接而不是嵌入状态。如果在 Adobe Photoshop 中编辑 Hills.psd 图像，由于图像已链接，Adobe Illustrator 中的图像会自动更新。

⑤ 选择"选择">"取消选择"。

15.5.3 替换链接图像

您可以轻松地将链接或嵌入的图像替换为另一个图像来更新图稿。替换图像要放置在原始图像所在的位置，如果新图像具有与原始图像相同的尺寸，则无须进行调整。如果缩放了要替换的图像，则可能需要调整替换图像的大小以匹配原始图像。本小节将替换图像。

① 单击左侧画板上的 Mountains2.jpg 图像。这是您置入的第一个图像。

② 在"链接"面板中，在图像列表下方单击"重新链接"按钮🔗，如图 15-62 所示。

图 15-62

❸ 在弹出的对话框中，定位到 Lessons>Lesson15>images 文件夹，选择 Mountains1.jpg 图像，确保已勾选"链接"复选框，单击"置入"按钮以替换图像，如图 15 63 所示，替换链接图像效果如图 15-64 所示。

图 15-63

❹ 选择"选择">"取消选择"，最终效果如图 15-65 所示。选择"文件">"存储"，保存文件。

图 15-64

图 15-65

❺ 根据需要，选择"文件">"关闭"几次，关闭所有打开的文件。

复习题

1. 在 Adobe Illustrator 中，链接文件和嵌入文件之间的区别是什么？
2. 导入图像时如何显示选项？
3. 哪些类型的对象可用作蒙版？
4. 如何为置入的图像创建不透明蒙版？
5. 如何替换置入的图像？

参考答案

1. 链接文件是一个独立的外部文件，通过链接与 AI 文件关联。链接文件不会明显增大 AI 文件。为保留链接并确保在打开 AI 文件时显示置入文件，被链接的文件必须随 AI 文件一起提供。嵌入文件将成为 AI 文件的一部分，因此嵌入文件后，AI 文件会相应增大。因为嵌入文件是 AI 文件的一部分，所以不存在断开链接的问题。无论是链接文件还是嵌入文件，都可以使用"链接"面板中的"重新链接"按钮 ⊖ 来更新。
2. 选择"文件">"置入"置入图像时，在"置入"对话框中勾选"显示导入选项"复选框，将打开导入选项对话框，可以在其中设置导入选项，然后再置入图像。在 macOS 中，如果在导入选项对话框中看不到选项，需要单击"选项"按钮。
3. 蒙版可以是简单路径，也可以是复合路径，可以通过置入 PSD 文件来导入蒙版（例如不透明蒙版），还可以使用位于对象组或图层上层的任何形状来创建剪切蒙版。
4. 将用作蒙版的对象放在要遮罩的对象上层，可以创建不透明蒙版。选择蒙版和要遮罩的对象，然后单击"透明度"面板中的"制作蒙版"按钮，或在"透明度"面板菜单中选择"建立不透明蒙版"命令也可以创建不透明蒙版。
5. 要替换置入的图像，可以在"链接"面板中选择该图像，然后单击"重新链接"按钮 ⊖，选择用于替换的图像后，单击"置入"按钮。

分享项目

本课概览

在本课中，您将学习以下内容。

- 打包文件。
- 创建 PDF 文件。
- 创建像素级优化图稿。

- 使用"导出为多种屏幕所用格式"命令。
- 使用"资源导出"面板。

学习本课大约需要 *30*分钟

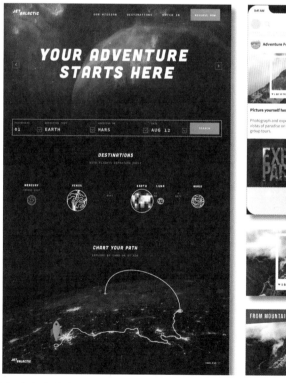

　　您可以使用多种方法分享和导出您的项目，或者优化您在 Adobe Illustrator 中创建的内容，以便在 Web、App 以及屏幕演示文稿中使用。

16.1　开始本课

开始本课之前，请还原 Adobe Illustrator 的默认首选项，并打开课程文件。

> **注意**　本课所用课程文件由 Meng He 设计。

1 为了确保工具的功能和默认值完全如本课所述，请删除或停用（通过重命名）Adobe Illustrator 首选项文件。具体操作请参阅本书"前言"中的"还原默认首选项"部分。

2 启动 Adobe Illustrator。

3 选择"文件">"打开"。在"打开"对话框中，定位到 Lessons>Lesson16 文件夹，选择 L16_start1.ai 文件，单击"打开"按钮。

4 在弹出的警告对话框中勾选"应用于全部"复选框，单击"忽略"按钮，如图 16-1 所示。

图 16-1

此时至少有一个图像（Ocean.jpg 图像）链接到了不在您系统中的 AI 文件。您需要打开"链接"面板，查看哪个文件丢失了，然后替换它们，而不是直接在对话框中替换丢失的图像。

5 如果您跳过了第 15 课，"缺少字体"对话框很有可能会再次弹出。单击"激活字体"按钮以激活所有缺少的字体（您的缺少字体列表可能和图 16-2 所示有所不同）。字体被激活之后，您会看到一条信息，提示没有缺少字体，单击"关闭"按钮。

6 如果弹出字体自动激活的对话框，单击"跳过"按钮。

7 选择"窗口">"工作区">"重置基本功能"，确保工作区为默认设置。

8 选择"视图">"画板适合窗口大小"。

图 16-2

9 如果选中了任何内容，请选择"选择">"取消选择"。

> **注意**　如果在"工作区"菜单中看不到"重置基本功能"命令，请先选择"窗口">"工作区">"基本功能"，然后选择"窗口">"工作区">"重置基本功能"。

修复缺失的图像链接

由于您在打开文件时忽略了提示丢失链接的对话框，如果您希望打印或导出此文件，应修复缺失的图像链接。如果在未修复缺失图像链接的情况下创建 PDF 文件或打印此文件，Adobe Illustrator 将使用每个缺失图像的低分辨率版本。

① 选择"窗口">"链接"，打开"链接"面板。

② 在"链接"面板中，选中第一行右侧带有图标▣的 Ocean.jpg 图像，该图标表示链接的图像缺失。在面板底部单击"转至链接"按钮▣，查看具体是哪一个图像缺失了，如图 16-3 所示。

③ 在面板底部单击"重新链接"按钮▣，链接缺失的图像到原始位置，如图 16-4 所示。

图 16-3　　　　　　　　　　　　　图 16-4

④ 在弹出的对话框中，定位到 Lessons>Lesson16>images 文件夹，选择 Ocean.jpg 文件，勾选"链接"复选框，单击"置入"按钮，如图 16-5 所示。

图 16-5

重新链接的 Ocean.jpg 图像右侧现在将显示一个链接图标▣，表示已经链接到了图像，如图 16-6 所示。

⑤ 选择"选择">"取消选择"，然后选择"文件">"存储"，保存文件。

图 16-6

⑥ 关闭"链接"面板。

16.2 打包文件

Adobe Illustrator 在打包文件时会创建一个文件夹，其中包括 AI 文件的副本、所需字体、链接图像的副本以及一个关于打包文件信息的报告。这是一个用来分发 AI 文件中所有必需文件的简便方法。本小节将打包打开的文件。

> 💡 **注意** 如果需要保存文件，Adobe Illustrator 会显示一个对话框提示您。

① 选择"文件">"打包"，如果弹出对话框询问是否保存，选择保存。在弹出的"打包"对话框中，设置如下选项，如图 16-7 所示。

· 单击文件夹图标，在弹出的对话框中定位到 Lesson16 文件夹，单击"选择"（macOS）或"选择文件夹"（Windows）按钮，返回"打包"对话框。

· 文件夹名称：Social。

· 选项：保持默认设置。

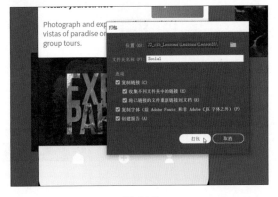

图 16-7

勾选"复制链接"复选框会把所有链接文件复制到新创建的文件夹中。勾选"收集不同文件夹中的链接"复选框将会创建一个名为 Links 的文件夹，并将所有链接复制到该文件夹中。勾选"将已链接的文件重新链接到文档"复选框将会更新 AI 文件中的链接，使其链接到打包时新创建的副本。

> 💡 **注意** 勾选"创建报告"复选框后，Adobe Illustrator 将以 .txt（文本）文件形式创建打包报告（摘要），该文件默认放在打包文件夹中。

② 单击"打包"按钮。

③ 在弹出的提示字体授权信息的对话框中，单击"确定"按钮。单击"返回"按钮，取消勾选"复制字体"（Adobe Fonts 和非 Adobe CJK 字体除外）复选框。

④ 在最后弹出的对话框中，单击"显示文件包"按钮，如图 16-8 所示，查看打包文件夹。

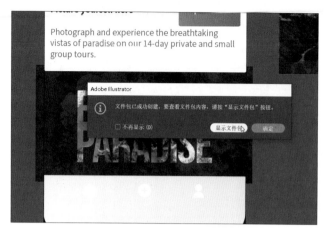

图 16-8

在打包文件夹中应该有 AI 文件的副本和一个名为 Links 的文件夹，如图 16-9 所示，Links 文件夹中包含所有链接的图像。L16_start1 报告文件中包含有关文档内容的信息。

⑤ 返回 Adobe Illustrator。

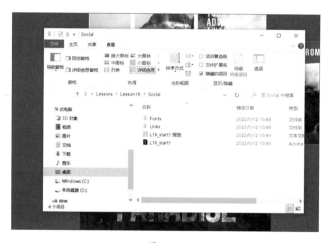

图 16-9

16.3 创建 PDF 文件

便携式文件格式（PDF）是一种通用文件格式，可保留在各种应用程序和平台上创建的源文件的字体、图像和版面。PDF 是在全球范围内安全、可靠的分发和交换电子文档和表单的标准文件格式。PDF 文件结构紧凑而完整，任何人都可以使用免费的 Adobe Acrobat Reader 或其他与 PDF 文件兼容的应用程序来共享、查看和打印 PDF 文件。

您可以在 Adobe Illustrator 中创建不同类型的 PDF 文件，如多页 PDF、分层 PDF 和 PDF/x 兼容的文件。分层 PDF 允许您存储一个带有图层、可在不同上下文中使用的 PDF 文件。PDF/x 兼容的文件减少了打印中的颜色、字体和陷印问题。本小节将把此项目存储为 PDF 文件，以便将其发送给别人查看。

❶ 选择"文件">"存储为"，如果弹出云文档对话框，单击"保存在您的计算机上"按钮。

❷ 在"存储为"对话框中，从"格式"下拉列表中选择 Adobe PDF (pdf) 选项 (macOS) 或从"保存类型"下拉列表中选择 Adobe PDF (*.PDF) 选项 (Windows)，如图 16-10 所示。

❸ 定位到 Lessons>Lesson16 文件夹。

在对话框的底部，您可以选择保存全部画板或部分画板到 PDF 文件。选择好以后单击"保存"按钮，如图 16-10 所示。

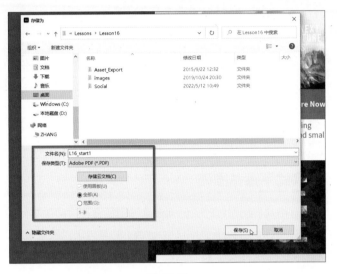

图 16-10

❹ 在"存储 Adobe PDF"对话框中，展开"Adobe PDF 预设"下拉列表，查看所有可用的 PDF 预设。确保选择了"[Illustrator 默认值]"，单击"存储 PDF"按钮，如图 16-11 所示。

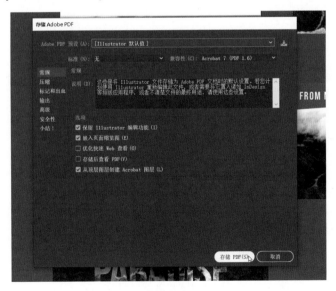

图 16-11

💡 注意　如果要了解更多"存储 Adobe PDF"对话框中的选项和其他预设内容，可以选择"帮助">"Illustrator 帮助"，并搜索"创建 Adobe PDF 文件"。

创建 PDF 的方法有很多种。使用"[Illustrator 默认值]"预设将创建一个保留所有数据的 PDF 文件。在 Adobe Illustrator 中重新打开使用此预设创建的 PDF 文件时，不会丢失任何数据。如果出于特定目的（例如在 Web 上查看或打印）保存 PDF 文件，则可能需要选择其他预设或调整相关选项。

⑤ 选择"文件">"关闭"，关闭 PDF 文件而无须保存。

16.4 创建像素级优化图稿

当创建用于 Web、App、屏幕演示文稿等的内容时，将矢量图形保存成清晰的位图就很重要了。为了创建像素级精确的设计稿，您可以使用"对齐像素"选项将图稿与像素网格对齐。像素网格是一个每英寸长宽各有 72 个小方格的网格，在启用像素预览模式（选择"视图">"像素预览"）的情况下，将视图的放大比例调到 600% 或更高时，您可以看到像素网格。

对齐像素是一个对象级属性，它使对象的垂直和水平路径都与像素网格对齐。只要为对象设置了该属性，修改对象时对象中的任何垂直或水平路径都会与像素网格对齐。

16.4.1 在像素预览模式下预览图稿

以 GIF、JPG 或 PNG 等格式导出图稿时，任何矢量图形都会在生成的文件中被栅格化。启用"像素预览"是一种查看图稿被栅格化后的外观的好方法。本小节将启用"像素预览"查看图稿。

① 选择"文件">"打开"。在"打开"对话框中，定位到 Lessons>Lesson16 文件夹，选择 L16_start2.ai 文件，单击"打开"按钮。

② 选择"文件">"文档颜色模式"，您将发现此时选择了"RGB 颜色"。

> 💡 提示　创建文件后，可以选择"文件">"文档颜色模式"来更改文件的颜色模式。这将为所有新建的颜色和现有色板设置默认的颜色模式。RGB 颜色是为 Web、App 或屏幕演示文稿等创建内容时的理想颜色模式。

针对屏幕查看（如 Web、App 等）进行设计时，RGB 颜色是 AI 文件的首选颜色模式。创建新文件（选择"文件">"新建"）时，可以通过"颜色模式"选项选择要使用的颜色模式。在"新建文档"对话框中，选择除"打印"以外的任何文档配置文件，"颜色模式"都会默认设置为"RGB 颜色"。

③ 选择"选择工具"▶，单击页面中间标记为 JUPITER 的图形。按 Command + + 组合键（macOS）或 Ctrl + + 组合键（Windows）几次，连续放大所选图稿。

④ 选择"视图">"像素预览"，预览整个设计的栅格化版本，如图 16-12 所示。

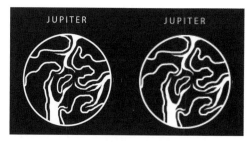

预览模式　　　　　像素预览模式

图 16-12

16.4.2 将新建图稿与像素网格对齐

启用"像素预览"，您将能够看到像素网格，并将图稿与像素网格对齐。启用"对齐像素"（选择"视图">"对齐像素"）后，绘制、修改或变换生成的形状将会对齐到像素网格且显示得更清晰。这也使得大多数图稿（包括大多数实时形状）将自动与像素网格对齐。本小节将查看像素网格，并了解如何将新建图稿与之对齐。

> 💡提示　您可以通过选择 Illustrator CC >"首选项">"参考线和网格"（macOS）或"编辑">"首选项">"参考线和网格"（Windows），并取消勾选"显示像素网格（放大 600% 以上）"复选框来关闭像素网格。

① 选择"视图">"画板适合窗口大小"。

② 选择"选择工具"▶，单击带有文本 SEARCH 的蓝色按钮形状，如图 16-13 所示。

③ 连续按 Command + + 组合键（macOS）或 Ctrl + + 组合键（Windows）几次，直到在文档窗口左下角的状态栏中看到 600%。

将图稿放大到至少 600%，并启用"像素预览"，您就可以看到像素网格。像素网格将画板划分为边长为 1 pt（1/72 英寸）的小格子。在接下来的步骤中，您需要使像素网格可见（缩放级别为 600% 或更高）。

④ 按 Backspace 键或 Delete 键删除选中的形状。

⑤ 选择工具栏中的"矩形工具"▢，绘制一个与第 4 步删除的形状大小大致相当的矩形，如图 16-14（a）所示。

图 16-13

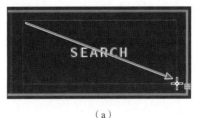

（a）

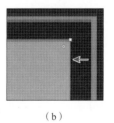

（b）

图 16-14

> 💡注意　在编写本书时，受"对齐像素"影响的创建工具包括钢笔工具、曲率工具、形状工具（如 椭圆工具和矩形工具）、线段工具、弧形工具、网格工具和画板工具。

您可能会注意到，矩形的边缘看起来有点"模糊"，如图 16-14（b）所示，这是因为本文件中禁用了"对齐像素"。因此，默认情况下，矩形的直边不会对齐到像素网格。

⑥ 按 Backspace 键或 Delete 键删除矩形。

⑦ 选择"视图">"对齐像素"，启用"对齐像素"。

> 💡提示　您也可以在选择"选择工具"▶但不选中任何内容的情况下，单击"属性"面板中的"对齐像素"按钮。您还可以在"控制"面板（选择"窗口">"控制"）右侧单击"创建和变换时将贴图对齐到像素网格"按钮▣来启用"对齐像素"。

现在，绘制、修改或变换的任意形状都将对齐到像素网格。当您使用 Web 或 App 配置文件创建新文件时，默认将启用"对齐像素"。

⑧ 选择"矩形工具"▢，绘制一个简单的矩形来代表按钮，此时矩形的边缘相比第 5 步创建的更清晰，如图 16-15 所示。

　　绘制的图稿的垂直边和水平边都对齐到了像素网格。在 16.4.3 小节中，您将把现有图稿对齐到像素网格。在本例中，重绘形状只是为了让您了解启用与不启用"对齐像素"的差别。

⑨ 单击"属性"面板中的"排列"按钮，选择"置于底层"命令，将绘制的矩形排列在 SEARCH 文本的下层。

⑩ 选择"选择工具"▶，按住鼠标左键将矩形拖动到图 16-16 所示的位置。

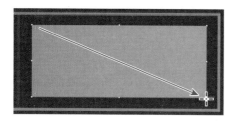

图 16-15

图 16-16

　　拖动过程中，您可能会注意到图稿会对齐到像素网格。

💡 提示　您可以按方向键移动所选图稿，图稿将对齐到像素网格。

16.4.3　将现有图稿与像素网格对齐

　　您还可以通过多种方法将现有图稿与像素网格对齐。

💡 注意　在这种情况下，"属性"面板中的"对齐像素网格"按钮和"设为像素级优化"命令的作用相同。

❶ 按 Command + – 组合键（macOS）或 Ctrl + – 组合键（Windows）一次，缩小视图。

❷ 选择"选择工具"▶，单击您绘制的矩形周围的蓝色描边矩形，如图 16-17 所示。

❸ 单击"属性"面板中的"对齐像素网格"按钮，如图 16-18 所示，或选择"对象">"设为像素级优化"。

图 16-17

图 16-18

　　描边矩形是在未选择"视图">"对齐像素"时创建的，因此将矩形对齐到像素网格后，水平边和垂直边都与最近的像素网格线对齐，如图 16-19 所示。完成此操作后，实时形状和实时角将被保留。

　　对齐像素的对象如果没有垂直线段或水平线段，则不会被微调到与像素网格对齐。例如，倾斜旋转的矩形没有垂直线段或水平线段，因此在为其设置像素对齐属性时不会产生微移而形成清晰的路径。

④ 单击按钮形状左侧的蓝色 V 形状（您可能需要向左滚动视图），选择"对象">"设为像素级优化"，您将在文档窗口中看到一条消息，提示"选区包含无法设为像素级优化的图稿"，如图 16-20 所示。这意味着所选对象没有垂直线段或水平线段能与像素网格对齐。

图 16-19

图 16-20

> 💡 **注意** 选择开放路径时，"对齐像素网格"按钮不会出现在"属性"面板中。

⑤ 单击 V 形状周围的蓝色正方形，按 Command + +组合键（macOS）或 Ctrl + +组合键（Windows）几次，连续放大所选图稿。

⑥ 按住鼠标左键拖动正方形顶部中间的定界点，使正方形变大一些，如图 16-21 所示。

拖动后，请注意使用角部或侧边定界点调整形状的大小，修复相应的边缘（将其对齐到像素网格）。

⑦ 选择"编辑">"还原缩放"，使其保持为正方形。

⑧ 单击"属性"面板中的"对齐像素网格"按钮，确保所有垂直或水平边都与像素网格对齐。

需要注意的是，当对这么小的形状对齐像素时，它的位置可能会发生变化，所以它不再与 V 形状的中心对齐。您需要再次将 V 形状与正方形中心对齐。

⑨ 按住 Shift 键，单击 V 形状将其选中。松开 Shift 键，然后单击正方形的边缘，使其成为关键对象，如图 16-22 所示。

图 16-21

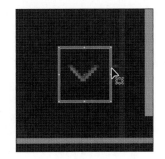

图 16-22

⑩ 单击"垂直居中对齐"按钮▣以及"水平居中对齐"按钮▣，如图 16-23 所示，使 V 形状和正方形中心对齐，如图 16-24 所示。

⑪ 选择"选择">"取消选择"（如果可用的话），然后选择"文件">"存储"，保存文件。

图 16-23

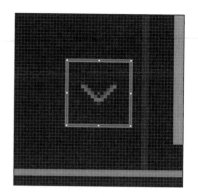

图 16-24

16.5 导出画板和资源

在 Adobe Illustrator 中，使用"文件">"导出">"导出为多种屏幕所用格式"命令和"资源导出"面板，可以导出整个画板，或者显示正在进行的设计或所选资源（在本书中，"导出资产"和"导出资源"是一个意思）。导出的内容可以用不同的文件格式保存，如 JPEG、SVG、PDF 和 PNG。这些格式适用于 Web、设备和屏幕演示文稿，并且与大多数浏览器兼容，当然每种格式具有不同的功能。所选图稿将自动与设计的其余内容隔离，并保存为单独的文件。

> 💡 提示 要了解有关使用 Web 图形的详细内容，请在"Illustrator 帮助"（选择"帮助">"Illustrator 帮助"）中搜索"导出图稿的文件格式"。

16.5.1 导出画板

本小节将介绍如何导出文件中的画板。如果您希望向某人展示您正在进行的设计，或预览演示文稿、网站、App 等设计，就可以导出文件中的画板。

❶ 选择"视图">"像素预览"，将其关闭。

❷ 选择"视图">"画板适合窗口大小"。

❸ 选择"文件">"导出">"导出为多种屏幕所用格式"。

在弹出的"导出为多种屏幕所用格式"对话框中，您可以在"画板"和"资产"之间进行选择；确定要导出的内容后，您可以在对话框的右侧进行导出设置，如图 16-25 所示。

图 16-25

❹ 选择"画板"选项卡，在对话框的右侧，确保选择了"全部"选项。

您可以选择导出所有画板或指定画板。本文件只有一个画板，因此选择"全部"选项与选择"范围"为 1 的选项的效果是一样的。选择"整篇文档"会将所有图稿导出为一个文件。

⑤ 单击"导出至"文本框右侧的文件夹图标，定位到 Lessons>Lesson16 文件夹，单击"选择"按钮（macOS）或"选择文件夹"按钮（Windows）。在"格式"下拉列表中选择 JPG 80 选项，如图 16-26 所示。

图 16-26

在"导出为多种屏幕所用格式"对话框的"格式"选项组中可以为导出的资产设置缩放、添加（或直接编辑）后缀并更改格式，还可以通过单击"添加缩放"按钮，使用不同缩放比例和格式来导出多个版本。

> 💡 提示　为了避免创建子文件夹（如 1x 文件夹），您可以在"导出为多种屏幕所用格式"对话框中取消勾选"创建子文件夹"复选框。

⑥ 单击"导出画板"按钮。

此时将打开 Lesson16 文件夹，您会看到一个名为 1x 的文件夹，在该文件夹里有所需的 JPEG 图像。

⑦ 关闭该文件夹，并返回 Adobe Illustrator。

16.5.2　导出资源

> 💡 注意　有多种方法可以以不同格式导出图稿。您可以在 AI 文件中选择图稿，然后选择"文件" > "导出所选项目"。这会将所选图稿添加到"资源导出"面板，并打开"导出为多种屏幕所用格式"对话框。您可以选择与 16.5.1 小节相同的格式导出资源。

您还可以使用"资源导出"面板快速、轻松地以多种文件格式（如 JPG、PNG 和 SVG）导出各个资源。"资源导出"面板允许您收集您可能频繁导出的资源，并且适用于 Web 和移动工作流，因为它支持一次性导出多种资源。本小节将打开"资源导出"面板，并介绍如何在面板中收集图稿，然后将其导出。

①选择"选择工具"▶，单击位于画板中间、标记为 JUPITER 的图形，如图 16-27 所示。

②按 Command + + 组合键（macOS）或 Ctrl + + 组合键（Windows），重复操作几次，连续放大图稿。

③按住 Shift 键，单击该图稿右侧标记为 SATURN 的图形，如图 16-28 所示。

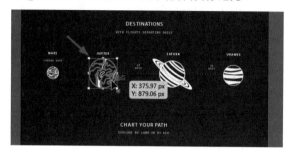

图 16-27

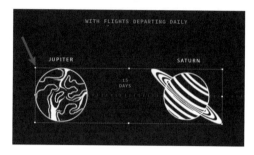

图 16-28

④选择图稿后，选择"窗口">"资源导出"以打开"资源导出"面板。

在"资源导出"面板中，您可以保存内容以便立即或在之后导出。它可以与"导出为多种屏幕所用格式"对话框结合起来使用，为所选资源设置导出选项。

⑤将所选图稿拖到"资源导出"面板的顶部。当您看到加号 + 时，松开鼠标左键，将图稿添加到"资源导出"面板，如图 16-29 所示。

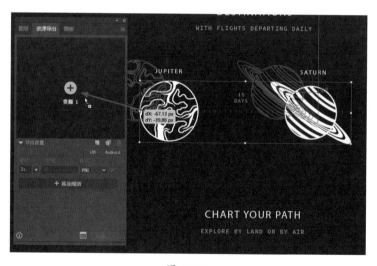

图 16-29

💡提示 要将图稿添加到"资源导出"面板，您还可以在文档窗口中的图稿上单击鼠标右键，然后选择"收集以导出">"作为单个资源"/"作为多个资源"或选择"对象">"收集以导出">"作为单个资源"/"作为多个资源"。

💡提示 要在"资源导出"面板中删除资源，您可以删除文件中的原始图稿，也可以在"资源导出"面板中选择资源缩略图，然后单击"从该面板删除选定的资源"按钮。

这些资源与文件中的原始图稿相关联。换句话说，如果更新文件中的原始图稿，则"资源导出"面板中相应的资源也会更新。添加到"资源导出"面板中的所有资源都将与此面板保存在一起，除非您将其从文件或"资源导出"面板中删除。

⑥ 在"资源导出"面板中，单击与标记为 JUPITER 的图形相对应的项目名称，将其重命名为 Jupiter；单击与标记为 SATURN 的图形相对应的项目名称，并将其重命名为 Saturn，如图 16-30 所示，按 Enter 键确认重命名。

> 💡 **提示** 如果按住 Option 键（macOS）或 Alt（Windows）加选多个对象，然后将其拖动到"资源导出"面板中，则所选内容将成为"资源导出"面板中的单个资源。

显示的资源名称将取决于"图层"面板中图稿的名称。此外，如何在"资源导出"面板中命名资源将由您自行决定。命名资源后，您将能更方便地跟踪每种资源的用途。

⑦ 在"资源导出"面板中，单击 Jupiter 缩略图。当您使用各种方法将资源添加到面板后，在导出资源之前，您需要先选中资源。

⑧ 在"资源导出"面板的"导出设置"区域中，从"格式"下拉列表中选择 SVG 选项（如有必要的话），如图 16-31 所示。

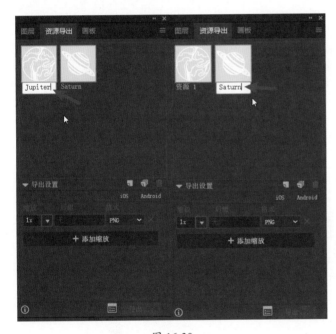

图 16-30

图 16-31

SVG 是网站 Logo 的较好格式选择，但有时合作者可能会要求提供 PNG 或其他格式的文件。

> 💡 **注意** 如果要创建在 iOS 或 Android 平台上使用的资源，则可以选择 iOS 或 Android 选项，以显示适合每个平台的缩放导出预设列表。

⑨ 单击"添加缩放"按钮，如图 16-32（a）所示，以其他格式导出图稿（在本例中）。在"缩放"下拉列表中选择 1x 选项，并确保"格式"为 PNG，如图 16-32（b）所示。

（a） （b）

图 16-32

这会为"资源导出"面板中的所选资源创建 SVG 文件和 PNG 文件。如果您需要所选资源的多个缩放版本（例如，JPEG 或 PNG 等位图格式的 Retina 显示屏和非 Retina 显示屏显示形式），也可以设置不同的缩放级别（1x、2x 等）。您还可以为导出的文件名添加后缀，后缀可以类似于 @ 1x，表示导出资源的 100% 缩放版本。

> 💡 提示　您还可以单击"资源导出"面板底部的"启动'导出为多种屏幕所用格式'"按钮，打开"导出为多种屏幕所用格式"对话框，此对话框和选择"文件">"导出">"导出为多种屏幕所用格式"弹出的对话框一致。

⑩ 在"资源导出"面板顶部单击 Jupiter 缩略图，单击"资源导出"面板底部的"导出"按钮，导出所选资源。在弹出的对话框中，定位到 Lessons>Lesson16>Asset_Export 文件夹，单击"选择"按钮（macOS）或"选择文件夹"按钮（Windows），以导出资源，如图 16-33 所示。

图 16-33

SVG 文件（Jupiter. svg）和 PNG 文件（Jupiter. png）都将导出到 Asset_Export 文件夹下的独立子文件夹中。

⑪ 根据需要，选择"文件">"关闭"几次，关闭所有打开的文件。

复习题

1. 打包 AI 文件的作用是什么?
2. 为什么要将内容与像素网格对齐?
3. 如何导出图稿?
4. 指出可以在"导出为多种屏幕所用格式"对话框和"资源导出"面板中选择的图像文件类型。
5. 简述使用"资源导出"面板导出资源的一般过程。

参考答案

1. 打包可用于收集 AI 文件所需的全部文件。打包将创建 AI 文件、链接图像和所需字体(如果有要求的话)的副本,并将所有副本文件收集到一个文件夹中。
2. 将内容与像素网格对齐可产生清晰的图稿边缘。为所选图稿启用"对齐像素"时,对象中的所有水平和垂直线段都将与像素网格对齐。
3. 要导出画板,需要选择"文件">"导出">"导出为"(本课中未涉及),或者选择"文件">"导出">"导出为多种屏幕所用格式"。在弹出的"导出为多种屏幕所用格式"对话框中,您可以选择导出图稿或导出资源,还可以选择导出全部画板或指定范围的画板。
4. 在"导出为多种屏幕所用格式"对话框和"资源导出"面板中可以选择的图像文件类型有 PNG、JPEG、SVG 和 PDF。
5. 要使用"资源导出"面板导出资源,需要在"资源导出"面板中收集要导出的图稿。在"资源导出"面板中,您可以选择要导出的资源,设置导出选项,然后导出。

附录　Adobe Illustrator 2022 的新功能

Adobe Illustrator 2022 具有全新而又富有创意的功能，可帮助您更高效地为打印、Web 和数字视频出版物制作图稿。本书的功能和练习基于 Adobe Illustrator 2022 来呈现。在这里，您将了解 Adobe Illustrator 2022 的众多新功能。

应用 3D 效果和材质

Adobe Illustrator 2022 提供全新的 3D 效果。您可以使用"效果"菜单应用 3D 效果，如旋转、绕转、凸出和膨胀，还可以在全新的"3D 和材质"面板中调整光照和阴影。

您可以使用"3D 和材质"面板中的默认材质或以 *.Sbsar 格式创建的材质文件为图稿添加纹理，还可以从网站上的免费（和付费）社区以及 Adobe 材质中获取材质效果。"3D 和材质"面板如附图 1 所示。

附图 1

共享以进行协作评论

与其他人共享指向您的 AI 文件的链接，可以方便审阅者查看共享文件并添加注释（评论）作为反馈。共享发起者可以在 Adobe Illustrator 中打开共享文件，查看"注释"面板中的所有评论。"注释"面板如附图 2 所示。

附图 2

无缝激活缺失字体

如果您打开此选项，文件中使用的 Adobe 字体会在打开文件时在后台自动激活。相关的提示对话框如附图 3 所示。

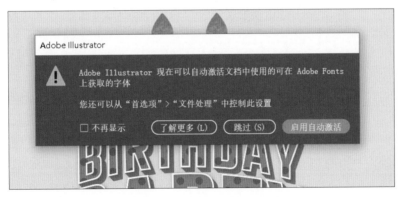

附图 3

使用"发现"面板查找所需内容

当您探索软件内自学内容（包括实操教程）时，可以在"发现"对话框中查找工具、帮助内容等。"发现"面板如附图 4 所示。

其他增强功能

以下是 Adobe Illustrator 2022 中的其他增强功能。

· **选择相同的文本**：“选择”>“相同”菜单中新增根据字体系列、字体大小、文本颜色等选择相同文本的功能。

· **简化的宽度可变描边**：当编辑宽度可变的描边时，可以使用较少的锚点。

· **置入链接的云文档**：可以在 Adobe Illustrator 中链接、嵌入、重新链接和更新 PSD 云文件。

· **支持 HEIF 或 WebP 格式**：可以在 Adobe Illustrator 中打开或置入高效图像（HEIF）格式或 WebP 格式的文件。

Adobe 致力于为您的出版制作需求提供更好的工具。我们希望您像我们一样喜欢使用 Adobe Illustrator 2022。

附图 4